Horst Klewe

naiv aber ehrlich

Mein Leben in Ost & West

© 2021 Horst Klewe

Verlag und Druck:
tredition GmbH, Halenreie 40-44, 22359 Hamburg

Umschlaggestaltung, Illustration: Heidemarie Drews, Andreas Klewe
Lektorat: Johanna Furch

ISBN
Paperback: 978-3-347-20366-2
Hardcover: 978-3-347-20367-9
e-Book: 978-3-347-20368-6

Teil 1 – Mein Leben im Osten

Vorwort

Schon wieder sind Jahre vergangen. Viel ist geschehen. Noch immer will ich meine Lebensgeschichte erzählen.

Bisher habe ich in meinem Berufsleben viel geschrieben, aber was ich nun beabsichtige, ist doch schwerer als ein „Technischer Erläuterungsbericht" in Projekten.

Meine inzwischen verbrachte Lebenszeit im Westen nähert sich verdächtig schnell der gelebten Jahre im Osten Deutschlands an.

Es ist mir ein Anliegen, eine Art Autobiografie in Form von vielen Geschichten zu verfassen. Mein Leben läuft in einer besonderen zeitlichen Epoche ab und dann auch noch in den zwei Teilen Deutschlands vor und nach der Wiedervereinigung.

Mit den Berichten möchte ich Ihnen zunächst meine in der DDR verbrachte Zeit näherbringen. Trotz schwieriger Verhältnisse waren die sechsundvierzig Jahre nun einmal die prägendsten meines Lebens. Eigentlich sollte man bis dahin alles Wichtige für sich und seine Familie erreicht haben.

Aber meine Familie wollte in Freiheit leben. Daher starteten wir 1989 komplett neu. Wir ließen alles hinter uns und fingen mit dreizehn Holzkisten neu an.

Endlich konnte ich alle Entscheidungen selbst treffen. Gottseidank hatte ich keine Ahnung, wie schwer es werden würde. Der schwere Beginn verhinderte lange, dass ich die dahinrasenden Jahreszeiten überhaupt bemerkte.

Meine Schilderungen werden vielleicht zu umfangreich sein. Aber wenn man seine Gedanken in die Vergangenheit schweifen lässt, dann taucht alles wieder auf. Es ist schwer auszuwählen.

Den Anfang hatte ich schon vor vielen Jahren gemacht. Dann war endlich mein letzter Projektierungsauftrag beendet. In meinem Büro steht noch das Schild

„Meine letzten Projekte."

Nun wollte ich meine Erfahrungen in Ost und West fertigstellen. Aber dann war doch noch nicht Schluss.

Nachdem ich nun schon sehr lange meine Ost/West-Altersrente beziehe, bin ich immer noch kein richtiger Rentner.

Mein letztes Elektro-Projekt für eine Jugendherberge wurde zuerst annulliert, dann neu beauftragt, dann verschoben, dann unter Hochdruck gebaut.

Nun ist es beinahe ein Jahr übergeben und festlich eingeweiht, aber trotzdem noch nicht fertig.

So erging es mir mit meinem letzten Auftraggeber leider mehrfach. Vor zwei Jahren habe ich das hier aufgeschrieben:

„Ich will hoffen, dass ich wieder eine Firma mit Deutsch sprechenden, klugen Elektrikern bekomme. Na, vor allem will ich hoffen, dass ich das Ende noch erlebe."

Einen engagierten, jungen Obermonteur hatte ich bekommen. Der Projektleiter war in meinen Augen aber kein Vorbild für den Mittelstand in Deutschland, oder doch? Er sagte zu meiner Kritik, dass er hauptsächlich dafür sorgen muss, dass die Firma Gewinn macht. Wer Fachbauleitung und Bauüberwachung eines Bauprojektes kennt, kann sich vorstellen, wie meine Alarmglocken geschellt haben, denn noch gibt es keine Schlussrechnung.

Und nun schaltet sich noch zusätzlich „CORONA", Covid-19, in das Geschehen ein. Was daraus wird, weiß 2020 noch niemand.

Gründe für diese Zeilen.

Meine Überzeugung ist, dass das, was ich erleben durfte und noch erlebe, etwas ganz Besonderes ist.

Ein kleiner geschichtlicher Abschnitt, den bisher nur meine Generation erlebt hat. Die friedliche Vereinigung der beiden Teile Deutschlands und viele Jahrzehnte lang ein Leben ohne Krieg. Für mich ist es zusätzlich ein halbes Leben in einer besonderen Diktatur und fast ein halbes Leben in Freiheit.

Über die Zeit in der sogenannten DDR (Deutsche Demokratische Republik) hätte ich ganz sicher niemals etwas aufschreiben können, wenn es diesen Staat noch heute gäbe. Heute ist für mich diese verlogene DDR-Zeit nur noch komisch. Aber darauf komme ich später noch zurück.

Einige lustige, aber auch bedrückende Geschichten aus dieser Zeit will ich festhalten. Das ist der eigentliche Sinn meiner Zeilen.

Es muss etwas aus dem Kohlepott berichtet werden, aus dieser erbärmlichen, ärmlichen Niederlausitz, aus meiner Heimat und meinem Heimatort, der heute unter Wasser liegt.

Aber natürlich will ich auch über meine Eltern und Geschwister und über meine Familie schreiben.

Vielleicht werden meine Zeilen auch meinen Kindern und Enkelkindern etwas Neues erzählen.

Später werde ich ausführen, warum und wie ich meiner Familie den Weg in die Freiheit erkämpft habe. Eigentlich ein Witz, denn als wir am 17. November 1989 endlich aus der DDR ausreisen konnten, da konnte es eigentlich jeder andere auch. Aber bei uns gab es eine Vorgeschichte, von der ich später noch erzählen werde.

Und ein weiterer Grund war mein sehr guter Kontakt zu einem öffentlichen Auftraggeber – oder besser gesagt zum Fachbereichsleiter und einigen Mitarbeitern.

Wenn nichts Fachliches zu besprechen war, dann habe ich von der DDR erzählt. Das war alles neu für sie und unglaublich. „Schreiben Sie doch das auf", hörte ich oft. Und auch wegen diesem Rat tat ich es.

Dann hat meine Schwester Sigrid lange vor dem Ende der DDR davon erzählt, dass eine einfache Bäuerin – ich glaube aus Bayern – ihre Lebensgeschichte aufgeschrieben hat, die dann zum Bestseller wurde. War es „Herbstmilch" von 1985 oder schon ein früherer Roman?

Unsere Mutti hatte ihre Kindheit und einige Jugendjahre in einer Zeit erlebt, die man sich heute nicht mehr vorstellen kann. Immer wieder hörte sie den Wunsch ihrer Kinder, besonders von ihrer Tochter: „Schreib doch bitte deine Lebensgeschichte auf."

Beim jährlichen Familientreffen am letzten Wochenende im September, tafelte unsere Mutti jedes Jahr all das auf, was zuvor lange vom Munde abgespart wurde. Kuchen, Torten, sogar im Konsum bestellten Rollschinken und immer zwei Enten mussten es sein. Wir feierten den Geburtstag der Else mit integrierter Elsebirnenernte.

„Hast du schon etwas geschrieben?", fragten die Kinder jedes Jahr. Dann fuhren die großen Kinder mit Enkelkindern wieder nach Berlin und nach Schwedt zurück, natürlich mit Birnen im Kofferraum.

Das ging einige Jahre so und wirklich, Mutti hat 1985 in Schönschrift ein wenig zu Papier gebracht.

Dazu benutzte sie noch leere, alte DDR-Schulhefte ihrer Kinder. Meine Mutter wurde am 23.09.1907 in Lieske, wie damals üblich, zu Hause geboren. Wir kannten alles aus ihrer Kindheit und Jugend. Die Schinderei in der Landwirtschaft zu Hause, aber auch als ausgeliehene Hilfskraft bei entfernten Verwandten und Bekannten.

Wie der Vater als Musikus dem Alkohol verfiel und die Mutter und alle Geschwister darunter litten. Immer half der Großvater. Aber wir kannten auch die schönen und lustigen Geschichten, die sie uns erzählte.

Auch als sie als junges Mädchen „in Stellung" in Berlin war. So hieß es als Mutti und ihre Schwester Friedel bei „Herrschaften" etwas Geld verdienten.

Keiner kann sich heute diese ärmliche und ungerechte Zeit wirklich vorstellen. Heute würde man von einer unsozialen Zeit sprechen. Das Ergebnis waren schließlich die bekannten Parteiengründungen und Arbeiterbewegungen. Dann auch noch die zwei Weltkriege mit dem unendlichen Leid und Verbrechen.

So schrieb eben meine Mutter ihre sechzehn Seiten im Heft 1, „ Kinderjahre", sowie wenige Zeilen als Fortsetzung im Heft 2, „Jungmädchenjahre", die auf Seite 5 abrupt abbrachen.

Mir kommen immer die Tränen, wenn ich das lese.

Schade, dass meine Mutti offensichtlich keine Zeit mehr hatte, dies bis zum Erwachsenenleben fortzusetzen. Es gab dafür bestimmt viele Gründe.

Nach 27 Jahren zog ihr Jüngster mit seiner Familie fort. Mutti war dann ganz allein. Der Bergbau fraß sich in Richtung unseres Heimatortes.

Mit den Geburtstagsfeiern mit Birnenernte bei meiner Mutter ging es zu Ende. Jetzt musste sie sich mit dem Verlassen ihrer Heimat und dem ungeliebten Umzug in eine Neubauwohnung abfinden. Ja und dann kam schon bald das, was wirklich niemand mehr erhoffen konnte: das Ende der DDR 1989. Aber darüber will ich später ausführlich berichten.

Da kann man verstehen, dass meine Mutti wirklich keine Zeit mehr hatte, über ihr Leben weiter zu schreiben. Jetzt hieß es, endlich die vielen neuen Rechte im demokratischen Deutschland selbst in Anspruch zu nehmen, ohne jede Hilfe. Dass war schon eine tolle Leistung meiner Mutter, wie sie die notwendigen bürokratischen Formalitäten bewältigte. Wie gesagt: ohne Hilfe.

Wie stolz sie jetzt war. Endlich bekam sie für unseren in den letzten Kriegs-wirren verstorbenen Vater eine kleine Rente, die man ihr in der sogenann-ten DDR verweigerte.

Von der Industriegewerkschaft Bergbau und Energie wurde meine Mutter nun für fünfzig Jahre Mitgliedschaft geehrt. Die Anstecknadel habe ich an ihr Bild angeheftet. Den Hutschenreuther Wandteller „Rauchquarz Ama-zonit" habe ich vor der Haushaltsauflösung gerettet.

Den Stolz meiner Mutter nach der Wende kann man ohne ausführliche Schilderungen nicht richtig verstehen.

Das Elend nach dem Krieg ohne den „Verdiener" war groß. Plötzlich stand sie, als alleinstehende Frau ohne Beruf, mit drei Kindern da. Als es endlich Arbeit gab, da hieß es sich durchzusetzen. Es waren hauptsächlich Frauen die als Hilfskräfte in der Ankerwickelei für wenig Geld arbeiteten. Die Zwietracht zwischen den Frauen wurde, mittels Auszeichnungen und Prä-mien für linientreue Arbeitskräfte, noch verstärkt. So waren eben die unge-rechten Bedingungen und Verhältnisse im „Volkseigenen Betrieb" (VEB). Meine Mutter wurde niemals „Bestarbeiterin" oder gar als „Aktivistin aus-gezeichnet, obwohl sie das bestimmt damals hoffte.

Sie schuftete um ihre Kinder zu ernähren und „um etwas aus ihnen zu ma-chen", sagte man bei uns.

Meine biografischen Erinnerungen schreibe ich gewiss auch wegen meiner großen Schwester nieder.

Sie war immer eine Kämpferin für die Gerechtigkeit. Diese Erinnerung blieb mir aus der Zeit, als sie schon zur Oberschule ging. Mein Onkel war mit seiner Liebe durchgebrannt. Er war mit ihr „nach den Westen abgehauen", sagte man bei uns. Er hatte seine Kinder nebst Frau sitzenlassen. Meine Schwester hatte sich wie eine Löwin im Briefwechsel mit dem Onkel einge-setzt, um dieses, in ihren Augen, unglaubliche Unrecht wieder aufzulösen.

Meine Schwester hatte immer so wunderschöne Briefe geschrieben. Sie kann es einfach. Ihre Zeilen sind immer erfrischend und oft spaßig. Sie sprach früher vom „illustriert Erzählen". Sie sagte es, wenn einer etwas so erzählt, dass man es sich richtig vorstellen kann. Genauso schreibt sie auch.

Briefe schrieb man in diesen Zeiten. Was blieb einem auch anderes übrig ohne Telefon?

Nachdem ich lange immer wieder rumgequengelt habe, sie möge mir doch öfter mal schreiben, hat sie mich richtig überrascht.

Erinnerungen aus ihrer Kindheit war mein Geschenk zum 70. Geburtstag, es kam per E-Mail. Sie sagte mir, dass sie die unendlich vielen Seiten auf ihrem Apple Smartphone geschrieben hat.

Eigentlich kann ich mir das gar nicht vorstellen. Da muss sie ja dann genauso gut darauf schreiben können wie Angela Merkel. Die sah ich oft im Bundestag. Immer wenn ein politischer Gegner Kritik übt, dann vertieft sie sich mit ihrem Vier-Finger-Suchsystem auf ihrem Smartphone und schreibt SMS oder tut nur so.

Nun war ja zum Glück mein Enkel auch zu Besuch. Da er ein Apple Smartphone hat, konnte er am Telefon erklären, wie das Geschriebene zu senden ist. Die Erklärungen waren sicher kompliziert und das Telefonat war für alle lustig anzuhören. Egal, es hatte geklappt.

So habe ich jetzt Familiengeschichten aus einer Zeit, die auch zu mir gehören, die mir so viel bedeuten.

Bisher habe ich nicht um Erlaubnis gebeten, ob ich diese hier verwenden darf. Aber ich bin ganz sicher, dass meine große Schwester sich wundern würde, wenn ich solch eine Frage stelle.

Als Kind und Jugendlicher habe ich oft den überwiegend lustigen und spannenden Erzählungen meines Bruders gelauscht. So habe ich, aus der Zeit vor dem Krieg, viel von seinen Streichen in seiner Kindheit erfahren, die er bei den Geburtstagsfeiern meiner Mutti zum Besten gab. Sicher saß ich immer am Tisch mit offenem Mund, wenn mein zehn Jahre älterer Bruder erzählte. Da war er schon Ingenieur, und kam aus Berlin zu Besuch.

Aber besonders sind es die Erinnerungen meiner Schwester, die mir so viel bedeuten. Es sind ihre schönen Erinnerungen an unsere Eltern und an unseren Bruder bis zum Ende des Krieges. Dann berichtet sie als Neunjährige von der schweren Zeit ohne Vater, mit schwerkranker Mutter und quasi als

Elternvertreter und Erzieher eines zweijährigen Bruders. Außerdem von einer Zeit, die ich auch schon ein wenig bewusst erlebt habe. Zumindest kommt es mir so vor, weil ich vieles so oft gehört habe.

Es sind tatsächlich einundfünfzig Geschichten, die ich hier anfüge.

Meine Zeilen können nur darauf aufbauen und den Verfall der Folgejahre darstellen.

Sigrids Erinnerungen:

Inhalt:

---

1 Drei Zeitabschnitte

Das Haus, in dem unsere Familie wohnte, stand parallel zur Bahnstrecke --
-S e n f t e n b e r g--- L ü b b e n a u ---und höchstens vierzig Meter davon
entfernt.

Die Züge – auch lange, meist mit Briketts beladene Güterzüge – sind quasi
durch unsere Kinderstube gefahren. -- Das Schlafzimmer lag zur Bahnstrecke gerichtet. Es gab da kein Entrinnen. -- Wir wurden mit Gerassel durch
unsere Träume gewiegt.

Meine Kindheit bestand für mich, rein gefühlsmäßig, aus drei total unterschiedlichen Zeitabschnitten.

Die erste Epoche umfasst die ersten neun Jahre meines Lebens. Sicher waren das die glücklichsten Jahre für mich und unsere Familie. Schade, dass
man aus diesen frühen Lebensjahren so wenig speichern kann.

Unser Vater lebte noch. -- Davon existieren manche Gedankenblitze, von
denen ich nicht exakt sagen kann, ob es sich wirklich so zutrug, oder ob es
sich um einen Mix aus Erzählungen der Erwachsenen und meinen erhalte-
nen Erinnerungen handelt.

Die zweite Etappe umfasst die unmittelbaren Erlebnisse der letzten Tage
des Krieges und die ersten Monate danach.

Und letztlich war es die Zeit, da waren wir schon älter und erlebten mit
einigem Verstand das Dilemma in unserer Familie ohne den Vater und mit

der schwerkranken Mutter. Sie lag mehrmals über viele Monate im Krankenhaus und wir wurden mit unserem kleinen Bruder zu Selbstversorgern umfunktioniert. Ja, wir hatten uns selbst umfunktioniert! Denn wir waren immer nur allein zu Hause…

Mutti erzählte oft, dass unser großer Bruder Helmut einmal zu ihr ins Krankenhaus gekommen sei und zu ihr gesagt habe, sie solle bloß wieder nach Hause kommen. Sie könne da ja auch im Bett liegen, sie müsse weiter nichts tun als uns immer sagen, was wir machen sollen.

2 Ilse –Großeltern –Wohnungsbezug

Die Namen der Fabriken, die großräumig verteilt die Niederlausitz zierten, waren alle w e i b l i c h angelegt. Mutti wusste dazu zu berichten, dass der Fabrikbesitzer des gesamten Kohlereviers sieben Töchter hatte und den Fabriken die Namen seiner Töchter gegeben hatte.

Großvater und unser Vater arbeiteten in der Grube Ilse. Es gab weiterhin Grube Erika, Grube Eva, Grube Marga und Grube Renate

Weitere Fabrik- und Grubennamen sind mir entfallen. Jedenfalls bildete alles zusammen das Niederlausitzer Braunkohlenrevier. Es war der Brötchengeber aller Menschen, die dort lebten.

Unsere Arbeitersiedlung, in der wir unsere Kindheit verlebten, war zu Beginn des 20. Jahrhunderts gebaut worden. Tante Bertel, die Schwester unseres Vaters, wusste zu berichten, dass ihre Eltern als erste Mieter in die Wohnung, in der wir danach wohnten, eingezogen sind, als unser Vater zwei Jahre alt war. Sie erlebte diesen Einzug mit ihrem Bruder auf dem Schoß auf einem Stuhl sitzend, so ihre Erinnerung. Vater war Jahrgang 1905. Unsere Großeltern hatten davor in der Gegend um Frankfurt an der Oder gewohnt und waren wegen der Arbeitsstelle des Großvaters und wegen der Wohnung in diese Gegend gekommen. Großvater soll der erste Elektriker-Anlernling in Anna-Mathilde gewesen sein. Damals gab es noch gar keine geregelten Lehrzeiten für alle Berufe. Die Großeltern wohnten noch eine geraume Zeit mit meinen Eltern zusammen in derselben Wohnung. Tante Bertel war schon verheiratet und baute mit ihrem Mann, unserem Onkel Otto, ein Haus mit angebundener Malerwerkstatt. Denn Onkel Otto war Malermeister in Bückgen. Dort zogen nach Fertigstellung die Großeltern mit ein. Ab dann gehörte die Wohnung – Anna-Mathilde 13 – unseren Eltern. Ich fand es immer blöd, dass unsere Anschrift keinen Straßennamen hatte. Irgendwann, lange nach Kriegsende, erfüllte sich mein Wunsch.

Unser Haus bekam die Anschrift „Friedensstraße". Aber das fand ich dann auch blöd!

3 Vati kommt von der Arbeit nach Hause

Jeden Nachmittag gegen 17 Uhr kam unser Vati von seiner Arbeit nach Hause. Er öffnete unsere Stalltür, um sein Fahrrad mit hinein zu stellen. Wenn ich das hörte, rannte ich ans Küchenfenster, schaute nach, ob ich richtig gehört habe, und rief dann laut für die übrigen Familienmitglieder vernehmbar: „Vatiii kommt!" Dieses Knarren der Stalltür hatte sich mir eingebrannt. Man hätte mich noch viele Jahre später an jeden entfernten Punkt der Erde stellen und dieses Knarren unserer Stalltür vorspielen können, ich hätte es erkannt. Von Muttis Erzählen weiß ich, dass unser Vater gern ins Kino ging. Er schnappte sich sein Fahrrad und fuhr abends ab und zu dorthin. Mutti konnte nicht mit, sie musste uns derweil zu Hause hüten. Vatis Lieblingslied soll gewesen sein:

Alle Tage ist kein Sonntag,

alle Tage gibt's keinen Wein!

Aber du sollst alle Tage – recht lieb zu mir sein!

Wenn ich einst tot bin – sollst du denken an mich,

auch des abends eh' du einschläfst,

aber Weinen sollst du nicht!

4 Ziegenpeter –Gedankenfetzen an Vati

Meine erste Erinnerung an meinen Vater ist: Ich stehe in einem Gitterbett in unserer Küche und heule um mich rum. Ich hatte Ziegenpeter und meine Ohren, Hals und Wangen sind verpackt mit irgendeinem warmen, klebrigen, fettigen Zeug. Aber das Widerlichste für mich daran ist, dass Mutti mir über diese Verpackung Zelluloid – eine knittrige durchsichtige Folie – gestülpt hat, damit der fettige, aber heilen sollende Pamps nicht durchfetten und das ganze Bett versauen kann. Ich reiße an dem Zeug und schreie, aber keiner befreit mich. Da kommt Vati von der Arbeit, es muss also nachmittags gegen 17 Uhr sein, und hebt mich auf seine Arme.

Ende des Gedankenfetzens.

5 Unser Badehaus

Die einzige Sanitärzelle unserer Wohnung befand sich ganz dicht neben der Eingangstür links an der Wand und bestand aus einem fest verankerten, eisernen, emaillierten Ausguss, der nach unten wie ein Rohr in der Wand verschwand. Und mittig darüber befand sich der Wasserhahn aus Messing, den unsere Mutter an jedem Sonnabend mit „Sidol" blankwienerte. Das gleiche geschah mit der Messingstange am Küchenherd.

Da wir ja im Niederlausitzer Kohlenpott zu Hause waren, kamen wir Kinder immer kohlrabenschwarz von draußen vom Spielen rein. Und wenn Mutter zu Hause war – und das heißt gleichzeitig in der Küche, denn dort spielte sich nun eben unser gesamtes Leben ab – erschallte sofort ihr Ruf: „Hände waschen!" Helmut wollte sie austricksen und sprang oft wie ein geölter Blitz mit einer Hand an den Wasserhahn, wenn er noch gar nicht mit beiden Beinen in der Küche stand, und er hielt mit der anderen Hand noch die Türklinke fest, aber Mutter schrie trotzdem: „Hände waschen!"

Ja, dieser Wasserhahn war unser Lebensquell. Solange unser Vater lebte, wurde an jedem Sonnabend in der Küche gebadet. Und das verlief wie folgt:

Vati holte aus unserem Keller eine für mein damaliges Empfinden riesige Zinkbadewanne und platzierte diese zwischen dem in der Mitte der Küche stehenden rechteckigen großen Tisch und der in einigem Abstand davon befindlichen Liege, die bei uns nur Chaiselongue genannt wurde.

Mutti hatte inzwischen auf dem Ofen einen Einwecktopf mit Wasser fast zum Kochen gebracht. Zuerst wurde aber aus beschriebenem Wasserhahn kaltes Wasser in einer der zwei Abwaschschüsseln, die immer unter dem Tisch hingen, gegossen. Diese zwei Schüsseln konnten bei Bedarf mit der gesamten „Gondel" herausgedreht und in dieser Aufhängung zum Beispiel als Abwaschtisch benutzt werden.

Das kalte Wasser goss sie in die Zinkbadewanne und danach wurde die jeweils bis zur erreichten Badetemperatur benötigte Menge kochendes Wasser dazu geschöpft.

Und dann kamen wir in die Wanne – Helmut und ich. Sicherlich haben wir da auch erst geplanscht und gespielt, bevor es unter Muttis Anweisung ans Abschrubben ging. Nach uns wurde dieses mit so viel Mühe bereitete Badewasser dann auch noch von unseren Eltern in derselben Wanne benutzt, aber das geschah natürlich nie in unserer Gegenwart.

Und zuletzt wurde, wie sollte es anders gewesen sein, das dreckige Wasser wieder ausgeschöpft, die Wanne von der Mutter gereinigt und vom Vater zurück in den Keller bugsiert.

Nach dem Krieg war es dann wohl erst erlaubt, dass auch die Einwohner unseres Ortsteiles Anna-Mathilde zu jeder Zeit das Badehaus benutzen durften. Es war kostenlos, wir lebten ja im Sozialismus! Dieses Badehaus war so ein riesiges Gebäude, das eigentlich den Zugang zur genau dahinterstehenden Kohlefabrik bildete.

Alle Arbeiter der Fabrik verschwanden vor Beginn ihrer „Schicht" durch das hohe Tor des Badehauses. Dort gingen sie zuerst in einen riesigen Badesaal, in dem sie ihre Arbeitssachen von einem Kettenzug von der Decke runterließen und diese gegen die Straßenbekleidung, mit der sie eben angetrottet waren, austauschten. Danach verschwanden sie durch das hintere Tor der Eingangshalle hinein in die Fabrik. Nach jeder Schicht erfolgte dieselbe Prozedur in umgekehrter Reihenfolge, aber dann wurde zwischendurch der Kohlendreck vom Leib gescheuert, der während der Arbeitszeit aufgegabelt worden war. Jeder Fabrikarbeiter erschien blitzeblank zu Hause. Das Badehaus hatte einen großen, hohen Saal – einen Durchgangssaal – der von vier hohen Säulen getragen wurde. Und diese Säulen hatten es mir angetan. Sie waren nämlich künstlerisch gestaltet.

Es waren Menschen draufgemalt. auf jeder Säule in abgewandelter Form. Eine Frau und ein Arbeiter halten zwischen sich ein Kind auf dem Arm. Zwei Arbeiter mit Werkzeugen. Arbeiter mit der Hakenkreuzfahne. Und es standen auf allen vier Säulen in je zwei Zeilen die Worte:

„Vergesst nie, dass ihr alle, auf Gedeih und Verderb verbunden seid!"

Typisch Nazizeit! Aber das wusste ich damals noch nicht. Ich bezog es auf die Familien.

Im Badehaus gab es natürlich noch mehrere Räume mit diversen Duschkabinen und auch Wannenbädern und alles war kostenlos für jedermann benutzbar.

In den späten Nachmittagsstunden eines jeden Wochentages nutzten wir Kinder stundenlang mehr zu unserem Vergnügen als zum Baden einen solchen Baderaum. Der war so groß, dass wir darin jede Menge Platz für unsere diversen Turnübungen hatten. Und so tobten wir voller Freude als Nackedeis bei Handstandüberschlag, Brücke, auf den Händen laufend und so fort. Bis wir uns dann irgendwann des eigentlichen Zwecks unseres Dortseins besannen und endlich in den etwa sechs Einzelkabinen mit den Duschen verschwanden und uns den Kohlendreck des Tages vom Leib wuschen.

Mittig unter den Duschen waren in den groben schmirgelpapierähnlichen Fußböden die Abläufe für das Wasser wie ein bodenloses Loch eingelassen. Auf diesen groben Betonböden scheuerte ich immer meine schwarzen Füße sauber, das benutzte ich als Ersatz für einen zu diesem Zweck erforderlichen Bimsstein. Zuhause angekommen nach solchen vergnüglichen Badespäßen erwartete mich dann oft ein Donnerwetter von meiner misstrauischen Mutter: „Wo bist du wieder rumgezogen?" Und dann wurde mir auch lauthals unterstellt, dass ich mich mit „Jungs" „rumgetrieben" hätte.

Es half da keine Beteuerung meinerseits, dass das nicht so sei. Mutter blieb bei ihrer durch keinen Schwur ausräumbaren Behauptung und ich war bis ins Mark getroffen!

Eine Erinnerung, die sich bei mir eingebrannt hat! Vielleicht hat Mutti dadurch erreicht, dass ich mich in meinem ganzen Leben nie mit „Jungs" rumgetrieben habe. Aber diese Unterstellung hat mich maßlos verletzt, und ich hatte sehr lange daran zu „knabbern", so sagt man es bei uns zu Hause. Aber es gibt wohl für jeden Menschen so eingebrannte Erinnerungen aus der Kindheit!

Bei mir zählt dazu manches Schöne, einfach, weil es lustig war. Aber auch manches, was mich wiederholt durch die frühen Kindertage begleitete.

6 URLAUB – Kraft durch Freude – Bad Sulza

Unsere einzige Urlaubsreise zu viert – den Horst gab es da noch nicht – ging mit „Kraft durch Freude" nach Bad Sulza in Thüringen.

Meine Erinnerungen daran? Wir saßen im Zug und der fuhr in einen Bahnhof mit vielen Bahnsteigen und einer riesigen, durchsehbaren Überdachung ein. Es verging eine längere Zeit des Aufenthalts.

Vati stieg aus und lief draußen am Zug entlang. Da ruckte unser Zug an und fuhr weiter. Darauf begann ich zu schreien, weil ich glaubte, unser Vati würde nicht mehr mitkommen.

Später realisierte ich, dass der Zug im Leipziger Sack-Bahnhof nur bis zum Ende des Bahnsteiges weiterfuhr.

In diesem Urlaub müssen wir auch einen Busausflug unternommen haben. Der Bus fuhr unterwegs mit einer Längsseite ein Stück auf dem Bürgersteig und geriet in leichte Schräglage. Da schrie ich auch aus Angst, wir würden umkippen.

Wir gingen in diesem Urlaub alle durch einen Park spazieren. Es standen Pfützen auf dem Weg und ich patschte so kräftig ins Wasser, dass wir alle vier Regenpampe an den Hosen hatten.

Da merkten meine Eltern, dass ich immer mit den ganzen Füßen auftrat und nicht, wie es zu geschehen hat, zuerst mit den Versen und dann die Füße nach vorn abrollen lasse. Das brachten sie mir bei der Gelegenheit bei.

Ein Teich lag in diesem Park. Es schwammen bunte Enten darauf und wir waren mit Brotbrocken ausgerüstet und durften sie füttern. Kürzlich weilte ich zu einer Kur in Bad Sulza und fand den Park mit den Regenpfützen und auch den Teich darin wieder. Die Enten waren inzwischen gestorben oder geschlachtet nach etwa siebzig Jahren, die derweil vergangen waren. So alt wird eben keine Ente.

Doch, lahme Enten werden es! Aber das sind eben keine richtigen Enten!

Wir wohnten in einem Hotel mit einem langen Flur, in dem an beiden Seiten die Türen zu den Zimmern abgingen. Da ging ich grundsätzlich in eine falsche Tür hinein, wenn ich zu uns wollte. Seit da merkte ich bis heute, dass ich ein schlechtes Orientierungsvermögen habe. Und das ist so.

Und dann habe ich nochmal geschrien wie am Spieß infolge dieses Urlaubs. Es gab von irgendwoher ein Bild von unserer Familie, darauf fehlten unseren Eltern die Köpfe.

Na, da war ja bei mir alles aus! Ich hob ein Mordsgeschrei an und beruhigte mich erst, als Mutti und Vati mit ihren Köpfen vor mir standen.

7 Begriffsstutzigkeit

Mein Vater kam einmal mit einer Büchse von der Arbeit nach Hause. In der befand sich irgendeine Leckerei vom Schlachtfest seines Arbeitskollegen.

Am nächsten Tag fragte Mutti: „ hast du dich auch in meinem Namen bedankt?" Seine Antwort war: „ich habe dem Kollegen deine Meinung gesagt, er hätte ruhig ein bissel mehr mitschicken können".

Das fand ich gemein! Sie wollten mir erklären, dass der Vati Spaß gemacht habe. Das verstand ich einfach nicht.

Genauso begriffsstutzig war ich einmal, als die Eltern sich unterhielten und dabei der Spruch fiel: „Wer anderen eine Grube gräbt, fällt selbst hinein!" Das konnten sie mir auch nicht klar machen. Ich wollte immer wieder wissen, wer denn nun in die Grube gefallen sei?

8 Heiße Sommer – Vati-Schlaf in Bude – Gedankenfetzen

Es muss damals auch heiße Sommer gegeben haben, denn unser Vati konnte einmal vor Hitze nicht schlafen. Da ist er in den Garten gegangen und hat auf der Bank vor der Bude übernachtet. Und unsere Nachbarin Frau Torz hat ihre Töchter Edeltraud und Annelies in den Handwagen gesetzt und ist mit ihnen immer rund über die vier Höfe gefahren. Aber wir mussten in unsere Betten kriechen …

9 Meine Puppenstube

Ich muss als Kind von so einem Wunsch besessen gewesen sein…. Und so brachte mir der Weihnachtsmann zu einem Weihnachtsfest natürlich dieses gewünschte Exemplar. Es war eine wunderschöne Puppenstube, die aus zwei Zimmern bestand. An der linken Seite, neben der Küche, führte eine Treppe hinauf zu einem quadratischen Pavillon.

Aus dem konnte ich die kleinen Püppchen aus einem zweiten Ausgang auf den Balkon führen, der über die Küche und das danebenliegende Schlafzimmer führte. Der Balkon war für die Puppen mit einem unfallsicheren Zäunchen umgeben und mit rosaroten Möbeln bestückt. Sogar eine längliche Blumenbank mit winzigen bunten Blumen in Töpfen stand dort oben. Komisch, an die kleinen Puppen erinnere ich mich nicht. Aber das gesamte Puppenhaus hat sich mir bis heute eingeprägt. Natürlich hatte auch das unser Vater gebaut. -- Und er hatte alle Möbel in Form und Farbe der Einrichtung unserer Wohnung nachempfunden. In der Küche stand ein von ihm gebauter „Kohleherd". An dem konnte man die Tür zu der Feuerstelle öffnen und darin flackerte immer ein Feuerchen – erstellt von einer kleinen

Glühbirne, der Vati zu dem Zweck einen Wackelkontakt verpasst hatte. An der Rückfront der Räume war mittig je ein Fenster eingebaut, die an den zwei Fensterflügeln je drei winzige Fensterscheiben besaßen, durch die man richtig rausgucken konnte. Und über den Fenstern befanden sich abnehmbare Gardinenstangen mit seidigen Gardinen. A B E R: Die Fenster ließen sich nicht öffnen. Sie waren einfach nur zwei „z u e" Scheiben. Das hat mich sehr bewegt. Ob ich meine Mangelempfindung jemals kundgetan habe, das weiß ich nicht!

Aber ich habe einmal davon geträumt, dass ich diese Fenster öffnen konnte. Als ich am Morgen erwachte, rannte ich sofort zur Puppenstube und musste enttäuscht registrieren: Es war nur ein Traum! Dieses Puppenhaus blieb mir lange treu, bis weit über meine Kindheit hinaus. Unsere Töchter spielten später noch in der Schwedter Rungestraße damit in ihrem gemeinsamen Kinderzimmer. Sie müssen allerdings der Meinung gewesen sein, dass eine Toilette darin fehlte. Wie sollte die auch in meiner Kindheit dort reingepasst haben? Da hätte ja mein Vater noch ein Häuschen mit Herzchen anbauen müssen. Jedenfalls war Ulrike zu jeder Mittagszeit ein schlechter Schläfer. An einem solchen Tag regolte sie besonders lange in ihrem Zimmer rum. Ich ging schließlich nachschauen, was sie wohl anstellte, statt zu schlafen, und bekam einen Heidenschreck: Sie war aus ihrem Gitterbett auf Ankes Wandbett geklettert, hatte ihre Hosen runtergelassen und versuchte, in das Puppenstuben-Puppenklo zu pinkeln. Das hatte inzwischen in der Puppenstube seinen Platz in einem Küchenecken gefunden. Als Ulli mich sah, sagte sie nur entrüstet: „Putti, dehta da nich hein!" Die Pfütze ihrer Anstrengung hatte sie nicht interessiert.

Irgendwann kam dann diese wunderbare Bastelei meines Vaters mit meiner Zustimmung unter die Räder. Die noch vorhandenen Möbel hatte ich mir aufbewahrt. Und als unsere Enkelin Susanne das Alter einer Puppenmutti erreicht hatte, gab ich ihr diese letzten Habseligkeiten mit in ihre neue Heimat. Aber unser Susilein interessierte sich nicht für diese Kleinode. Bis auf den Kohleherd, der auch arg angeschlagen ist, war nach kurzer Zeit nichts mehr vorhanden. Da bat ich mein Töchterchen, ob ich mir dieses Stück wieder mitnehmen dürfte, und nun besitze ich das wohlverwahrt immer noch. Und meine kleine Enkelin äußert inzwischen oft Interesse an irgendwelchen von mir in meinem Haushalt vorhandenen Utensilien. Irgendwann, wenn ich mich dann endgültig trennen kann, gebe ich ihr diesen kleinen Puppenstuben-Kohleherd zurück als Handarbeit von ihrem Urgroßvater, die er für seine Tochter etwa im Jahre 1939 sicher mit viel Liebe, Freude und Geschick angefertigt hat.

So schließen sich im Leben viele Kreise.

10 Mein erstes Fahrrad

Es war hellgrün-grau. Mein Vater hatte es gebaut, wie fast alles, was bei uns in der Familie benötigt wurde.

Radfahren lernte ich ziemlich schnell, aber ich konnte lange nicht allein anhalten und absteigen. Wenn mich nach Radfahren gelüstete, dann kam Helmut oder ein Elternteil mit auf den Hof, ließ mich aufsteigen und losfahren und ich radelte dann so lange um die Höfe, bis ich genug davon hatte. Dann fuhr ich langsam auf unserem Hof unter dem Küchenfenster vorbei und rief laut, dass jemand kommen sollte, um mich bei der nächsten Runde wieder anzuhalten. Aber an einem Tag hörte mich einfach niemand von meiner Sippe. Da bin ich hinter unseren Garten auf den Wäscheplatz gefahren. Da lag ein großer Heuhaufen. In den bin ich reingesprungen und war erlöst.

Meine erste Radtour nach Bückgen machte mit mir der Vati. Wir fuhren hinter dem Bahnübergang auf dem schmalen Weg direkt neben der Bahnstrecke, zu der es einige Meter eine Böschung hinunter ging. Da wollte ich dem Vati ein besonderes Kunststück zeigen. Ich ließ die Lenkstange los und rief: „Guck mal Vati, ich kann schon freihändig fahren!" Die Reaktion vom Vati war laut. Ich fuhr wohl lange nicht mehr freihändig. Einmal waren wir mit den Rädern in Bückgen. Da wollte ich meine Radfahrkunst den Großeltern vorführen, stieg am Eingangstor des Grundstücks auf und raste geradeaus – und mit voller Wucht in das Tor zu Onkel Ottos Werkstatt hinein. Aber Vati bog den Schaden wieder grade.

Übrigens, es war das einzige Fahrrad, das mir gehörte. Als ich dem entwachsen war, fuhr ich mit Muttis Rad, wenn sie es nicht gerade brauchte.

Erst viel später, hier in Schwedt, kam ich wieder zu einem eigenen Fahrrad. Und das war wieder hellgrün-grau!

11 Verteidigung großer Bruder – Gedankenfetzen an Vati

Ich verteidigte meinen großen Bruder. Zwischen unserer Küche und dem danebenliegenden Schlafzimmer hatte unser Vater für uns Kinder in die obere Begrenzung des Türrahmens ganz dicke Eisenhaken eingeschraubt und dort platzierte er eine Schaukel zu unserem Vergnügen.

Und da erinnere ich mich, dass Helmut vom Vati Ohrfeigen angedroht bekam, weil er zu viel Schwung genommen hatte und die Gefahr einer Karambolage mit dem circa fünf Meter entfernten Küchenfenster – so breit war unsere Küche – bestand.

Da rannte ich durch die Küche und schrie den Vati an, dass er meinen Bruder nicht hauen darf, er hat doch nur mit mir gespielt. Da ließ der Vati sein Vorhaben fallen.

12 Das letzte leibhaftige Bild meines Vaters

Das letzte leibhaftige Bild meines Vaters hatte ich für viele Jahre gespeichert.

Es muss der letzte Tag im Krieg gewesen sein.

Mutti und wir drei Kinder saßen im Luftschutzkeller zusammen mit mehreren Bewohnern unserer fünf Häuser. Dieser Keller befand sich als Schacht unter den Bahngleisen. Der war lang und schmal. Er verlief schräg unter den Gleisen entlang, war nach halber Länge nochmals durch eine Eisentür in zwei Teile geteilt und an beiden Enden durch schwere Eisentüren verschließbar.

Wir betraten diesen „Bunker" von der unseren Häusern zugewandten Seite. Das andere Ende führte zu einer Schutthalde und war immer verschlossen.

An den Längsseiten dieses Bunkers standen Holzbänke, auf denen wir Platz zum Sitzen fanden.

Da hockten wir alle. Ich saß neben dem Kinderwagen unseres kleinen Bruders und hielt immer einen Finger in seinem Mund, damit er den nicht schließen konnte. Denn ich hatte gehört, dass ihm dadurch beim Fallen einer Bombe durch den hohen Druck nicht die Adern in seinem Kopf platzen würden. Erklärbar war das für mich nicht, aber es sollte gut so sein.

Da wurde die Eingangstür geöffnet und unser Vati kam herein. Er musste an seiner Arbeitsstelle in der Grube bleiben, hatte dort für das Funktionieren der Tauchpumpen im Tiefbau zu sorgen. Und in dieser Grube befanden sich auch Frauen und Kinder von Arbeitskollegen unseres Vaters.

Unsere Mutter sollte eigentlich mit uns auch mit dort hinkommen. Aber sie hatte sich entschieden zu Hause zu bleiben.

Also war Vati ohne uns zu seiner Arbeitsstelle gefahren mit seinem Fahrrad. Und er kam nochmals zurück, um nach unserem Befinden zu schauen. Er stand beim Weggehen an der Bunkertür und drehte sich noch auf einen letzten Blick zu uns um.

Diese seine Gestalt dort in der Tür, und seinen letzten Blick zu uns – das hat mich immer wieder verfolgt! Und ich habe mir unzählige Male später – viel, viel später noch – den Vorwurf gemacht, dass ich ihn da nicht festgehalten habe. Das war einer meiner großen Wunschträume zu diesem Gesamtthema. Ich hatte einige Jahre danach so oft die blühende Fantasie, dass ich das geschafft hätte.

Pustekuchen!

Als wir drei Geschwister etwa sechzig Jahre später mit unseren Ehepartnern – nur mir war es dabei nicht vergönnt, wie sonst alles in meiner Ehe, mit meinem Mann zu teilen - er war nicht dabei – ein Treffen in Senftenberg feierten - da unterhielt ich mich mit Helmut über diese damalige Situation. Dabei erfuhr ich von ihm, dass er auch ein Leben lang ähnliche Selbstvorwürfe mit sich rumgetragen hat. Unser Vater war einmal mit ihm zu seiner

Arbeitsstelle gefahren und hatte ihm sehr eindrücklich gesagt, wo er ihn dort erreichen könnte, wenn es denn mal nötig sei. Und deshalb hat Helmut sich ausgemalt und immer wieder eingeredet, dass er den Vater hätte retten können, wenn er nur hingefahren wäre.

Hätte – wäre – könnte.

13 Mein geliebter großer Bruder

Er wird nie mehr erfahren können, wie sehr ich an ihm hing. Es ist zu spät. Ich war immer sehr stolz auf ihn.

Wir konnten in unseren Kinderjahren wunderbar miteinander spielen. Wir dachten uns irgendetwas aus und amüsierten uns stundenlang damit. Und meist hatten wir dabei viel zu lachen. Und weil wir diese lustigen „Erfindungen" an unterschiedlichen Wochentagen fabrizierten, gaben wir ihnen Namen.

Zum Beispiel: Sonntag „übern" Wäschekorb.

Da saß Mutti in der Küche an der Nähmaschine und wir verkleideten uns mit den aus einem neben ihr stehenden Wäschekorb geangelten alten Kleidungsstücken und rannten damit immer um unseren Küchentisch herum. Solange, bis wir übereinander fielen und uns darüber natürlich kaputtlachen konnten.

Oder: Montag mit der Kaffeekanne.

Da saßen wir am Kaffeetisch und ich wollte mir Kaffee eingießen und goss nicht in meine Tasse, sondern in den Zuckernapf. Da fanden wir natürlich auch kein Ende beim Lachen!

Oder: Mittwoch mit der Fensterscheibe.

Da spielten draußen auf dem Hof alle Kinder und da unterstellten sie mir – natürlich war auch Bruder Helmut dabei – dass ich zu feige wäre, mit dem nackten Po eine von unseren kleinen Fensterscheiben in der Küche rauszudrücken. Ich ließ das natürlich nicht auf mir sitzen! Ich rannte vom Hof in die Küche, kletterte auf das breite Fensterbrett, zog den Schlüpfer runter und erfüllte meine mir auferlegte Aufgabe. Ich weiß es noch genau: Es war vom rechten Fensterflügel die linke Scheibe in der Mitte.

Unsere Mutter war in der Waschküche und hörte den Jubel da draußen. Sie kam unter das Fenster, sah, dass die Scheibe heilgeblieben war, hob sie auf und brachte sie in die Küche zurück. Wer die wieder eingesetzt hat und welchen Kommentar unsere Mutter dazu gab, weiß ich nicht mehr.

Oder: Sonnabend Muders Sackhaare.

Wir saßen mit unserer Mutter am Küchentisch. Es muss zum Frühstück gewesen sein, denn ich schnitt ein Brötchen auf. Als ich darin ein langes Haar fand, platzte ich los: „Nun guckt euch das an, hier hat doch der Muder seine Sackhaare mit eingebacken!" Muder war der Name unseres Bäckers.

Ich war echt empört, denn ich hatte an die Haare an den Mehlsäcken gedacht. Aber mein großer Bruder fand kein Halten mehr und prustete lauthals über den Tisch. Und die Mutter, die blieb stumm. Da erst wurde ich stutzig.

Und das Ereignis bekam seinen Namen!

Aber irgendwie hab ich gespeichert, dass unsere Mutter solche Pannen nie ernst nahm. Vielleicht erinnerte sie sich an ihre traurige Kindheit und war froh, wenn wir so fröhlich lachen konnten.

Weitere solche „LACH-WOCHENTAGE" fallen mir nicht ein. Vielleicht gab es auch keine weiteren. Jedenfalls hatten wir, Helmut und ich, uns ausgedacht, dass wir in Zukunft nur noch die oben genannten NAMEN sagen würden und dann könnten wir schon loslachen. Aber wie es so geht, haben wir nicht lange an unsere Späße gedacht.

Ich wollte natürlich immer alles schon genauso gut können wie mein großer Bruder. Zu den Geburtstagen unserer Großeltern in Bückgen malten wir als Geschenk immer ein Bild. In einem Jahr malte Helmut ein wunderschönes Pferd.

Ich hatte nichts Besseres zu tun als ihm wieder einmal nachzuahmen und kupferte sein Bild ab. Wie das geschah – ob ich mir sein Bild unbeobachtet geschnappt und direkt abgezeichnet hatte, oder ob ich ihm nur beim Zeichnen über die Schulter geschaut hatte – weiß ich nicht.

Mir ist jedenfalls sehr deutlich in Erinnerung geblieben, dass mein Bruder ziemlich sauer auf mich war. So schlecht war meine Fälschung offensichtlich nicht.

Tatsache ist aber auch, dass ich mich bei dieser Arbeit so angestrengt haben muss, dass mir das Malen eines Pferdes bis in mein Erwachsenenalter ganz gut gelang.

Und als dann meine kleine Tochter in der Zeichenstunde ein Pferd malen wollte und ihr das wohl nicht so richtig gelang, da nahm ich ihr bei ihrer Hausarbeit die Arbeit ab. Und sie ging stolz damit in die nächste Zeichenstunde.

Pech war bloß, dass ihr Lehrer, Herr Eichler, ihr nicht dieses Pferd als ihr Produkt abnehmen wollte.

Später besuchte uns Herr Eichler einmal zu Hause. Der Grund dazu ist mir entfallen. Dabei zeigte ich ihm den Entwurf eines EXLIBRIS, das ich für meinen Mann entworfen hatte und zum Drucken geben wollte. Davon wollte der Begutachter unbedingt den Dirigentenstock im Äskulapstab entfernt haben. Der war in seinen Augen einfach zu viel darauf. Ich blieb aber bei meiner Meinung, dass dieses Utensil einfach zu meinem Mann gehörte und deshalb auch auf sein Exlibri und ließ es drauf.

14 Mein cleveres Bruderherz

Die Russen eroberten zumindest zu ihrer Information jede Wohnung. Da in unserem Haus in der ersten Wohnung eine Familie Marzyniak mit wahrscheinlich russischsprechender Mutter wohnte, fing diese Familie jeden Russenbesuch ab und alle zehn Familien blieben von unliebsamen Zwischenfällen verschont.

Unser Vater hatte natürlich nicht nur für seine Tochter Fahrrad, Puppenstube und Puppenwagen gebaut, auch mein großer Bruder war reichlich mit Vaters Basteleien versorgt worden.

So existierte in seinem Spielzeugschatz ein richtiger Panzer. Aus dem guckte oben aus einer Luke ein Soldat raus, der durch ein winziges Fernglas schaute. Die Uniform des Soldaten war eben die der Nazis. Und vorn trug dieses Biest von Panzer eine Hakenkreuzfahne.

Helmut lag auf dem Fußboden der Küche und spielte mit dem Panzer. Da ging die Küchentür auf und ein Russe stand wie aus dem Boden geschossen vor uns. Er sah den Helmut und den Panzer an, guckte noch einmal ganz genau hin, fing an zu grinsen, sprudelte noch ein paar für uns unverständliche Worte in die Küche und machte sich wieder davon.

Helmut hatte inzwischen die Hakenkreuzfahne gegen eine ziemlich große weiße Fahne mit einem dicken roten Sowjetstern ausgetauscht und der Soldat trug plötzlich eine kohlrabenschwarze Uniform. Danach sahen wir nie wieder einen Russen in unserer Wohnung.

15 Kasperköpfe Zuhause

In unserer Küche stand ja dieser Kohleofen. Der hatte an einer Seite einen Schieber, mit dem man durch Ziehen und Schieben den Weg des Kohlerauches zum Schornstein regulieren konnte.

Eines Tages fiel uns zu unserem Zeitvertreib ein, dass wir aus alten Zeitungen Kasperpuppenköpfe basteln wollten.

Wie zu allen Vorhaben platzierten wir uns wieder einmal an unseren Küchentisch. Zuerst haben wir Zeitungen zerfetzt in lauter kleinste Stückchen, die haben wir dann mit Wasser aufgeweicht und unter Zusatz von Mehl zu einer formbaren Pampe verknetet. Diese Pampe sah uns aber zu fad aus, also erfanden wir – weil wir keinerlei Farbe besaßen – eine Möglichkeit des Einfärbens mit eigenen Erzeugnissen unserer Küche. Und dazu musste der Ruß des Schornsteins herhalten.

Wir bedienten uns zu der Gewinnung desselben des Schiebers am Ofen. Der wurde kräftig gezogen und geschoben und bei jedem Zug staubte eine Rußwolke in die Küche, die uns überhaupt nicht interessierte. Wir waren ja nur auf die wenigen Krümel Ruß erpicht, die wir in einem Gefäß sammelten und danach dem eigentlichen angepeilten Verwendungszweck zuführten. Es entstanden ein paar herrliche Kasperköpfe. Natürlich gelangen die schönsten meinem großen Bruder.

Unsere Mutter allerdings war nicht begeistert, als sie die von uns verursachte Sauerei beseitigen musste. Aber ich erinnere mich an kein Donnerwetter von ihr. Vielleicht waren unsere entstandenen Kunstwerke so beeindruckend!

16 Ostern

Ostern ging es zum Ostereiersuchen in den Garten. Der Osterhase versteckte eben dort die bunten Eier. Zu Ostern 1946 – ich glaubte da offenbar noch an den Osterhasen – lag für jeden von uns Kindern nur ein einziges Ei im Garten versteckt. Ich suchte verzweifelt, ich fand nur drei Eier. Helmut suchte gar nicht mit, und der kleine Horst verstand das noch nicht. Maßlos enttäuscht erschien ich in der Küche. Das konnte mein großer Bruder wahrscheinlich nicht mitansehen. In einem von mir unbeobachteten Moment rannte er offenbar mit den drei bunten Eiern wieder in den Garten und kam nach geraumer Zeit zurück. Ganz nebenher gab er mir den Rat, noch einmal im Garten zu suchen, es könnte ja sein, dass … Nach diesem zweiten Dreier-Fund kam ich sicher strahlend zurück, legte die Beute in den Korb zu den vorherigen Eiern, die aber plötzlich verschwunden waren. Da klärte mich mein Bruder auf: Es gab eben nicht nur keinen Osterhasen, sondern auch nicht mehr als diese drei Eier in unserem Hause. Aber da lebten wir schon in der traurigen Zeit unserer Kindheit.

In unserer Heimat herrschte der Brauch, Ostern zu „Wallauern". Die Väter der Familien zogen am Ostersonnabend mit einem Handwagen in die benachbarte Schonung, einem Birkenwäldchen mit hellem Sandboden, buddelten dort nach Sand und bauten zu Hause auf den Höfen jeweils eine Wallauer. Das wiederum war eine etwa anderthalb Meter lange schräge Sandbahn, die am oberen Ende circa dreißig Zentimeterbreit war, nach unten sich auf etwa siebzig Zentimeter verbreiterte und rundum mit einer Wulst aus demselben Sand begrenzt war. Und am Ostersonntag wurden diese Wallauern von allen Kindern unserer Höfe bevölkert eben zum Wallauern – also zum Eierkullern.

Wir Kinder kannten in der Osterzeit kein besseres Vergnügen. Es wurde nur gewallauert, von früh bis spät, bei jedem Wetter. Und wenn das bunte, hartgekochte Ei eines beteiligten Spielers getroffen war, dann musste der entweder eine Stecknadel, einen Knopf oder einen Pfennig hergeben. Je nachdem, was vorher vereinbart worden war. Es ist wohl ein Brauch der Sorben, der in der Niederlausitz Fuß gefasst hatte.

Alle unsere für uns sehr frohen Spiele – oder Zeitvertreibe – spielten sich eigenartigerweise in der Kriegszeit ab. Da war die Mutti zu Hause und der Vati verdiente das Geld für seine Familie. Er arbeitete täglich zwölf Stunden an sechs Tagen in der Woche. Der freie Samstag wurde erst viel später erfunden!

17 Helmuts Erfindungen

Einige Jahre später beschäftigte mein Bruder sich dann mit geistreicheren Ideen. Weil er mir immer hilfreich zur Seite stehen wollte. Nach dem Krieg gab es öfter mal Stromsperre. An einem solchen Tag – ich hatte sicher meine Zeit draußen turnend vertrödelt – saß ich abends an meinen Schularbeiten. Plötzlich, ohne Vorankündigung war alles stockfinster in unserer Küche. Ich wollte gerade eine Kerze suchen und mir selber helfen, aber mein großer Bruderhinderte mich daran. Brav, wie ich war, harrte ich der Dinge, die Helmut vorhatte. Er rannte zur Tür hinaus in den Stall und kam mit dem alten Fahrrad unseres Vaters zurück. Daraufhin kramte er in dem Kasten unseres Küchenschrankes, in dem das ganze Sammelsurium von Kleinigkeiten durcheinander lagen, die nun eben irgendwann immer mal benötigt werden in so einem Haushalt. Er beförderte ein Stück Wäscheleine daraus hervor. Langsam wurde es spannend für mich, denn eine Erklärung für sein Tun gab mein großer Bruder mir nicht ab. Er schnappte sich wieder das Fahrrad, hob das Vorderrad hoch und platzierte es unter die Eisenhaken, die bombenfest oben im Türrahmen der Tür zum Schlafzimmer eingeschraubt waren und uns früher als Halterung für unsere Schaukel gedient hatten. Er band das Rad daran hoch, so dass es den Fußboden nicht mehr berührte. Danach suchte er sich im Fensterschrankkasten, in dem sich immer noch die Utensilien für Vatis Bastelarbeiten befanden, einen für sein Vorhaben geeigneten Draht. Er verlängerte damit die Verbindung zwischen Dynamo und der Lampe des Fahrrades, die er dann über dem Küchentisch, an dem ich arbeiten wollte, befestigte. Und dann schwang er sich auf das zur Hälfte hängende Fahrrad und fing an zu strampeln. Es gab wirklich Licht für mich, aber ich musste so fürchterlich lachen, dass ich erstmal nicht zum Sinn des Geschehens kam.

Und noch so eine Erfindung ließ er sich einfallen, als ich mal von der Oma meiner Spielfreundin eine Lage Wolle ergattert hatte und diese zu einem Knäuel aufwickeln wollte. Da erfand er eine Wollwickelmaschine. Bis die fertig war und funktionierte, war allerdings viel mehr Zeit verstrichen, als ich zum üblichen Aufwickeln der einzigen Lage Wolle, die ich zu dieser armseligen Zeit jemals in die Hände bekam, benötigt hätte.

Aber diese Erfindung war so kompliziert, dass ich sie jetzt nicht mehr beschreiben könnte. Leider! Vielleicht wäre sie patentreif gewesen.

Und wieder viele Jahre später – wir waren längst zu Hause ausgezogen, waren verheiratet und zu einem Geburtstag unserer Mutter wie in jedem Jahr alle zusammen bei ihr zu Besuch – da kramte doch mein großer Bruder wiedermal in dem besagten Kasten im Küchenschrank und fragte mich plötzlich: „Sigrid, wo sind meine Hosenklammern?"

Und das war sein Ernst!

18 Mein kleiner Bruder Horst

Eigentlich waren wir – jedenfalls nach Auffassung in der jetzigen Zeit – eine komplette Familie: Vater, Mutter und zwei Kinder. Aber ich erinnere mich noch daran, dass ich mir immer noch ein Baby wünschte. Offenbar war das auch der Wunsch unserer Eltern. Denn es sollte so geschehen.

Dazu mussten damals allerdings andere Vorbereitungen getroffen werden, die sich junge Leute heute gar nicht mehr vorstellen könnten.

Oder weiß jemand, was „Steppchen" sind? Die gehörten zum Windelsortiment, und man musste sie selbst anfertigen. Dazu kaufte man ein entsprechend großes Stück Moltonstoff – das wiederum war ein flauschiger, kochfester Baumwollstoff – zerschnitt ihn in circa dreißig mal vierzig Zentimeter große Rechtecke und die wurden dann umhäkelt mit buntem, auch kochfestem Häkelgarn.

Dazu war ich gefragt! Ich half fleißig bei dieser Handarbeit, ohne natürlich zu wissen, wozu diese Teile Verwendung finden sollten. Ich war knapp sieben Jahre alt. Ob ich nach dem Verwendungszweck fragte, weiß ich nicht. Aber ich weiß mit hundertprozentiger Sicherheit, dass unsere Mutter mir das nicht verraten hätte. Denn die kleinen Kinder brachte ja damals noch der Klapperstorch und es war eine gewisse Peinlichkeit verbunden mit der Beantwortung jeglicher Fragen, die dieses Thema berührten.

Warum ich zu dieser Behauptung komme? Als ich schon älter war, etwa in der vierten Klasse, da las ich mal in unserer Familienbibel und stieß auf den Satz: „Und Hanna ward schwanger und gebar einen Sohn!"

Mutter stand neben mir. Auf meine sofortige Frage „Mutti, was ist schwanger?" bekam ich die Antwort: „Das verstehst du jetzt noch nicht, das erkläre ich dir später" Ein Später gab es nicht! Ich hab mir sicher anderswo meine Antwort gesucht.

Aber noch viel, viel später – ich ging schon zur Oberschule – da erklärte mir meine Mutter, dass sich bei mir alle vier Wochen das Blut reinigt und ich deshalb diese Blutungen kriege. Da habe ich sie dann endlich aufgeklärt. Sie hatte das alles nie gewusst.

Unsere arme Mutter. Sie hatte drei Kinder geboren und wusste nichts vom Geschehen in ihrem Körper. Dabei war sie eine pfiffige Frau.

Es war einfach zu ihrer Zeit normal so.

Aber ich war ja bei den Steppchen. Die hatten wir nun also schön bunt umhäkelt. Der Klapperstorch konnte kommen. Als er dann meinen kleinen Bruder – aus dem Korb den er im Schnabel trug – im freien Fall und ganz geschickt am 1. Februar 1943 in die gute Stube in Anna-Mathilde 13 gekippt hatte – da konnten die Steppchen ihren Verwendungszweck täglich erfüllen. Jetzt war dann meine Hilfe wieder gefragt, beim Aufhängen der zuerst vollgekackten, dann mit Wasser von der Kacke freigespülten, dann auf unserem mit Braunkohle befeuerten Ofen in der Küche im großen Einwecktopf mit Waschpulver gekochten, dann auf dem Waschbrett in einer Holzwanne per Hand gewaschenen, mit Wasser klargespülten und kräftig ausgewrungenen S t e p p c h e n.

Und ich sortierte diese Dinger geordnet nach Farben der Häkelkanten und bugsierte sie so auf die Leine draußen in unserem Hof.

Und das brachte mir von den Weibern unseres Hauses ein tolles Lob ein! „Die Sigrid ist aber ein ordentliches Mädchen, die sortiert sogar die Windeln auf der Leine nach Farben."

Komisch, sowas bleibt sogar im Kindergedächtnis hängen.

So bin ich also: Ich wollte meine Erinnerung an den Tag nach Horsts Geburt aufschreiben und landete erstmal bei seiner Kacke …

Unsere Eltern hatten sich für die bevorstehende Geburtsszenerie in unserer guten Stube, die bei uns den Namen „H i n t e n" trug, eine Geschichte für Helmut und mich ausgedacht. Damit wir in der Nacht – nur durch eine dünne Wand und eine Holztür von „Hinten" getrennt – keinen Verdacht schöpfen sollten.

Es wurde ein Bett nach „Hinten" gestellt und die Eltern erklärten uns, unsere Nachbarn, also R o i l s, würden heute Besuch bekommen und der müsste bei uns dort „Hinten" schlafen.

Ob mein großer Bruder ihnen das glaubte, entzieht sich meiner Kenntnis.

Ich jedenfalls war damit zufriedengestellt.

Ja, und am nächsten Morgen, es war noch finster draußen, da ertönte bei uns „Hinten" Babygeschrei.

Und Mutti lag im Bett.

Und aus der Küche duftete es verlockend. Da stand Tante Bertel am Herd und röstete Mischbrotstullen auf der Herdplatte. Und die bekamen wir zum Frühstück, mit Butter und Zucker bestrichen, ehe wir zur Schule gingen. Und Muckefuck mit Milch dazu.

Sowas Köstliches hatte ich niemals vorher gegessen.

Vielleicht esse ich das deshalb heute noch so gern.

In der Schule bin ich sofort am Anfang der ersten Stunde zu unserer Klassenlehrerin, Fräulein Körnchen, vorgelaufen und habe ihr diese Neuigkeit mitgeteilt und sie gab es der Klasse bekannt.

Und ich war stolz!

Im Frühjahr 1945 wurden wir an einem sonnigen Morgen wach und stellten fest, dass unser Bruder Horst in seinem Gitterbettchen zwischen vielen Glassplittern lag. Zuerst ahnten wir nicht, woher diese Splitter dorthin geraten sein konnten. Horst war unverletzt – war das ein Glück!

Nachdem wir das Bett von den Splittern befreit hatten, suchten wir nach der Ursache dieser Ungeheuerlichkeit und fanden ein Loch in einer Fensterscheibe des Schlafzimmers. Aber wie kam das Loch in die Scheibe?

Es war in der Nacht ein Blindgänger von einem Bomber stammend in eine eiserne Eisenbahnschwelle – die Eisenbahnlinie lief keine fünfzig Meter von den Fenstern entfernt – geknallt und hatte dabei wahrscheinlich einen Stein durch unser Fenster geschossen und die Splitter landeten rund um unser schlafendes Brüderchen in seinem Bett.

Wie sagt ein geflügeltes Wort?

„Besoffene und kleine Kinder beschützt der Liebe Gott!"

Ab diesem Tag spätestens müsste ich ein Gläubiger Mensch geworden sein!

Eines Tages ging dann dieses kleine Brüderchen in den Kindergarten. Es nahte eine Weihnachtszeit und mit ihr die Weihnachtsfeier im Kindergarten. Dazu wurde der Horst ganz schick angezogen. Tante Bertel hatte für ihn ein süßes Hemdchen genäht. Es war hellblau mit ganz feinen braunen Karo-Streifen obendrauf und es hatte kleine braune Knöpfchen. Der seidige Stoff stammte aus der Zeit der Schwangerschaft unserer Mutter mit Horst. Sie hatte ihn auf Zuteilung bekommen und noch nicht verwendet.

Und Horst sollte ein Gedicht aufsagen.

Das ging so:

Es war vor Weihnacht so gegen sieben

Die Mutter war grade beim Kaufmann drüben.

Da rumpelt und pumpelts die Treppe herauf,

klopft an die Tür und macht sie auf!

Knecht Ruprecht war es, er kam herein.

Denkt euch, Kinder, ich war ganz allein!

Er sagte: „Kannst du Weihnachtslieder?"

Da rutschte ich schnell vom Stuhl hernieder

und sang das Lied von der Heiligen Nacht,

da hat er aber Augen gemacht!

Er schenkte mir Nüsse und Pfefferkuchen

Und sagte: „Ich komm dich nochmal besuchen!

Auf Wiedersehn! Grüß Vater und Mutter schön!"

Ich sagte fröhlich: „Auf Wiederseh'n"

Dieses „Vater und Mutter" in der vorletzten Zeile habe ich damals eigenmächtig in „deine Mutti" umgeändert.

Ich erinnere mich nicht, dass vonseiten des Kindergartenpersonals jemand etwas dagegen gesagt hat. Sie wussten ja, dass unser Vater uns gerade verlassen hatte.

Einmal wanderte ich mit Horst nach Bückgen, der war noch zu klein, diese Strecke von etwa drei Kilometern zu laufen. Deshalb beförderte ich ihn in meinem Puppenwagen. Unterwegs führte der Weg immer dicht an der Bahnlinie entlang, aber die Linie lag mindestens sechs bis acht Meter tiefer und es führte eine mit Büschen und Gras bewachsene, steile Böschung abwärts dorthin. Horst entdeckte plötzlich auf halber Tiefe der Böschung eine Blume und da begann er sofort sein Betteln: „Bümchen ham, bitte, bitte, Bümchen ham!"

Zuerst erklärte ich ihm, dass ich da nicht rankomme – erfolglos!

Darauf sagte ich ihm, dass ich ihm die Blume nur holen kann, wenn er in seinem Wagen sitzen bleibt. Das verstand er und versprach es auch. Aber denkste! Ich hatte die Blume noch nicht erreicht, da begann oben ein Mordsgebrüll.

Der liebe Horstel war aus dem Wagen gefallen.

Ich bin trotzdem nach Bückgen weitergegangen, obwohl ich noch viel näher an Zuhause war. Tante Bertel versorgte die Schrammen an Horstels Gesicht.

Mutti bekam das erst nach unserer Rückkehr zu sehen.

Und ich lief lange mit einem üblen Schuldbewusstsein umher!

Irgendwann – wieder einmal allein zu Haus – brachte ich den Horst abends zu Bett.

Aber nach ungewöhnlich langer Zeit schlief er immer noch nicht. Da fragte ich ihn, ob er wieder was ausgefressen habe und deshalb nicht schlafen könne. Seine Antwort war kurz und aufschlussreich: „Ja, vorhin den Zucker."

Als Horst schon viel größer und ich mal mit ihm in unserer sonnigen Küche bei offenem Fenster allein war, da rannte gerade Fräulein Nowack über den Hof.

Sie war meine Schneiderin und sie rannte in Richtung Klosetts.

Da kriegte es doch mein kleiner Bruder fertig, dicht am Fenster stehend, laut – einfach mal so – zu rufen: „ES FEHLT AN FIGUR!"

So ein frecher Bengel war das also geworden, mein kleines Brüderchen!

Mir blieb fast die Luft weg vor Peinlichkeit, aber Fräulein Nowack zog wirklich ein mächtig breitgesessenes Gesäß hinter sich her.

19 Lauf nach Bückgen – Onkel Otto

Wir gingen als Kinder sehr oft nach Bückgen, einfach so, ohne jeden Grund.

Dort spielten wir mit Cousin Siegfried, Tante Bertels Sohn.

Bevor wir wieder heimgehen wollten, sagte Tante Bertel oft: „Geht nochmal aufs Klo, Kinderchen, ist alles gut für unseren Garten!"

Als Toilettenpapier lag in Bückgen kleingeschnittene Tapete aus dem Bestand der inzwischen stillgelegten Malerwerkstatt, weil der Onkel Otto in den letzten Kriegstagen in Berlin gefallen war.

20 Unser Onkel Otto

Unser Onkel Otto war immer ein ganz lustiger Onkel! Wenn er zu uns zu Besuch kam, betrat er die Küche grundsätzlich rückwärts.

Und er spielte auch mit uns und kroch mit uns unter den Tisch, wenn das Spiel es erforderte.

Als er aber zu Silvester 1944 Urlaub hatte und aus Bückgen mit allen von dort zu Besuch kam, war er ganz ernst und wir Kinder konnten ihn zu keinem Spaß bewegen. Das ist in uns haften geblieben.

An diesem Tag hatten wir unseren Onkel das letzte Mal erlebt. Er zog danach wieder in den Krieg und kam nie zurück. Er kämpfte in Berlin, als die Russen einrückten und fiel in den letzten Tagen vor dem Ende.

Seine Frau, unsere Tante Bertel, verließ eigentlich nie ihre „Scholle" um mehr als zehn Kilometer im Umkreis. Wenn sie mal nach Senftenberg – sechs Kilometer entfernt – fahren musste, wurde ihr schon ganz übel.

Aber als sie die Nachricht von ihres Mannes „Opfertod" und die Angabe des Ortes erhielt, an dem sein Grab zu finden sei, da machte sie sich auf den Weg nach Berlin. Sie fand seinen Verbleib auf einem riesigen Feld der Kriegsgräber aller Gefallenen dieser Umgebung.

Maßlos viele kleine Holzkreuze, auf denen die Namen und Registriernummern eingebrannt waren, musste sie anschauen, bis sie eben den Namen ihres Mannes las.

Vorher hatte sie es nicht geglaubt, danach musste auch sie es realisieren!

21 Meine Panzerfahrt

Ein ganz dolles Ereignis erlebte ich in den letzten Monaten vor Kriegsende.

Ich trieb mich ganz allein auf der glatten Straße rum, zwischen unseren Häusern und dem Weg zum Badehaus. Da kamen Panzer angefahren.

Eine der Werkstätten war nämlich für längere Zeit zur Reparaturwerkstatt für Kriegsfahrzeuge umfunktioniert worden.

Aus dem Panzer rief ein Soldat: „Kleene, willstde mitfahr'n?"

Ich zögerte kein bisschen, sondern kroch mit Hilfe der Soldaten in das Loch da oben rein.

Ich fand es wahnsinnig eng da drin. Wir fuhren an unserer Rodelbahn vorbei, ziemlich weit in die Schonung hinein. Da ließen sie mich aussteigen und sagten zu mir, ich könne jetzt nicht weiter mitkommen, sie müssten ohne mich weiterfahren. Ich solle warten. Sie werden Probeschießen machen und mich dann auf dem Rückweg wieder mitnehmen.

Ich solle mich auf die Erde legen und den Mund offenhalten. Das tat ich zwar, aber ich hörte es in der Ferne ballern und es wurde schon dunkel, da hab ich es wohl mit der Angst zu tun bekommen und bin in den Spuren der Panzer nach Hause gelaufen.

Eigentlich war das ganz schön gewagt! Ich kannte weder diesen Weg, noch war ich jemals in dieser Gegend.

Als ich aber die Rodelbahn erreicht hatte und nun wusste, wie mein Weg weiter geht, da bekam ich es mit der Angst, was ich meinen Eltern wegen des langen Verschwindens nun erzählen sollte?

Da ging ich in unseren Stall, sammelte einen großen Eimer voll Briketts und schleppte den in die Küche. Ich hatte wohl damit gerechnet, dass sie sich über meinen Fleiß so freuen würden, dass sie mich nach meinem Verbleib in der Zwischenzeit nicht fragen würden.

Komisch, hier endet meine Erinnerung zu dem Thema.

22 UNSER GARTEN

Zu jeder Wohnung unseres Zehn-Familienhauses gehörte auch ein Garten. Klein, aber er versorgte uns mit dem notwendigen Gemüse. Und gleich am Eingang stand ein riesiger Birnbaum. Die Birnen waren immer erst Ende September reif. Sie wurden sehr groß, waren süß und saftig, und mussten immer ganz schnell verarbeitet werden, weil sie eben Birnen waren und bald faulten. Und nach Birnen schmeckten sie eigentlich nicht. Aber wenn Mutti sie eingeweckt hatte – mit einem Stück Zimtstange in jedem Anderthalb-Liter-Glas – dann boten sie uns einen Winter hindurch doch viele Nachtische.

Als Onkel Robert – das war seit einigen Jahren nach Kriegsende der zweite Mann von unserer lieben Tante Bertel – mit zur Familie gehörte, bekamen diese Birnen von ihm auch einen Namen: „Else-Birnen"

Unter dem Birnbaum wuchs Jahr für Jahr höllisch scharfer Meerrettich. Der kam eigentlich nur für den Silvesterkarpfen zum Einsatz bei uns. Und genau in der Region – wo der Meerrettich so gut spross – landeten im Winter immer die Kackpötte von Horst, wenn wir sie raustragen mussten und zu faul waren, die Klotür aufzuschließen.

Mit der Düngung der Gärten war das damals sowieso ein Fall fürs Guinnessbuch.

Zehn Familien bedienten fünf Plumpsklosetts. Unsere Familie hatte ein Klo mit einem Fenster, darauf gingen unsere Nachbarn – Familie Roil, auch vier Personen – und wir vier.

Die acht weiteren Familien saßen im Finstern in ihrem Plumsklo.

Wenn ich daran denke, dass Tochter Margot Roil – sie war ein Jahr jünger als ich, wir spielten oft zusammen – an TBC erkrankt war, so war es doch ein Riesenglück, dass es uns damals nicht auch erwischt hat.

Die Verdauungsrückstände aus den fünf Löchern der Klos sausten also in eine direkt vor den Klotüren liegende gemauerte Grube. Die war oben abgedeckt mit Mauerwerk, das in der Mitte ein quadratisches, mit einem schweren Metalldeckel sicher verschlossenes Loch besaß.

Mir fällt eigentlich erst jetzt hier beim Schreiben ein, dass diese Kloabdeckung später unser liebster Spielplatz war.

Wir – das waren alle Kinder der fünf Zehn-Familienhäuser – turnten nämlich mit Begeisterung an den Klotüren rum.

Handstand gegen die Tür, oder rückwärts an der Tür hochkriechen und zur Brücke überschlagen mit den Beinen auf die Klodeckel, oder sich aus dem Stand, wenn der Bauch an der Tür liegt mit Beine oben, mit den Füßen am Hals umarmen.

Helmut sagte mir dazu einmal, es habe eine Zeit gegeben, da kannte er seine Schwester nur auf dem Kopf stehend an den Klotüren mit runtergehängtem Rock.

Aber ich war ja bei der Gartendüngung.

Immer, wenn im Frühling die Spatzen zu Pfeifen anfingen und der Erdboden nicht mehr gefroren war, rüsteten die Bewohner in Anna-Mathilde zur Gartenbestellung.

In jeder der fünfzig Familien, die dort die fünf Häuser bewohnten – die übrigens aus Ilseklinkern gemauert waren und gar nicht schlecht aussahen – war meistens der Vater dazu verdonnert, den Garten umzugraben.

Unser Vater stülpte sich dazu alte, dicke Stiefel über die Füße, bewaffnete sich mit dem Jaucheschöpfer und einem alten Eimer aus unserem Stall und verschwand damit um die rechte Ecke des Stallgebäudes. Dann musste er den schweren Eisendeckel von dem „Dach" der großen Klogrube abheben.

Wie er das hinkriegte, weiß ich nicht, denn der Deckel hatte rund rum weder Griff noch Loch noch Haken. Ein Glück auch, sonst hätten wir das bei unseren Turnübungen bestimmt längst ausprobiert. Aber der Deckel war bombensicher vor uns.

Im Garten grub Vater dann erst eine Reihe der Beetlänge um und dann wurde aus dem Deckelloch mit dem Jaucheschöpfer die ungleiche Mischung der rückwärtigen Auswürfe von den zehn Familien unseres Hauses teils mit, teils ohne die Zeitungspapierfetzen des letzten halben Jahres – denn Klopapier war damals noch nicht bei uns erfunden – in den Eimer geschöpft und in den Garten getragen. Und dort wurden sie in die Furche vor der eben umgegrabenen Reihe gleichmäßig verteilt hineingegossen und danach die nächste Reihe umgegraben, wobei die Jauchestrecke Stück für Stück mit jedem Spaten Erde zugedeckt wurde. Davor entstand eine neue Furche für dieselbe Prozedur, solange, bis der ganze Garten umgegraben war und unser Vater zur Mutter in die Küche kam und froh von der Beendigung seiner Drecksarbeit berichtete.

Das hörte sich so an: „FERTIG!" Ich habe das tatsächlich noch so im Ohr.

Diese edle obere Erdschicht musste dann einige Zeit „r u h e n", bevor – alles zu seiner Zeit – Sorte für Sorte gesät, gesteckt, gepflanzt werden konnte.

Unser Garten war circa dreißig Meter lang und sieben Meter breit. An der rechten Längsgrenze standen hintereinander einige rote Johannisbeersträucher und zwei oder drei hochstämmige Stachelbeersträucher. Dahinter stand ein Busch rosarot blühender Phlox und dann noch eine Staude Tränendes Herz.

Links neben der Eingangstür beherrschte die etwa ersten sechs Meter des Gartens ein riesig hoher Birnbaum – die Else-Birne, wie er später getauft wurde.

Hinter diesem Baum entfaltete sich Jahr für Jahr unverwüstlicher Rhabarber und unter dem Baum gleich am Zaun wucherte Meerrettich.

Und dann gab es die bestellten Beete, nur eine kleine Zahl, aber die versorgten unsere Familie mit Mohrrüben, Schoten, Buschbohnen, Stangenbohnen, Kohlrabi, Radieschen, Sellerie, Petersilie, grünem Salat und Dill. Die letzten circa sechs Meter des Gartens wurden nicht zur Erzeugung von Verzehrbarem genützt. Da hatte unser Vater eine grüne Bude hingebaut, ein richtiges kleines Holzhaus mit verschließbarer Tür und mit einem Fenster, das man öffnen konnte und das außerdem einen Fensterladen aus dem gleichen grünen Holz wie die ganze Bude aufwies. Und vor der Bude stand eine Bank.

Und etwa auf vier Metern vor dieser Bank bis zum ersten Beet erstreckte sich eine „riesige" Wiese: unsere Sommerfrische.

Da hat es unser Vater noch geschafft, eine Hängematte bombenfest anzubringen, in der wir uns dann abwechselnd vergnügten, Helmut und ich. Und die Außenbegrenzung dieser Oase bildete eine hohe, dicke Hecke von wildem Wein. Wir waren dort uneinnehmbar abgeschottet von neugierigen Blicken der Bewohner, die vom Nachbarhaus zu ihren Gärten draußen an unserem Zaun vorbeigingen.

Die Bude war für mich wie ein kleines Geheimnis. Vati hielt sich dort sehr oft nach seiner Arbeit auf und hatte immer etwas zu bauen. Der Inhalt des Schrankes diente ausschließlich seinen Basteleien. Und unter dem Fenster stand natürlich seine Werkbank. Aber der Fußboden der Bude bestand aus unserer schwarzen Gartenerde, natürlich ungedüngt und knochenhart wie Granit – ist ja gar nicht abwegig bei diesem Kohlegehalt!

Gegen Ende des Krieges hatte unser Vater unter dem Schrank, der in der Bude stand, ein Loch gegraben, das mit unseren Wertsachen gefüllt und fachgerecht so abgedeckt wurde, dass kein normaler Sterblicher auch nur auf die Idee kommen könnte, dass da etwas versteckt sein könnte.

Es sollte ein Versteck für die zu befürchtenden Russen darstellen. Gottlob belästigte uns nie ein Russe. Aber nachdem unsere Mutter den verborgenen Schatz von ihrem Bruder Paul wieder hatte heben lassen, behauptete sie bis an ihr Lebensende, dass der Paul ihr den Ehering vom Vati dabei geklaut habe.

23 Veräppelung im Garten

Irgendwann veräppelte mich eine Hausbewohnerin aus dem Nachbaraufgang unseres Hauses. Sie war in ihrem Garten beschäftigt und ich hatte wohl Langeweile und kroch zu ihr und erzählte mit ihr. Da wollte sie mir weismachen, dass man es hören könnte, wenn die Pflanzen wachsen.

Dazu sollte ich nur einen Finger in die Erde neben der Pflanze stecken und würde dann hören können, wie die Pflanze wächst. Bei aller Mühe – ich hörte nichts!

Frau Keil, die Mutter meines späteren Lehrers Herbert Keil, wollte mir das verklickern!

24 Großmutter

Unsere Mutter wusste bei manchen Anlässen von ihrer Zeit in der jungen Ehe zusammen mit ihrer Schwiegermutter – die wahrscheinlich oft Haare auf den Zähnen hatte und ziemlich geizig war – zu berichten.

Eigentlich sollte zu unserer Familie noch ein Mädchen gehören. Es hätte zwischen Helmut und mir gesund geboren werden können, wenn nicht die GROSSMUTTER es geschickt verhindert hätte.

Mutti war im achten Monat schwanger. Die Großmutter und Mutti hatten große Wäsche. Dazu mussten aus dem Keller des Wohnhauses die großen Holzwannen aus – und nach getaner Arbeit wieder hinunter – getragen werden. Das geschah.

Großmutter ging abwärts voraus und unsere Mutter hinterher. Als Mutti oben an der Kellertreppe mit der Wanne angekommen war, riss die Groß-mutter unten kräftig an der Wanne, Mutti versetzte es einen Ruck durch den ganzen Körper – ein paar Stunden später wurde Mutti von einem Mäd-chen entbunden.

Es hatte einen offenen Rücken und hat nur zwölf Stunden gelebt. Und es soll in der ganzen Zeit jammervoll geschrien haben.

So erzählte es mir Mutti, als ich schon erwachsen war.

Dieses Mädchen sollte unsere Schwester C h r i s t a sein.

Sie erzählte auch, dass die Großmutter, als meine Eltern das erste Mal mit meinem kleinen Bruder Horst – auf den wir alle sooo stolz waren und den wir auch sooo süß fanden – in Bückgen zu Besuch kamen, gesagt haben soll: „Ach, Zickchen ist mir lieber!"

Ich wollte das alles nicht glauben, bis mir viel später meine Tante Bertel einmal von sich und ihrer Familie erzählte und dabei von ihrer Mutter zu sagen wusste, sie hätte als junge Frau Schwangerschaftsunterbrechungen durchgeführt bei Frauen, die es von ihr wünschten.

Mit einer Stricknadel. Und natürlich gegen Bezahlung.

Sie muss auf der Strecke recht bekannt gewesen sein in ihrer Wohnumgebung.

Tante Bertel hat später ihre Mutter rührend in ihrem Haus gepflegt bis zu deren Tod.

Ich selbst weiß aus eigenem Erinnern nicht viel von dieser Großmutter. Eigentlich sind es meist Sommererinnerungen. Großmutter saß immer draußen auf der Bank, die vor ihrem Stall stand. Sie war da stets mit ihren Händen beschäftigt. Neben ihr stand auf der Erde ein eigenartiger Schrank, in dem alles Mögliche getrocknet wurde. Spind wurde dieses Holzgerippe mit allen Wandflächen und Einlegeböden aus Fliegengaze genannt und es diente dem Haltbarmachen jeglicher aus Garten oder Wald gesammelten Kräuter, Apfelscheiben, Pilze, Tees, Brotkrusten für Brotsuppe im Winter und vieles mehr. Großmutter fütterte den Spind, indem sie alles in dünne Scheiben schnitt und in dünnen Schichten darin auslegte.

Oder sie schnitt Hühnerfutter, also Brotscheiben in kleine Würfel, die aber meist gleich mit dem Rufen "Putt, puttt putttt puttt. Putt!" verfüttert wurden.

Sie hatte die Figur einer Kugel auf dünnen Beinen, trug lange, weite Röcke und saß auf der Bank breit und klein, wie sie eben war.

In einem Jahr – die Kirschen waren reif – gab sie uns, Helmut, Siegfried und mir, einen Eimer und schickte uns zum Kirschenpflücken unter den hohen Süßkirschenbaum. Wir krochen alle drei fix in den Baum und futterten uns erst einmal ordentlich satt an den köstlichen Früchten.

Plötzlich erschien Großmutter unten am Baum und wir hörten sie rufen: „Was macht ihr denn hier, der Eimer ist ja noch leer und hier unten liegen mehr Kirschsteine als noch Kirschen am Baum hängen!" Da haben wir doch noch Kirschen für den Eimer gepflückt.

Als Großmutter schon sehr alt war, litt sie am Grauen Star. Sie muss wohl längere Zeit fast gar nichts mehr gesehen haben, als sie dann doch operiert wurde und danach mit einer ganz dicken Brille aus dem Krankenhaus zurückkam. Ich habe bei diesem Wiedersehen gestaunt und mich sehr darüber gefreut, wie sehr die Großmutter sich über uns freute. Weil wir inzwischen viel größer geworden waren und sie uns erst wieder erkannte, nachdem sie uns nacheinander zu sich ran gezogen und genau betrachtet hatte. Ich habe Großmutter eigentlich nur immer ganz friedlich und freundlich erlebt und konnte mich in den bösen Erzählungen über sie vonseiten unserer Mutter nicht zurechtfinden.

Aber Mutter hatte eben ihre Erlebnisse mit ihrer Schwiegermutter und das hatte sicher auch seine Richtigkeit.

Das letzte Mal sah ich die Großmutter, als sie schon bettlägerig war und oben in ihrem Schlafzimmer im Bett lag. Da war ich mit Karl-Heinz zu ihr hochgegangen zu einem kurzen Besuch, wobei ich ihn ihr erstmalig vorstellte. Wir waren damals in unserer Kandidatenzeit wohl mal an einem Wochenende zu Mutti nach Hause gefahren. Kurze Zeit danach erhielt ich in der Apotheke in Zossen die Todesanzeige.

25 Unser Großvater und Vatis Tot

Unser Großvater?

Der war ganz dünn. Er hatte große, strahlend hellblaue Augen und eine spiegelblanke Glatze. Und er aß immer Milchsuppe und bröckelte sich darein kleingeschnittenes Weißbrot. Das vertrug er am besten, weil er an Magengeschwüren litt.

Ihm gegenüber trage ich bis heute ein schlechtes Gewissen herum. Der Grund dafür liegt etwa bei drei Tagen nach dem Kriegsende. Da habe i c h ihm die sicher schrecklichste Botschaft, die er jemals im Leben erhielt, eiskalt – ich war neun Jahre alt und wusste einfach nicht, was ich tat – überbracht.

Er saß bei uns in der Küche auf dem Chaiselongue.

Er war von Bückgen zu uns gelaufen, um zu sehen, ob wir alle unversehrt die letzten Kriegstage überstanden hatten. Kurz zuvor an diesem Tag war unsere Mutti weinend vom benachbarten Haus mit der Nachricht nach Hause gekommen, dass unser Vati tot sei. Ein Arbeitskollege wusste das, er war gerade erst vom „Ort des Geschehens" erstmalig wieder zu Hause angekommen und muss wohl ein Augenzeuge gewesen sein.

Ich war mit Großvater allein in der Küche.

Und ich sagte nur: „Vati ist tot. Der hat sich an der Förderbrücke aufgehängt." Da sackte mein Großvater rückwärts gegen die Wand und fing ganz laut zu schluchzen an.

Ich wusste nichts vom Tod und auch nicht, was das ist – Aufgehängt –

Ich wusste in diesem Moment aber, dass ich etwas ganz Schreckliches gesagt haben musste. Und dann kroch ich zum Großvater auf den Schoß.

Ende dieses Gedankenfetzens.

Darauf folgten für die Großeltern und unsere Mutti erbärmliche Zeiten und auch Aufgaben. Der Vati war von seinen Arbeitskollegen irgendwo im Wald bei Scado eingegraben worden.

Ich habe in dem Zusammenhang nichts begriffen.

Aber es haben sich mir vom Tag der Beerdigung unseres Vaters zwei Ereignisse eingegraben.

An einem herrlichen Sonnentag gingen wir alle zu Fuß nach Sedlitz. Ich hatte ein dunkelblaues Kleid an. Da flog sehr hoch am Himmel ein Flugzeug über uns weg mit diesem so typisch summenden Geräusch. Das ist mir bis heute geblieben. Wenn ich – egal wo, egal wann – so ein Flugzeug höre, dann sehe ich mich als Kind in dem blauen Kleid unterwegs.

Es geschah genau noch in Anna-Mathilde an der Einmündung der „Glatten Straße", die Straße, die von Sedlitz nach Bückgen führte. Zu unseres Vaters Beerdigung.

Und die zweite Erinnerung an diesen Tag:

Auf dem Friedhof standen alle Erwachsenen um ein tiefes, langes Loch herum und weinten. Ich kam mir komisch vor, weil ich nicht auch weinen konnte. Da ging ich mit großen Schritten immer rund um das Loch und um alle Leute herum und gab dabei ein heulendes Gewimmer von mir, damit alle denken sollten, dass ich auch weinte.

Aber das registrierte niemand. Es war ein ganz heller Sarg, in dem der Vati begraben wurde.

Ich hatte eben nichts begriffen!!!

26 Großvaters Hilfe und sein Ende

Und der Großvater tat sofort danach etwas Goldrichtiges für unsere Familie: Er ergatterte ein brachliegendes Stück Feld, das nicht bestellt werden konnte, weil der Bauer, dem es gehörte, sich noch auf der Flucht befand. Und er grub dieses Feld um und steckte Kartoffeln für uns.

Dass dieses Jahr dann ein staubtrockenes wurde und die Kartoffeln nur die Größe einer Kirsche erreichen würden, das konnte der arme Großvater nicht ahnen.

Aber wir haben geerntet und waren froh, überhaupt etwas zu Essen zu haben. Unsere Mutter war zu der Zeit sehr erfinderisch im Erstellen von Rezepten für die Verarbeitung von Kartoffeln mit Schalen, weil diese Winzlinge nicht schälbar waren.

Sie brachte es sogar zu Kartoffel-Streuselkuchen. Der schmeckte uns aber nicht, weil er ohne Zucker gebacken werden musste. Denn Zucker wuchs nicht auf Großvaters Feld und den gab es auch nirgendwo zu kaufen.

Einmal ging mein Großvater mit mir abends nach Bückgen. Es war dunkel und der Mond schien. Da gab mir Großvater einen Rat für mein Leben, wie er sicher meinte. - Solltest du einmal krank oder sonst in Not geraten sein, dann sage bei Mondschein, der Mond soll dir bitte helfen und dann geht das in Erfüllung - .

Ich habe nie Gebrauch davon gemacht.

Am Ende seines Lebens war Großvater sehr verkalkt und infolgedessen zeitweise verwirrt und er verhielt sich unkontrolliert gewalttätig.

Deshalb wurde er nach Senftenberg ins Krankenhaus gebracht. Ich ging zu der Zeit in die Oberschule in Senftenberg und bekam von Mutti den Auftrag, den Großvater dort zu besuchen.

Natürlich tat ich das! Es wurde für mich zu einem schrecklichen Erlebnis. Er erkannte mich in der ganzen Zeit meines Besuches überhaupt nicht.

Und dann sprang er plötzlich aus seinem Bett, schnappte sich den am Bett stehenden Narkosewagen und rannte damit aus dem Zimmer. Er lief draußen den langen Gang der Station entlang, mit so einer affenartigen Geschwindigkeit, dass keiner ihn einholen konnte. Letztlich schlug er lang in den Gang. Der Wagen rollte weiter mit den scheppernden Teilen darauf, bis er an die Wand knallte und alle Glasteile auf der Erde zerbrachen.

Das war mein letzter Eindruck vom Großvater. Ich bin nie wieder zu ihm gegangen. Er ist danach bald im Krankenhaus verstorben.

Bei seiner Beerdigung in der Kirche in Bückgen erfasste mich ein fürchterlicher Weinkrampf, von dem ich mich nur schwer erholte. Da war ich fünfzehn Jahre alt.

Da wusste ich, was mir verlorengegangen war.

27 Nachkriegstage – Bückgen – Russen – kleine Schandtaten

Mein erster Weg in den ersten Nachkriegstagen führte mich nach Bückgen.

Ganz allein hab ich mich einfach auf den Weg gemacht. Es war Sommer und warm, und ich war nur mit einer bunten Spielhose bekleidet.

Als ich durch die Gartenpforte hindurch gegangen war und der Platz vor der Eingangstür zu der Backstube von Bäcker Muder vor mir lag, sah ich die ersten Russen. Sie riefen mich zu sich heran, ich ging aber nicht zu ihnen, sondern wanderte schnurstracks weiter.

Später dachte ich oft daran, wie es nur möglich war, dass ich so allein weggelassen wurde. Aber sicher war Mutti durchweg über lange Zeit völlig entnervt.

Als ich dann in Bückgen angekommen war, schickte mich Tante Bertel ins Wohnzimmer, weil ich dort den Siegfried finden würde, mit dem ich spielen wollte.

Aus diesem Zimmer quoll fröhlicher Lärm. Drinnen saßen um den großen ovalen Esstisch herum viele Russen und reichten sich den Siegfried von

Schoß zu Schoß und alle redeten und lachten durcheinander. Es gab auch zu essen, das hatten die Russen mitgebracht.

Später erzählte uns Mutti, dass Tante Bertel für die Russen genäht hat und dafür brachten sie Naturalien mit.

Ich war schon ziemlich groß, aber noch in der Grundschule, da hab ich nochmal was ganz Blödes gemacht.

Ich hab in der guten Stube, also „H I N T E N“, mitten auf den Tisch rote Tinte gegossen. Auf die dort immer liegende Tischdecke. Und statt die Decke zum Waschen zu entfernen, hab ich einfach eine Tortenplatte auf den Klecks gestellt. Da war nach längerer Zeit, als Mutti den Schaden irgendwann bemerkte, nix mehr zu retten!

Und genauso dumm verhielt ich mich auch, als der Horst mit etwa vier Jahren von mir aus einem ganz bestimmten Buch, wie alle kleinen Kinder es an sich haben, jeden Tag und immer wieder denselben Artikel vorgelesen haben wollte. Da kratzte ich mit einem Messer über der Kopfwand des Bettes, in dem wir beim Vorlesen wohl immer gelegen haben, die Seitenzahl des Buches in die Wand.

Die Wände in unserer Wohnung waren nie tapeziert. Das Schlafzimmer hatte eine kräftig rosarote Wand und darauf waren große Veilchensträuße mit einer Schablone gemalt. Und darein kratzte ich die Zahlen und schrieb dahinter „Doktor in Vatis Jubiläumsbuch.“

Das stand da viele Jahre deutlich lesbar.

Horsts Berufswunsch war lange Zeit Arzt. Das beruhte aber auf der Tatsache, dass der einzige Arzt von Sedlitz ein Auto hatte und damit auch zu uns kam, wenn ein Hausbesuch fällig war.

Unser Schlafzimmer wurde erstmals tapeziert, als ich achtzehn Jahre alt war. So lange musste ich meine Schandtat betrachten.

Da bekam ich unsere Mutter auch überzeugt, das größere Schlafzimmer gegen das viel kleinere Wohnzimmer zu vertauschen.

So geschah es dann endlich.

28 Hamstern – Hungern –

Ob wir direkt hungerten in der absolut kargen Nachkriegszeit, ist mir nicht
erinnerlich. Aber ich weiß, dass Mutti und Helmut mit dem kleinen Plat-
tenwagen, den unser Vater für den Transport von irgendwelchen kleinen
Dingen gebaut hatte, zum H A M S T E R N fuhren und ich zu Hause blieb
und den kleinen Bruder hütete. Der Wagen war grün gestrichen und sah
aus wie ein Tablett auf Rädern mit einer Deichsel.

Damit fuhren sie nach Sedlitz zum Bahnhof. Dort stiegen sie in den nächsten Güterzug, der irgendwann völlig unplanmäßig ankam. Damals waren
solche Züge speziell für Hamsterer eingesetzt. Ich erinnere mich, dass Mutti
und Helmut mit total leerem Wagen am Abend wieder heim kamen. Die
Bauern waren der bettelnden Bevölkerung, die in Überzahl unterwegs war,
überdrüssig. Und sie gaben nichts mehr her!

An einem Tag kam ich heim und sah bei uns im Schlafzimmer auf dem
Ofenblech einen kleinen Sack mit Weizenmehl stehen. Den hatte uns Onkel
Paul gebracht, der arbeitete in Sedlitz bei Bäcker Müller. Er hackte Holz für
den Backofen. Da war wohl für uns auch einmal etwas Brauchbares abge-
fallen.

29 Die erste B U T T E R

Die erste Butter nach dem Krieg gab es natürlich auf Zuteilung! Sicher war
das mit allem Essbaren so, aber ich erinnere mich nur an die erste Butter.

Jede Familie bekam für alle dazugehörenden Personen – ob Opa, Mutter
oder Baby – fünfzig Gramm.

Nie wieder hat Butter so gut geschmeckt! Und nie wieder hat eine so winzige Menge soooooo lange gereicht.

Unser Bruder Horst hatte einen Leistenbruch und musste in Senftenberg operiert werden, ganz kurz nach dem Krieg.

Da soll er zu der Krankenschwester immer gesagt haben: „Meine Mutti hat kein Butternietchen, meine Mutti hat bloß Äppelmusnietchen!"

30 Harzer Käse

Für lange Zeit nach dem Krieg bestand unsere Ernährung aus Harzer Käse.

Dieser Wohlstand ergab sich aus der Tatsache, dass unsere Mutter einige Zeit nach Vaters Tod in der Elektrowerkstatt einen Arbeitsplatz bekam und dort gab sie für alle Arbeiter das Essen aus. Und es gab für jedes Belegschaftsmitglied jeden Monat einmal eine Zuteilung von Harzer Käse.

Bei uns in der Küche stand seitdem immer ein großer Gurkentopf mit diesem zuerst unauffälligen, im Laufe des Monats aber doch sehr vernehmlich dampfenden Lebensmittel!

Mutti hat darauf einen großen flachen Teller gestülpt und darüber ein Geschirrtuch mit einer Strippe festgebunden. Wahrscheinlich, damit die Fliegen nicht rein- und die Maden nicht rauskriechen konnten.

Aber was das Wichtigste an diesem Topf war: Wir konnten, solange er es hergab, diese platten dicken Rollen rausfischen und bekamen dadurch etwas Nahrhaftes in den Magen.

Allerdings offenbarte dieser Harzer sich einmal auf unerklärbare Weise für mich als Lebensretter.

Ich war allein zu Hause und es ging mir nicht gut. Mutti lag in Senftenberg im Krankenhaus, Helmut war in der Berufsschule, wo Horst sein musste, ist mir entfallen.

Ich lag in unserer Küche auf dem Chaiselongue. Weil mir so heiß war, suchte ich das Fieberthermometer und kontrollierte meine Temperatur. Der Quecksilberfaden stieg langsam aber sicher höher, er zeigte schon über vierzig Grad an. Ich überlegte ernsthaft, was passieren würde, wenn er zweiundvierzig Grad ansteuert, denn das war das Ende der Skala.

Da kam Helmut nach Hause.

Er erfasste die Situation, ging an den Käsetopp, machte eine Stulle mit Harzer und gab mir diese zu essen. Es dauerte nicht lange, da wurde mir wieder normal zu Mute, das Fieber fiel in den Normalbereich und ich stand auf und war gesund.

Am nächsten Tag ging ich wieder zur Schule.

Helmut hatte mir nach der Behandlung mit dem Harzer noch erklärt, wie man Dreisatzaufgaben richtig rauskriegt. Wir schrieben am Tag darauf eine Rechenarbeit, und ich schrieb eine E I N S!

 Und alles lag am Harzer Käse, dachte ich damals.

31 Badehausuhr-Spiel und Unfall-Kulessa

Unser Badehaus war gekrönt von der B a d e h a u s u h r

Jedes Dorf ziert eine Kirche mit einem Glockengeläut.

Wir wurden von den Klängen unserer großen, mit Ziffernblatt und richtigen Zahlen versehenen Badehausuhr und von den Klängen ihres „Geläuts" durch unsere Kindheit geleitet.

Viertel – ein Gong

Halb – zwei Gongs

Dreiviertel – drei Gongs

Jede volle Stunde – zuerst leise vier Gongs und danach in wunderschönen vollen Klängen die Schläge der jeweiligen vollen Stunde.

Morgens, regelmäßig nach dreiviertel sechs, stand unsere Mutter zumindest im Sommer noch vor unserer Stalltür und putzte ihre Schuhe, um damit zur Werkstatt – ihrer Arbeitsstelle – zu flitzen.

Wenn wir dabei aus dem Küchenfenster riefen und vielleicht noch eine Frage an sie richteten, rief sie nur

„Ich kann jetzt nicht, Badehausuhr hat schon geschlagen!" und raste dabei schon über den Wäscheplatz davon.

Die Badehausuhr war auch ein Sorgenkind von unserem Vati!

Ganz oben im Badehaus, direkt unter der besagten Uhr, wohnte das alte Ehepaar Kulessa. Herr Kulessa muss wohl ein Uhrmacher gewesen sein, zumindest verstand er etwas von diesem Handwerk. Und immer, wenn die Badehausuhr nicht richtig tickte, war das ein Grund für unseren Vater, von Zuhause zu verschwinden und mit Kulessa an der Uhr zu basteln.

Für uns Kinder gestalteten sich diese Ausflüge unseres Vaters zu so einer Besonderheit, dass wir uns daraus in unserer Küche bei Regenwetter, wenn wir nicht draußen spielen konnten, ein Spiel ausdachten.

Das hieß dann: „Wir gehen zu Kulessa."

Dazu kippten wir einen unserer Küchenstühle in der Küche um.

Diese Stühle waren aus massivem Holz und hatten in der Stuhllehne oben eine breite und darunter noch zwei schmale Querleisten, die dienten uns als Treppen.

Denn wenn man zu Kulessa gehen wollte, musste man viele Treppen überwinden und darauf allein kam es uns bei diesem Spiel nur an.

Wir kletterten mit Begeisterung die drei Querleisten hoch, sprangen über die schräg auf dem Fußboden liegende Unterseite des Stuhles und danach erfolgte der Heimweg zuerst über die hintere untere Kante der Sitzfläche und die Lehne abwärts wieder zum Fußboden.

Unsere Mutti war ja immer dabei, wenn wir uns irgendwie die Zeit vertrieben.

An eine Reaktion von ihr erinnere ich mich nicht.

Einmal waren Helmut und ich sicher mit einem Auftrag von Vati dann wirklich bei Kulessa. Da fiel uns auf dem Rückweg ein, um die Wette zu laufen.

Die zwei Etagen abwärts im Badehaus, den Flur, das Stück Eingangshalle und den breiten Treppenabgang hatten wir schon im Schweinsgalopp hinter uns gelassen, da rutschte ich aus und knallte mit Wucht platt auf den Rücken und bekam keine Luft mehr. Es dauerte eine ganze Weile, bis Helmut mitbekam, dass er mich verloren hatte, und zurückkam. Er riss mich hoch und schüttelte mich. Da konnte ich wieder atmen.

32 Barfußkinder

Wir waren übrigens, sobald die Außentemperaturen es zuließen, immer Barfußkinder. Alle Kinder waren das, nicht nur wir! Wir sind auch barfuß in die Schule gelaufen immer drei Kilometer hin und drei Kilometer zurück!

Das fand keiner komisch.

Und unsere Füße waren grundsätzlich kohlrabenschwarz.

Schließlich war unsere Heimat ein Kohlenpott.

Der Erdboden war eben schwarz. Wenn mich als Kind jemand nach der Farbe unserer Erdoberfläche gefragt hätte, dann wäre ganz klar die Antwort gewesen: SCHWARZ!

33 Ich war ein richtiger Angeber

Ich muss als Kind, ehe ich zur Schule ging, ein ziemliches BIEST gewesen sein! Dazu sind mir einige Begebenheiten in Erinnerung:

Ich war ein richtiger Angeber! Die Post kam zu uns, gebracht durch eine Postbotin mit dem Fahrrad.

Da hing an jeder Seite neben dem Gepäckträger eine dicke, eckige Tasche und die Botin hatte auch noch so eine Tasche am Hals hängen. Sie kam immer aus Richtung Badehaus gefahren, man konnte sie von circa achtzig Meter Entfernung sehen.

Ich war allein auf unserem Hof. Da sah ich diese Postfrau kommen. Ich rannte zu ihr und fragte sie, wer aus unserem Haus heute Post bekäme.

Sie musste nicht nachschauen, sie sagte gleich, dass nur Roils Post hätten. Da rannte ich zurück zu Frau Roil und vermeldete ihr das Ereignis.

Auf Frau Roils Gegenfrage, woher ich das denn wüsste, sagte ich prompt: „Das habe ich auf dem Paket, das am Fahrrad hängt, gelesen." Ich ging aber noch gar nicht in die Schule und konnte noch gar nicht lesen.

Später hörte ich Frau Roil mit meiner Mutter über diese meine Blamage reden.

34 Weißbrot von Onkel Paul

Als es nach dem Krieg nichts zu essen gab, arbeitete Onkel Paul, Muttis Bruder, in Sedlitz bei Bäcker Müller als Hilfskraft. Da musste er meist Holz hacken. Manchmal bekam er dafür ein Brot.

So ein richtig leckeres großes Weißbrot brachte er einmal zu uns nach Hause.

Ich muss gerade allein zu Hause gewesen sein, da schnitt ich mir eine dicke Scheibe von diesem Brot ab, streute Salz drauf – etwas Besseres gab es bestimmt nicht bei uns – und dann stolzierte ich raus auf den Hof, damit alle Hausbewohner sehen sollten, was es bei uns Gutes zu essen gab!

Und bestimmt konnten es viele sehen, denn von allen Wohnungen zeigte das Küchenfenster zum Hof. Und bei allen Familien spielte sich genau wie bei uns das gesamte Leben in den Küchen ab.

35 Beistand vor Nachbarn für Mutti

Ich stand Mutti bei, wenn sie Ärger mit Nachbarn hatte.

Mutti hat sich oft über Frau Schubert geärgert, die wohnte in unserem Haus und sie hieß mit Vornamen Elisabeth.

Unsere Mutti muss mir wohl in dem Zusammenhang ein Lied mit folgendem Text vorgesungen haben:

Wenn die Elisabeth

nicht so dicke Beine hätt,

dann hätte sie mehr Freud

an ihrem schönen neuen Kleid!

Darauf hatte I C H nichts Besseres zu tun, als beim nächsten Erscheinen der Frau Schubert auf unserem Hof auch raus zu rennen und so zu tun, als ob ich sie gar nicht sehe und lauthals dieses Lied zu singen.

Danach gab es ein Donnerwetter zwischen den Damen.

Ich hatte unserer Mutter wohl keinen Gefallen getan.

36 Eine tolle Familie

Eine tolle Familie wohnte in unserem Haus genau über uns. Es war über weite Strecken ein ziemlich chaotisches Volk. Sie lagen oft in Streit und trugen den lauthals aus, so dass alle zehn Familien des Hauses etwas davon abbekamen.

Einmal passierte das, als wieder einmal unsere Mutter im Krankenhaus lag und wir allein zu Hause waren.

Da schrie die Mutter über uns, weil sie von ihrem Sohn verprügelt wurde. Weil es genau über unseren Köpfen geschah, fühlte ich mich wohl verpflichtet, der Frau zu Hilfe zu kommen. In ihre Wohnung wagte ich mich nicht, der Sohn war mir nicht geheuer.

Da kroch ich auf den Kleiderschrank, der in einer Ecke unserer Küche stand, nahm mir dorthin eine Reibekeule mit und ballerte damit gewaltig gegen die Decke.

Da war oben Ruhe.

Aber kurz darauf rannte jemand die Treppe abwärts und erschien ohne anzuklopfen in unserer Küche.

Helmut hatte sich in die von der Eingangstür entfernteste Ecke verkrümelt und der Verrückte musste erst mal orten, woher das Geballer gegen die Decke kam. Als er mich auf dem Schrank sah, brüllte er irgendetwas sicher nicht sehr Freundliches in meine Richtung und verschwand wieder aus unserer Wohnung.

Danach blieb es aber über uns in der Wohnung still.

Hatte ich mein Ziel erreicht? Ich wollte der Mutter da oben helfen.

Der alte Herr ist mir als freundlicher alter Mann mit schütterem grauem Haar in Erinnerung, der krumm daherkam und einen immer seitlich verdreht von unten herauf anschaute.

Er schien uns der Vernünftige der Familie zu sein, obwohl man bei dieser Sippe kaum von Vernunft reden konnte. Er stammte aus einem Dorf, in dem die Jugendlichen angehalten waren streng auf Inzucht zu achteten. Er wunderte sich nämlich, weil ich nichts dagegen unternahm, dass ein etwa meines Alters im Nachbarhaus wohnender Junge mit einer Freundin ankam, die nicht zum C l a n „A n n a - M a t h i l d e" gehörte.

So etwas hätte es in seinem Dorf nicht gegeben! Ein Glück, dass ich mich also bei uns zu Hause nicht um den staksigen Heinzi kloppen musste. Der sprach so komisch durch die Nase und lief mit ziemlich krummem Buckel und über den großen Onkel herum. Das war alles, was ich von ihm registriert hatte damals. Aber ganz dumm war er sicher nicht, denn er ging auch in Senftenberg in die Penne.

Die Frau über uns war mit ihren Töchtern am Kriegsende in Richtung Westen geflüchtet und muss dabei bis an die Mulde gekommen sein. Ihre Tochter muss dabei in Todesangst gefallen sein, jedenfalls erzählte ihre Mutter nach der glücklichen Rückkehr mit ihrer jaulenden Stimme:

„Unse Friedel, das verrückte Luder,

 wullt se nich in de Mulde huppen!"

Das erzählte unsere Mutter unter lautem Lachen des Öfteren.

Die älteren Mädchen waren wahrscheinlich die klügsten der BRUT. Sie setzten sich gleich während der Flucht vor den Russen in den Westen ab. Nur die kleine Liesel kam mit der Mutter wieder zurück.

Zwei Geschwister kamen später mit Familien aus dem Westen zu Besuch. Das letzte Kind war der raufsüchtige Sohn. Der musste noch für Führer, Volk und Vaterland in den Krieg ziehen. Er war eben ein paar Jahre älter als wir Kinder des Hauses.

Als er kurze Zeit nach Kriegsende wieder bei uns auftauchte, waren wir alle ein Stück gewachsen. Er auch!

Aber ihn hatte man um seine letzten Kinderjahre gebracht. Deshalb zog es ihn, so lang wie er inzwischen maß, zu uns auf den Spielplatz – dazu diente uns der kärglich mit Grünzeug bewachsene Wäscheplatz hinter den Gärten direkt an der Bahnstrecke.

Er erschien dort freudestrahlend in unserer Runde, zeigte uns seine Muskeln und wollte seine inzwischen entstandenen Kräfte demonstrieren. Dazu legte er sich mit freiem Oberkörper auf die Erde und forderte uns auf, uns auf seinen Brustkorb zu stellen. Er könne uns alle so tragen. Einige von uns hatten das schon brav erprobt und ihm schwoll vor Stolz die Brust.

Da kam ich. Ich hatte Holzlatschen an. Ehe er sich besinnen konnte, stand ich mit den Latschen auf seiner Brust!.

Der Schrei sitzt heute noch in meinen Ohren!.

Und das Spiel war aus.

Und seine Kindheit hatte damit auch sein Ende gefunden.

Er erschien nie mehr zum Spielen unter uns.

Später maß er seine Kräfte bei Auseinandersetzungen mit seinen Eltern.

Vielleicht hätte ich fester zutreten sollen!

37 Meine Rache

Meine Rache an Frau Lehmann aus dem Nachbarhaus, die unsere Mutter auch schwer geärgert hatte:

Mutti ist total wütend gewesen, aus irgendeinem mir entfallenen Grund und hat sie sich in unserer Küche mächtig deshalb aufgeregt.

Es war Winter und offensichtlich sehr kalt draußen. Unser kleiner Bruder Horst konnte noch nicht aufs Plumpsklo gehen und erledigte seine „Geschäfte" in unserer Küche auf dem Nachttopf. Helmut und ich hatten diesen Topf dann immer rauszubringen. Das bedeutete, dass wir den Topf in unserem Garten unter den Birnbaum zu schütten hatten. Ich war also mal wieder dran.

Mit Muttis Wutausbrüchen im Ohr sann ich auf Rache!

Ich rannte mit dem Kackpott nicht bis in den Garten, sondern kippte ihn kurzerhand vor Lehmanns Klotür. Dass der Haufen im Nu festfrieren würde, war nicht meine Sorge. Es dauerte nicht lange, da wollte jemand dieses Klo benutzen, bekam aber die Tür nicht über den Haufen gehebelt.

Und danach erfolgte eine Versammlung der Nachbarschaft der zwei Zehn-Familienhäuser und das Rätselraten um den Missetäter ging los.

Sicher musste Mutti nicht lange überlegen.

Der Ausgang des Dilemmas ist mir entfallen.

38 Kellerschlüssel versteckt

In meiner Kindheit betreuten alle Mütter noch ihre Kinder zu Hause. Die Kindergartenzeit wurde später erst erfunden und der Schulhort ebenso.

Daraus ergab sich, dass in jeder Mittagszeit die fünf Hausfrauen unseres Hauseinganges nacheinander ihre Keller aufsuchten, um die Kartoffeln für das Mittagessen an Land zu ziehen.

Anscheinend fiel mir daran auf, dass in der oberen Kellertür zwar einen Schlüssel steckte, aber nie abgeschlossen wurde. Da suchte ich mir im Flur einen Nagel, wohin man den Schlüssel hängen könnte. Ich wurde auch fündig: hinter einer Pappe mit der Hausordnung. Ich schloss die Kellertür zu, versteckte quasi den Schlüssel vor den Weibern hinter dieser Pappe und verzog mich in unsere Küche.

Nacheinander tanzten darauf die kellersüchtigen Köchinnen an. Die Sucherei nahm seinen Lauf und die Hausfrauen waren bald versammelt. Als letztlich auch alle Hauslatschen umgedreht und durchsucht waren – die standen nämlich von allen Hausbewohnern gleich vor der Kellertür – da ging ich doch ganz harmlos auch mit in den Flur, tat eine Weile so, als würde ich mitsuchen und dabei klappte ich die Pappe weg und fand ganz erstaunt

den Schlüssel. Und ich sagte nur: „Hier ist ein Schlüssel, ist das der Keller-
schlüssel?"

Da ging ein lautes Gegacker aus vier Kehlen gegen mich los.

Wahrscheinlich hatte ich schon einen berüchtigten Ruf in unserem Hause.

39 Waschweiber

So nannte unsere Mutter die benachbarten Damen unserer Siedlung oft.

Dieselben lieben Frauen unseres Hauses saßen an den Nachmittagen immer
auf einer Bank direkt neben der Haustür und schwatzten über Gott und die
Welt.

Unsere Mutti saß allerdings nie dazwischen!

Manchmal setzte ich mich dazu, wenn sie irgendeine Arbeit für ihre Küche
erledigten und ich mir dabei etwas abgucken konnte.

Da erinnere ich mich an ungeheuer flinkes Bohnenschnippeln zum Einwecken. Das konnte Frau Noack am besten, fand ich, und Frau Roil schnitt so
klein und fein und schnell Zwiebeln, dass einem das Heulen dabei verging.

Das fand ich so nachahmenswert, dass ich es mir von ihr so lange vorführen
ließ, bis ich es auch konnte und heute noch oft anwende. Und dabei wandern Gedanken an diese unsere direkte Nachbarin, die ich durchweg in guter Erinnerung behalten habe. Sie stammte aus dem Allgäu. Die Liebe zu
ihrem Mann, den ich allerdings plump und hässlich fand, musste sie wohl
in unseren Kohlenpott verschlagen haben.

Weil Mutti so selten zu Hause, aber meist für Monate im Krankenhaus
weilte, musste zwangsläufig ich zum Bespiel die Hausordnung erledigen.
Dazu gehörte unter anderem das Fegen des Trockenbodens oben unterm
Dach unseres Hauses. Im Sommer trocknete zwar niemand dort oben seine
große Wäsche, aber gefegt musste der Boden werden. Das sah ich wohl

nicht ein, jedenfalls schenkte ich mir diesen Punkt der Hausordnung. Stattdessen suchte ich mir da oben einen alten Stuhl, kroch drauf, öffnete das kleine Schräge Dachfenster und guckte in die Umgebung. War das ein herrlicher Ausblick über die Bahngeleise in die Schonung – einem kleinen Birkenwäldchen – hinweg. In die weite Welt hinein, die ich zwar nicht sehen konnte, aber ich stellte sie mir halt irgendwie verlockend vor.

Und da Sommer war, saßen unten auf der Bank neben unserer Haustür die Weiber und tratschten, wie es eben üblich war.

Wie mein ausgefallenes Fegen von dieser Truppe bekannt wurde, weiß ich nicht. Jedenfalls zerfleischten mich diese Weiber in der Luft, weil ich da oben nicht gekehrt hatte.

Ich weiß noch genau, wie unmöglich ich das fand und dass ich Kind damals dachte, dass sie mir eigentlich hätten helfen sollen, statt da faul herumzusitzen und mich zu maßregeln.

40 Letzter Beistand für Mutti

Als ich schon älter war – etwa zwölf oder dreizehn Jahre alt – da wollte ich auch nochmal Mutti beistehen, als sie mittags von der Arbeit kam und sich schrecklich über ihre Arbeitskollegin Frau Harend aufregte. Wegen irgendeiner Ungerechtigkeit, die ihr widerfahren war.

Da ließ Mutti mich tatsächlich zu dieser Frau gehen und ich sollte wohl irgendetwas in Mutters Sinn geraderücken.

Frau Harend sagte aber nur zu mir: „Aber Sigrid, kennst du denn deine Mutter nicht?"

Mutter hat sehr oft gegen andere eine aufgebrachte Stimmung aufgebaut. Das war das letzte Mal, dass ich für sie bei solchen Ereignissen ins Feld zog.

41 UNSERE KÜCHE

Unsere Küche bildete unsere Kinderstube.

Alles Leben an allen Tagen spielte sich darin ab.

Wenn man die Wohnung betrat, stand man mittendrin. In ihr befand sich der schon beschriebene sogenannte Ausguss – der Ofen mit den Eisenplatten, auf denen jede Mahlzeit, das Badewasser, alles Einzuweckende und die Windeln gekocht wurden.

Der Ofen wurde natürlich mit Braunkohle – dem Gold unserer Heimat – beheizt und das Feuer darin erlosch nie.

Wenn dieser Missstand doch einmal eintrat, dann ging man mit der Kohleschaufel zum Nachbarn und holte sich aus dessen Ofen eine Schippe Glut. Darauf legte man kreuzweise zwei Briketts und bald brannte es wieder lichterloh und man konnte mehr Kohlen auflegen.

Und an einem Ende dieses Ofens war eine rechteckige, emaillierte sogenannte Pfanne eingelassen, darauf lag ein passender Eisendeckel.

In der Pfanne befand sich immer warmes Wasser, das wir mit einem Schöpfer rausholten und meist für uns zum Waschen benutzen konnten.

Das wiederum geschah in einer Waschschüssel, die auf dem dafür vorhandenen Waschständer platziert war.

Und natürlich beherbergte der Ofen auch einen Backofen gleich neben der Tür der Feuerstelle für die Kochplatte.

Der Backofen besaß unterhalb der Backröhre eine gesonderte Feuerstelle, die nur im Bedarfsfall beheizt wurde. Er war mit drei breiten Steinplatten am Boden bedeckt und darauf entstanden die besten Kuchen jeder Sorte und jeder Form! Die Küchenmitte beherrschte ein großer rechteckiger Tisch mit integriertem Abwaschtisch. An diesem Tisch geschah A L L E S, was an einem Tisch zu erledigen war.

Jede Mahlzeit wurde dort eingenommen.

Jeder Abwasch des Geschirrs passierte auf ihm.

Wir machten daran unsere Schularbeiten.

Er war die Arbeitsplatte für jede Küchenarbeit.

Vor allem war Mutti stolz, wenn sie darauf gebügelt hatte. Die Bettbezüge und die Laken und vor allem die Tischtücher, die wir aber nur benutzten, wenn eine Feier anstand und Besuch dabei war.

Es wurden Stoffe darauf zugeschnitten, wenn etwas zu nähen anfiel.

Mutti legte oft, wenn die Müdigkeit sie übermannte, ihre Arme als Stütze drauf und barg ihren Kopf für ein Nickerchen hinein.

Und es gab in unserer Küche einen Schrank, den der Vati als Spielzeugschrank vor allem zur Unterbringung vom Zubehör für Helmuts Eisenbahn gebaut hatte. Dieser Schrank war halbhoch, stand immer neben dem Küchenbüffet und er hatte nur hinter zwei Schiebetüren aus Sperrholz zwei große Fächer mit je einem Zwischenboden. Und darunter befand sich über die ganze Breite des Schrankes eine etwa fünfundzwanzig Zentimeter hohe Holzklappe, hinter der alle Eisenbahnschienen blickdicht verschwinden konnten. Später befanden sich in den Fächern hinter den Schiebetüren die einzigen Bücher unseres Haushaltes. Als wir nicht mehr Zuhause wohnten, wechselte dort auch das Sortiment nach Besuchen von Muttis Enkeln, die sich daran zu schaffen machten.

In der Küche stand auch das schon erwähnte Chaiselongue.

42 Chaiselongue

Auf dem lag immer eine Tagesdecke, die an der Vorderseite fast bis zum Fußboden runterhing.

Ein Glück auch, denn unter diesem Möbelstück war meist die Hölle los!

Darunter schmissen wir nämlich unsere Schuhe, wenn wir sie auszogen. Das passierte allerdings nur einmal am Tag – abends nämlich, bevor wir uns die Füße wuschen. Es wäre uns nie eingefallen, immer die Schuhe auszuziehen, wenn wir die Küche betraten.

Alle Fußböden der Wohnung waren mit dunkelroter Ölfarbe ziemlich haltbar gestrichen. In den beiden Zimmern hielt diese Farbe viele Jahre lang.

Kein Wunder, das Wohnzimmer wurde ja nur an Feiertagen benutzt und das neben der Küche liegende Schlafzimmer für die ganze Familie sah unsere Füße entweder nur frisch gewaschen barfuß oder – im Winter sicherlich – mit Latschen aus Stoff. Diese Latschen hatte für längere Zeit Tante Bertel aus einem alten Teppich für uns alle genäht.

Dieser Teppich war am Ende des Krieges aus Berlin von Malchows zu uns geschickt worden.

Wir sollten den wohl für sie aufbewahren, bis sie wieder in ihrer Berliner Wohnung wohnen konnten. Die hatten sie während der Luftangriffe verlassen.

Aber die Not wurde zur Tugend. Tante Bertel fand eine bessere Verwendung für dieses feste Gewebe und für die gesamte Familie waren warme Füße gesichert!

In der Küche musste der Fußboden allerdings nach zwei bis drei Jahren immer gestrichen werden. Das erledigte Tante Bertel.

Dann mussten wir immer über ein Brett balancieren, das lag dann zwischen der Küchentür, am Ofen entlang, bis zur Schlafzimmertür. Und es lag auf schmalen Querleisten, damit möglichst wenig von der noch nassen Farbe davon berührt wurde.

Alle Woche einmal wurde die Küche g r ü n d l i c h gewischt! Dazu nahm man dann den Schrubberstiel und fuhr damit unter dem Chaiselongue solange entlang, bis alle Schuhe zum Vorschein gekommen waren. Und dann wurde unter dem Chaiselongue gewischt und dann sortierte i c h zumindest die Quanten – alle ordentlich der Reihe nach und zusammengehörend – wieder unter das Chaiselongue. Bis zum nächsten Tag. Höchstens!

Und so ähnlich wie unter dem Chaiselongue sah es immer im Strumpfkasten und im Nähkasten in unserer Küche aus.

Als Strumpfkasten diente bei uns ein Kasten, der sich unter den Türen des zweitürigen Kleiderschrankes befand. Er war genau so breit und ebenso tief wie der Schrank, ließ sich herausziehen und beinhaltete das gesamte Strumpfsortiment der Familie.

Mein Gott, war das ein Durcheinander da drin!

Alle Einzelteile lagen kreuz, quer, oben oder unten, die Sucherei war immer spitze.

Damals war auch noch keine Kunstfaser erfunden, alle Strümpfe mussten immerzu gestopft werden!

Unsere Mutter kam mit dem Stopfen irgendwann mal nicht mehr nach, da wollte Vati ihr helfen. Er hatte aber keine Ahnung von dieser wenig erbaulichen Tätigkeit und die Löcher waren ihm alle zu unegal.

Da nahm er erstmal eine Schere und schnitt die Löcher quadratisch zurecht, bevor er sie stopfen wollte.

Als das die Mutti sah, entband sie ihn von seiner Hilfeleistung – für immer!

Und der Nähkasten bot ein ähnliches Durcheinander in unserer Küche. Der war auch herausziehbar und lag oben links hinter der Tür im sogenannten Nähschrank, den meine Mutter von ihrer Mutter mitbekommen hatte und an dem sie bis in ihre letzten Tage hinein sehr hing.

Wir hatten ihr deshalb auch gerade dieses Stück mit in ihre Wohnung nach Schwedt umgezogen und ihn in eine dafür passende Ecke des Korridors gestellt.

Als ich an einem ihrer letzten Lebenstage bei ihr war, da ging sie mit mir zu diesem Schrank und fragte mich, was sie mit dem Schränkchen nun bloß machen solle, der sei doch von ihrer Mutter.

Aber der Nähkasten in diesem Schrank barg einen Klumpen, der aus unendlich vielen Fäden von allen jemals benutzten Garnen, Wolle, Zwirnen, Seidensorten und vor allem eben Stopfgarnen diverser Farben bestand. Und wir zogen, wenn wir davon etwas brauchten, solange daran herum, bis wir das nötige Fädchen ergattert hatten. Wie dieser Klumpen entstanden war, lässt sich nur so erahnen. Dass alle kleinen, ordentlich aufgewickelten Garnknäuel sich im Laufe der Zeit abwickelten, immer weiter, immer weiter, bis eben das ganze Zeug nur noch einen lockeren, bunten Garnklumpen darstellte, aus dem wir uns dann eben bedienten.

Diesem Chaos aus meiner Kindheit ist es geschuldet, dass es in meinem Haushalt nie solchen bunten Klumpen gab.

43 Mutti meckert

Als ich etwa die siebte Klasse besuchte, da gab es eine Zeit, in der war Mutti mit allem unzufrieden, was ich auch tat. Ich gab mir große Mühe, ehe sie von der Arbeit kam, die Küche ordentlich aufzuräumen, Kohlen aus dem Stall zu holen, abzuwaschen, die Betten im Schlafzimmer in Ordnung zu bringen und so weiter.

Nichts half, sie kam nach Hause und fand immer wieder Gründe, mit mir zu schimpfen.

Da nahm ich mir an einem Tag einen Din A4 Bogen Papier und schrieb alles auf, was ich in der Zeit, in der ich vor ihr zu Hause war, schon erledigt hatte.

Als sie heimkam und wieder loswetterte, da gab ich ihr dieses Blatt Papier und verließ wortlos die Küche.

Von da ab hatte sie ausgemeckert.

Manchmal erziehen auch die Kinder ihre Eltern.

44 Grab gießen – Koppatz

Ich weiß auch, dass ich meinen Vater erst vier Jahre nach seinem Tod so richtig vermisste und dass ich mir da immer auf dem Friedhof beim Gießen des Grabes unvorstellbar deutlich sein Wiederkommen herbeiholte in einer unendlich regen Fantasie.

Ich lief wie hypnotisiert mit der Gießkanne immer vom Grab zum Wasserbecken und wieder zurück, in vielen Wiederholungen, bis ich es fix und fertig aufgab.

Den Weg zum Friedhof zum Gießen von Vatis Grab erledigte ich mit dem Fahrrad. Neben der nach Sedlitz führenden Pflasterstraße lief ein festgefahrener Sandweg entlang, der als Radweg diente, und der durch eine Reihe hoher Ebereschen von der Straße abgegrenzt war.

Bei einer meiner Touren – mit der großen Gießkanne am Lenker hängend – wäre ich fast mit dem alten Koppatz zusammengefahren. Der kam mir auf dem schmalen Weg, genau in der Mitte fahrend, entgegen. Für mich blieb kaum Platz. Ich konnte entweder gegen einen Baum oder gegen den Koppatz fahren.

Irgendwie schrammte ich knapp an seinem Fahrrad vorbei und kippte danach mit meinem Rad um. Dafür bezog ich von dem Alten ein Donnerwetter!

Ich hatte bis dato nicht gewusst, dass der „A L T E" auf dem linken Auge blind war und mich deshalb gar nicht sehen könnte.

Ich kannte Herrn Koppatz. Er war in der Kriegszeit der Versicherungsvertreter der K n a p p s c h a f t, das war die Krankenversicherung unseres Vaters. Und Mutti nahm mich ein paar Mal mit zu seinem „ B ü r o „. Dieses Büro befand sich in der Bergstraße, wir sagten zu dem Standort

„ g a n z   o b e n   i n   d e r   S i e d l u n g ".

Und es bestand aus einem Sekretär in seinem Wohnzimmer. Er holte dann aus einem Kasten im Büfett einen Schlüssel, öffnete das Schloss der schrägen Tür, die er runterklappen konnte und als Schreibtisch benutzte, um für Mutti die gewünschten Formulare ausfüllte.

Sicherlich handelte es sich um Krankenscheine, die sie da holen musste.

Mich faszinierte dieser Sekretär dabei am meisten.

Er wies so viele herausziehbare Kästchen und Fächer auf und überall holte Herr Koppatz irgendwelche notwendige Arbeitsmaterialien heraus.

Immerhin betreute er von diesem „ B ü r o “ aus alle Versicherten der Knappschaft und das waren nun eben die Arbeiter im Braunkohlen-Revier von der Grube Ilse-Bückgen und Anna-Mathilde.

Heute hat jede Krankenkasse mindestens ein eigenes Gebäude und viele Angestellte.

45 Onkel Richard Vaterersatz – Mutti verlässt Lebensmut

Als ich etwa dreizehn Jahre alt war und in dieser Zeit meinen Vater entsetzlich vermisste, erkor ich mir einen Ersatzvater.

Dafür musste unser Onkel Richard – er war Muttis Bruder – herhalten.

Onkel Richard war Maurer und Maler und er kam mir immer zur gleichen Zeit an jedem Wochentag von seiner Arbeitsstelle aus einer der Werkstätten in Anna-Mathilde mit dem Fahrrad auf beschriebenem „Koppatz-Weg“ entgegen, wenn wir aus der Schule nach Hause bummelten.

Oft wartete ich sehnsüchtig darauf, bis er endlich in einiger Entfernung erschien. Dann war meine Freude groß.

Ich lief ihm auf dem Radweg entgegen, er stieg ab, wir begrüßten uns, wechselten ein paar Worte und danach setzte er seinen Weg nach Lieske fort. Und ich ging froh nach Hause.

So bringen sich Kinder über ihre Probleme, ohne zu wissen, was da wirklich in ihnen abläuft.

Es gab eine Zeit in meiner Kindheit, da erinnere ich mich nur an schwarze Farben. Es muss das Jahr nach Vatis Tod gewesen sein. Unsere Mutti trug schwarz. Alles war schwarz.

Mutti erzählte später oft, dass unser kleiner Bruder in den Nächten, wenn sie immer weinte, oft zu ihr ins Bett kletterte und zu ihr sagte: „Putti, ich pomme in dein Bett."

Sein Bettchen hatte unser Vater für Horst gebaut. Es war ein massives Bett mit einem Gitter oben als Abschluss. Es stand in unserem Schlafzimmer direkt an Muttis Bett – dem Ehebett, das sie immer behielt, und das mit ihr „umzog", als sie mit fünfundachtzig Jahren in eine Wohnung zu uns nach Schwedt kam.

Auch ihr Küchenschrank durfte diese Reise antreten.

Dafür demontierten wir die DDR-Einbauküche, um das Monster in die kleine Neubau-Küche hinein zu bugsieren.

Meine total „verdorbenen Senk-Spreiz-Knick-Plattfüße" züchtete ich mir selbst heran. Es war Winter. Mir passten meine Schuhe nicht mehr. Mutti lag wie immer – so mein Empfinden – im Krankenhaus.

Ich ging in unseren Stall und suchte mir von unserem verstorbenen Vater ein Paar Arbeitsschuhe aus einem verstaubten Regal. Die waren schwarz. Ich nahm braune Schuhcreme und putzte damit die Schuhe vom Vater und wienerte sie ordentlich blank. Danach schillerten sie schwarzbraun, das fand ich schick. Und so latschte ich mindestens einen Winter lang täglich sechs Kilometer Schulweg ab und verdarb mir meine Beine fürs Leben.

Das geschah, als ich etwa elf Jahre alt war.

Aber im ersten Sommer nach diesem sinnlosen Krieg hat unsere Mutter garantiert die schwerste Zeit ihres Lebens durchgemacht.

Unser Vater war während des Krieges nie eingezogen worden. Er war an seiner Arbeitsstelle wohl unentbehrlich.

Nur dadurch haben wir unsere ersten Kinderjahre hindurch ein paar klägliche Erinnerungen an ihn speichern können.

Unserem kleinen Bruder war das leider nicht beschieden.

Und die Mutti stand am ersten Tag nach dem Krieg plötzlich allein mit uns, wir zählten gerade zwölf, neun und zwei Jahre.

Und Mutter hatte keine Berufsausbildung und nach diesem totalen Zusammenbruch Deutschlands herrschte E B B E.

Auf allen Gebieten!

Und natürlich auch bei uns!

Da hat die Mutter wahrscheinlich keinen Ausweg gesehen und wollte sich das ganze Dilemma aus dem Weg schaffen…

Und sie machte für uns alle vier einen Plan!

Sie ließ uns an einem Abend des Sommers 1945 wie an jedem Abend und wie gewohnt im Schlafzimmer friedlich einschlafen.

Dann nahm sie einen Zinkeimer, zündete darin ein Kohlefeuer an, stellte denselben mitten unter uns ins Schlafzimmer, legte sich dazu in ihr Bett – natürlich mit schwarzem Kleid.

Wie sie die Zeit erlebte, bis zuerst der Große – zwölf Jahre – zu husten anfing, wach wurde, aus dem Bett sprang und das Fenster aufriss, weiß ich nicht. Auch nicht, ob er das Feuer löschte oder unsere Mutter.

Dieselbe Geschichte ereignete sich ein paar Tage später noch einmal.

Mutti wollte uns mit Kohlenmonoxid „erlösen", aber bevor sie das erwischte, waren wir durch den entstandenen Qualm gerettet.

An einem Morgen nach solchem nächtlichen Zwischenfall kam unser Großvater zu uns. Er hat ab und zu mal „reingeschaut".

Die ganze Wohnung stank noch nach Qualm trotz der weit offenstehenden Fenster. Da musste Helmut offenlegen, was passiert war.

Es fand keine Wiederholung statt.

Wir haben nie wieder darüber gesprochen, weder mit Mutti, noch Helmut und ich.

Aber unsere Wohnung hat damals sehr lange verqualmt gestunken.

Wir wollten doch die vielen Geburtstage unserer Mutter, die sie später immer ganz groß gefeiert hatte, noch erleben!

Unsere Mutter wurde 91,5 Jahre alt. Sie war eigentlich immer wieder ein Stehaufmännchen trotz aller Widrigkeiten, die das Leben für sie bereithielt!

Und sie war ein fröhlicher Mensch!

Und sie hat dafür gesorgt, dass ihre Kinder zu Berufen kamen, mit denen sie auf jeden Fall durchs Leben kommen können.

Das hab ich ihr dann auch auf ihren Grabstein mit den Worten geschrieben.

„ Sie war ein fröhlicher Mensch und lebte für ihre Kinder"

46 S O S per Post

Und wieder einmal war Sommer. Die Sonne schien, es waren Schulferien, ich tobte mit den Kindern draußen auf dem Hof und der kleine Horst war auch dabei.

An diesem Tag war ich schon richtig fleißig gewesen. Ich hatte im Garten Bohnen für einen Eintopf gepflückt und hatte den auch schon gekocht. Zum Essen für den Nachmittag, wenn Helmut nach Hause kommen sollte. Er war im ersten Lehrjahr und an dem Tag in der Berufsschule. Und die Küche war ganz ordentlich aufgeräumt, das hatte ich auch schon getan.

Da kam zu ungewöhnlicher Tageszeit die Postbotin auf ihrem Fahrrad aus Sedlitz angebraust. Sie kam um die „Aschkutenecke" unseres Stallgebäudes – nicht wie üblich aus Richtung Badehaus – und sie war auch nicht mit ihren großen Taschen beladen.

Sie sah uns alle auf dem Hof und rief: „Sind hier die Kinder von Frau Klewe dabei? Ihr sollt schnell ins Krankenhaus kommen, eurer Mutter geht es schlecht."

So etwa war die Botschaft.

Für mich bedeutete das – so muss ich es wohl begriffen haben – dass Mutti im Sterben liegt.

Ich wusste nicht, ob aus Sedlitz irgendein Zug in nächster Zeit nach Senftenberg fahren würde, also musste ich laufen.

Ich schrieb einen Zettel an Helmut mit dem mir vermittelten Wissen.

Und dann setzte ich meinen kleinen Bruder Horst in meinen Puppenwagen und machte mich auf den Weg, den ich wohl kannte.

Wir sind ihn oft gelaufen, es gab damals noch keine festen Fahrpläne.

Es ging zuerst um unseren Garten herum, einen schmalen Fahrradweg zwischen den Bahngeleisen und der Schonung entlang, bis zu der Brücke, über die immer die Grubenbahnen schwer beladen mit der aus den Tagebauen geernteten Braunkohle fuhren. Darunter musste man durchlaufen und der Weg bestand aus lockerem Sand der Niederlausitzer Streubüchse.

Danach wollte ich den Weg abkürzen, weil ich es ja sehr eilig hatte.

Ich konnte später nie rekonstruieren, welchen Weg ich genommen hatte. Ich war sehr lange unterwegs und fand mich irgendwann mitten im Ort Reppist wieder. Und dann kam es mir wie eine Ewigkeit vor, bis ich das Krankenhaus in Senftenberg erreicht hatte. Als wir das Zimmer unserer Mutter betraten, lag sie da an vielen Schläuchen und sagte zu uns: „Was wollt ihr denn heute hier, heute ist doch keine Besuchszeit!"

Inzwischen war der Helmut mit seinem Fahrrad auch schon bei ihr angekommen und irgendwie müssen wir dann gemeinsam wieder zu Hause gelandet sein.

Letztlich erfuhren wir von unserer Mutti, dass sie nach ihrer Operation
nicht essen durfte, dass aber auf ihrem Nachttisch, als sie aus der Narkose
aufwachte, ein großer rotbackiger Pfirsich lag. Und den musste sie sich ein-
verleiben.

Ja, ja, unsere verfressene Mutter!

An diesem verhängnisvollen Tag bin ich nachmittags, wie des Öfteren, mit
meinen Freundinnen und deren Ziegen zum Ziegenhüten gegangen. Dazu
nahmen wir uns eine Decke mit, auf die wir uns setzen konnten, und schlen-
derten alle mit den Ziegen über den Bahndamm. Wenn ein Zug in Sicht war,
warteten wir eben, bis der vorbeigerasselt war, und setzten danach erst
über. Drüben lag erstmal der Ascheplatz der gesamten Siedlung, aber links
davon gab es das kleine Birkenwäldchen. Da setzten wir uns auf unsere Decke, machten unsere kindlichen Gesellschaftsspiele und sangen auch oft unsere Lieder.

Und immer dabei mein kleiner Bruder und auch der Bruder meiner Freundin Hilma Rutsche, der kleine Reini.

Aber an diesem Tag geschah es, dass ich plötzlich fürchterlich erschrak,
richtig erzitterte und mich kaum wieder beruhigen konnte!

Der Grund? Es war ein Birkenblatt ganz langsam vom Baum gesegelt und
neben mir auf der Decke gelandet.

Das blieb mir lange als unbegreiflich in Erinnerung.

Vielleicht war es der erste Schicksalsschlag meines Lebens.

Nur ein Birkenblatt! Ich war damals elf Jahre alt.

47 Missachtetes Badeverbot – Überraschung von Helmut

Als wir schon größer waren – unser Vater lebte nicht mehr – da missbrauchten Helmut und ich den Schrank in der Bude als Versteck für die nassen Badesachen, wenn wir heimlich in die Badeanstalt nach Bückgen gegangen waren.

Das hatte unsere Mutter uns strengstens verboten.

Sie war nämlich der festen Überzeugung… dass Wasser Z E H R T …

Dann wären wir ja noch dürrer geworden und sie hatte sowieso ihre Not mit dem Stopfen unserer Mäuler in diesen kargen Zeiten.

Wir waren gewiss brave Kinder, aber ich war total überzeugt, dass ich unbedingt in die Badeanstalt gehen musste, weil nämlich unser Klassenlehrer, Herr Keil, uns das Schwimmen dort beibringen wollte.

Das geschah so, dass er die ganze Klasse am Schwimmerbecken in Reih und Glied anstellen ließ und uns nacheinander solange an der Angel schwimmen ließ, bis er der Meinung war, dass wir E S konnten.

Weil ich wahrscheinlich vorab schon recht oft meinen Badeanzug in unserer Bude hatte trocknen lassen, ließ mich Herr Keil nur sehr kurz an der Angel und schickte mich ab in das Schwimmerbecken.

Fast spüre ich es heute noch, wie ich das genossen habe.

Schwimmen im Schwimmerbecken! Hurra!

Aber unsere Mutter konnte das nicht mitgenießen, leider.

Sie selbst ist immer Nichtschwimmer geblieben.

Es bestand für Helmut und mich absolutes Verbot für den Besuch der Badeanstalt in Bückgen. Unsere Mutter wollte uns sicher vor der Auszehrung bewahren. Schließlich bestanden wir ja wirklich nur aus Haut und Knochen und unsere Mutter war immer davon überzeugt, dass Wasser z e h r t !

Aber wie sollten wir das begreifen?

Wir sind einfach trotzdem baden gegangen, sicher unter irgendwelchen Ausreden.

Und so saß ich an einem wunderschönen Sommertag wieder einmal in der Badeanstalt auf einer lumpigen Decke, die ich im Stall gefunden hatte, und ließ mich von der Sonne trocknen.

Da erschien plötzlich und unerwartet mein großer Bruder neben mir mit einem Stoffbeutel, aus dem er einen Topf mit Grießbrei und eingeweckte Früchte ans Tageslicht beförderte.

Das hatte Mutti für mich geschickt?

Solche Riesenüberraschung war mir noch nie widerfahren.

Was wohl in unserer Mutter manchmal vorgegangen sein muss?

Sie selbst hatte eine schreckliche Kindheit erlebt. Sicher wollte sie für uns alles besser machen. Und sie stand ganz allein zu allen Entscheidungen – und das in dieser bitterarmen Zeit.

48 Gewitter

Ein Sommergewitter mitten am Tag. Ich wieder einmal allein zu Hause in unserer Küche. Wo auch sonst?

Ein Gewitter zieht auf.

Finsterer Himmel.

Blitze ohne Ende.

Nun ist das ja nichts Beängstigendes. Herr Keil hatte uns erklärt, wodurch Blitze und Donner entstehen und dass er Gewitter gern mag und sich am liebsten vor die Haustür stellt und die Gewitter so richtig genießen kann.

Das wollte ich ihm nachmachen.

Aber als ich gerade aus unserer Küchentür rauslaufen wollte, da schoss aus unserem Wasserhahn ein dünner blauer Funken mit langem Schweif, vorbei an der Küchentür, über das Chaiselongue hinweg und aus der gegenüberliegenden Wand wieder hinaus – waagerecht durch die Küche.

Ich wollte gern aus der Küche flüchten, wagte das aber nicht, weil ich mir ausrechnete, dass so ein Blitz mich durchbohren könnte.

Es sind mehrere solche Biester durch die Küche geschossen. Einen zweiten Fluchtweg gab es nicht.

Also verharrte ich in der entgegengesetzten Ecke des Raumes, bis die Sonne wieder lachte.

Für uns Kinder waren die Stunden nach jedem kräftigen Gewitterregen eine wahre Wonne.

Die Gullys unserer Höfe konnten nämlich das Regenwasser nicht so schnell schlucken, dadurch standen für längere Zeit knietiefe Pfützen – für uns Knirpse waren sie mindestens einen halben Meter tief – in den großen Höfen. Und alle Kinder der fünf Zehn-Familienhäuser wurden zu einem Planschvergnügen rausgelassen und wir genossen mit Mordsgeschrei diese Besonderheit.

Und ich?

Als ich von meiner letzten Abiturprüfung zu Hause ankam, war auch gerade ein Gewitter vorbei, es standen Pfützen im Hof, es planschten keine Kinder darin, der Hof war wie leergefegt von menschlichen Wesen. Da zog ich mir Schuh und Socken aus und stakste draußen durch die pampigen Pfützen.

So sah mein Abschied von der Kindheit aus.

49 Herr Keil

Er war mein Klassenlehrer vom ersten Unterricht nach dem Krieg bis zum Ende der Grundschulzeit, also bis Abschluss nach der achten Klasse.

Er war ein Kriegsopfer. Es fehlte ihm ein Bein bis oberhalb des Knies. Deshalb ging er immer mit einem Gehstock. Und wenn ein Schüler von ihm gerügt werden sollte und er ihn entfernungsmäßig nicht erreichen konnte, dann hakte er den Handgriff seines Stockes hinter den Hals des Übeltäters und zog den so ganz nahe zu sich. Das war Strafe genug! Handgreiflich musste er nie werden.

Er wohnte in Anna-Mathilde zuerst noch bei seinen Eltern. Die Schule in Sedlitz lag von dieser Wohnung circa drei Kilometer entfernt. Er fuhr mit seinem für seine Behinderung umgebauten Fahrrad in die Schule und legte etwa denselben Weg damit zurück wie wir zu Fuß gehenden Kinder seiner Klasse, die auch in dieser Siedlung des Dorfes wohnten.

Wenn im Winter Schnee lag und er mit dem Fahrrad nicht fahren konnte, dann setzten ihn die Jungen in den Schlitten und zogen ihn damit in die Schule.

Das war für uns alle ein fröhlicher Schulweg, denn es passierte mancher Spaß unterwegs, natürlich verzapft von unserem Lehrer.

Wir waren mindestens fünfunddreißig Schüler in der Klasse. Herr Keil hatte die Zügel immer fest in der Hand. Sein Unterricht war immer sehr malerisch aufgebaut.

Da erinnere ich mich an eine Deutschstunde:

Herr Keil betrat den Klassenraum, marschierte mit seinem Stock an die Schiefertafel, nahm ein Stück Kreide und schrieb: „Werner wollte mir helfen, doch hielt er Maulaffen feil, und schließlich brannte er mir durch.“

Das war das Thema der Stunde: Redewendungen.

Ich habe, als ich das las, erstmal gedacht: „So eine Gemeinheit von dem, der sieht doch, dass Herr Keil nicht alles selber machen kann mit seinem Holzbein.“

Aber wir wurden in dieser Stunde von ihm schon auf die Spur des Sinnes seines Themas gebracht und bald sprudelten viele andere Redewendungen aus der Schülerschar heraus.

Und die Mathe-Stunden begannen immer mit Kopfrechnen.

Dazu mussten wir alle aufstehen und Herr Keil stand vor uns und sagte Kettenaufgaben, die wir zu lösen hatten, langsam, aber bündig vor sich hin.

Wer das Ergebnis wusste, musste es laut nach vorn rufen und wenn es stimmte, konnte er sich setzen. Der Spaß ging in jeder Stunde solange, bis alle Kinder saßen und dann begann die eigentliche Unterrichtsstunde.

Das verhalf uns garantiert alle zu der Fähigkeit zu schnellem Kopfrechnen ohne jedes Hilfsmittel.

Beispiel: Sieben mal drei plus neun mal fünf minus fünfundzwanzig durch fünf plus hundertfünfundsiebzig mal fünf minus achthundertsechzehn ist???

Herr Keil war auch sehr sportlich.

Wir wurden von ihm in den Ferien betreut und da ging er mit uns einmal an einen See zum Baden. Der See war von einer Kippe umgeben. Da ließ Herr Keil sich einfallen, dass alle Jungen mit ihm auf einem Bein um die Wette diese Kippe raufhüpfen sollten. Er war zuerst oben. Da staunten wir alle nicht schlecht.

Aber die Begründung unsererseits war recht gewagt: „Klar, dass Sie Erster sind, Sie müssen ja ein Bein weniger hochschleppen!"

In den Ferien gab es schon in diesen ersten Jahren nach dem Krieg in der Schule eine Ferienbetreuung. Unsere Klasse wurde von Herrn Keil betreut. Und da ließ er sich einmal einfallen, mit uns in Richtung benachbarter Kiefernwälder zu wandern und eine Schnitzeljagd zu inszenieren.

Wir wurden in zwei Gruppen eingeteilt. Seine Gruppe ging voraus, die zweite Gruppe sollte noch eine bestimmte Zeit warten und dann langsam nachkommen und uns – ich war in der ersten Gruppe – suchen. Wir streuten unterwegs Papierschnitzel als Wegweiser aus. Als wir schon eine geraume Zeit in den trockenen Wald mit viel knorrigem Unterholz hineingelaufen waren, kamen wir an einer Vertiefung im Waldboden vorbei. Da ließ uns Herr Keil anhalten. Wir mussten Äste und Laub zusammentragen, so viel wir tragen konnten und rund um die Vertiefung aufschichten, so dass es von außen wie ein Reisighaufen aussah. Eine Lücke hatten wir in dem hohlen Haufen gelassen Haufen. Durch die krochen wir nacheinander hinein und setzten uns dicht aneinander gedrängt auf den Boden. Mucksmäuschenstill harrten wir der sich nähernden Gruppe, die uns suchen musste.

Sie fanden uns nicht! Sie zogen an dem vermeintlichen Reisighaufen vorbei. Als sie weit genug entfernt waren, durften wir alle laut rufen und mussten dann wieder still sein. Sie kamen zurück und wuselten um uns herum, bis wir doch entdeckt waren.

Wir waren Sieger! Und es war für alle ein wunderschöner Ferientag.

Heutige Kinder würden sagen: „Das war cool!"

Herr Keil war auch ein Lehrer, der nicht nur den reinen Unterrichtsstoff mit uns abarbeitete, sondern er versuchte uns auf viele Situationen, die das Leben bringen kann, vorzubereiten und gab uns dafür gute Ratschläge.

Seine „Gewitter"-Beschreibung beispielsweise war so eine Lehre, die bestimmt bei Einigen von uns bewirkte, was er angestrebt hatte. Denn die Angst vor Gewittern war danach beseitigt.

Und die wichtigste Lehre gab er uns am letzten Schultag, bevor er uns ins Leben entließ, mit auf unseren Weg.

Da sagte er mit toternster Stimme:

„Das Leben wird euch freudige, aber vielleicht auch manche traurige Stunde bringen. Und wenn ihr dann vielleicht an einen Punkt kommt, wo ihr glaubt, dass es nicht mehr weitergeht, dann dürft ihr nicht sofort handeln. Dann müsst ihr immer erst eine Nacht oder besser ein paar Nächte verstreichen lassen. Und dann werdet ihr sehen, dass sich ein Weg findet und wie ihr wieder froh werden könnt!"

Bei mir hat das gesessen!

Ich war immer noch mit meines Vaters schnellen „Entschluss" nicht zurechtgekommen, ich verstand den wohl gemeinten Rat.

Damit – mit diesen Worten – war die letzte Stunde beendet. Alle rafften ihre Siebensachen zusammen und rannte fröhlich aus der Klasse – hinaus ins Leben.

Ich nicht! Letztlich stand ich ganz allein in dieser Klasse und begriff nicht, dass E S das nun unwiederbringlich gewesen sein sollte.

Irgendwann muss ich dann doch auch heimgegangen sein.

Hinein in meine ungeplante Zukunft.

Aber, wie schon beschrieben, hatte dieser Lehrer auch da vorgesorgt. Er war eben ein A S S !

A b e r : Er entwickelte auch schon in diesen seinen ersten Jahren strategisch seine Vorhaben im Sinne der gesamten Schule. Und das stellte sich für mich so dar:

Eines Tages – ich erinnere mich an das Schuljahr nicht mehr – da rief er mich ins Rektorzimmer und stellte mir Fragen zu Besonderheiten, die mir im Geschichtsunterricht aufgefallen sein könnten.

Herr Zirz war der Direktor der Schule. Der war sicherlich ein sehr einfacher Mensch, aber das registrierten wir Kinder nicht. Wir fanden seine Ausdrücke und seine Erinnerungen aus eigener Kindheit, von denen er manchmal erzählte, einfach nur lustig und lachten darüber.

Aber Herr Keil musste wohl Einiges davon gewusst haben.

Und ich war ohne Argwohn und erzählte frei von der Leber runter, was er sicherlich nur bestätigt haben wollte.

Da fielen in einer Geschichtsstunde zum Beispiel von Herrn Zirz die Worte:

„Ich hau dir eine runter, bis dir die Backenzähne kompanieweise aus dem Arsch rausmarschieren!"

Und einmal erzählte er uns, dass er als Junge beim Schlittschuhlaufen ins Eis eingebrochen war und sich nicht so nass nach Hause traute. Und dass er einfach in die Kirche gegangen sei und dort zwischen den alten Weibern sitzen geblieben sei, bis er wieder trocken war.

Weitere Kraftausdrücke sind mir entfallen.

Nach meinen sicher wahrheitsgetreuen Berichten war ich wieder entlassen.

Und nach den Ferien, die bald folgten, war Herr Zirz nicht mehr da.

Und wir hatten einen neuen Rektor, der hieß Herr Lemberg.

Dass ich dabei meine Hand im Spiel hatte, ist mir erst viel später eingefallen.

Einige Jahre später – ich besuchte inzwischen die Elfte Klasse in der Oberschule in Senftenberg – da meldete ich mich noch einmal bei Herrn Keil in Sedlitz, weil ich mir seinen Rat anhören wollte. Bei mir stand die Entscheidung für meinen weiteren Ausbildungsweg an. In der Penne bearbeiteten uns die Lehrer, weil sie uns zum Pädagogikstudium trimmen mussten.

Da dachte ich mir: Wer, wenn nicht mein geschätzter Lehrer aus der Grundschule, wird mir ehrlich sagen, ob ich mich dazu bewegen lassen sollte?

Ich meldete mich bei Herrn Keil an und geriet in die Wohnung der Familie Keil in Sedlitz.

Dort war gerade Besuch und Herr Keil verzog sich mit mir in das Schlafzimmer.

Er setzte sich dort mit einer Pobacke auf das breite Fensterbrett und wies mir den Platz auf dem Fußende der Ehebetten zum Hinsetzen an, wo auch ich halb schwebend hockte.

Als ich ihm mein Anliegen vorgebetet hatte und darauf meine Frage stellte, ob ich nun Lehrer werden sollte, da lautete die ganz entschiedene Antwort:

„Nein, das tust du nicht! Du bist dann nie ein freier Mensch in deinen Entscheidungen! Du musst dann immer entscheiden, was andere dir vorschreiben. Das zermürbt dich mit der Zeit!"

Nun, wir standen zu der Zeit noch am Anfang der DDR und das Ausmaß unserer Unfreiheit durften wir erst in den Jahren danach genießen lernen.

Aber Herr Keil hatte mir eine entscheidende Richtung gewiesen. Lehrer wurde ich also nicht.

Ich habe Herrn Keil noch einmal getroffen, als ich in Bückgen aus dem Zug stieg zu einem Besuch unserer Mutter – was in meiner Studienzeit etwa alle Vierteljahr vorkam.

Herr Keil fuhr ganz langsam mit seinem alten Fahrrad und ich ging mit meinem Koffer nebenher. Da fragte er nach meinem Studium und, und, und.

Als ich vierzig Jahre alt war, fand das erste Klassentreffen dieser Grundschulklasse statt. Das war für mich ein sehr berührendes Erlebnis.

Ich befand mich danach eine ganze Woche lang wie im Traum und fühlte mich wie die Vierzehnjährige von damals in einer vierzigjährigen Haut.

Wir waren die erste Klasse, die Herr Keil in seiner beginnenden Lehrerlaufbahn als Klassenlehrer übernommen und bis zu Ende geführt hatte.

Als er mit etwa siebzig Jahren an Krebs erkrankt war und meine Freundin Inge ihn zusammen mit einem Klassenkameraden noch einmal besuchte, da soll er – schon fest im Bett liegend und unter Morphium stehend – sich mit ihnen längere Zeit sehr fröhlich unterhalten und letztlich gesagt haben:

„Da habe ich wohl doch alles richtig gemacht damals mit euch!"

Auch das war bezeichnend für ihn.

Zwei Tage später ist er verstorben.

50 Grundschule – und nun?

Allen Überlegungen, was ich nach meiner Schulzeit– die damals mit dem Abschluss der achten Klasse endete – zu meinem weiteren Werdegang tun sollte, ging für mich ein kleines Ereignis voraus, das sich in einer Pause zu Beginn der achten Klasse abspielte.

Unser damaliger Rektor der Schule hieß Herr Lemberg.

Der platzte in einer besagten Pause mitten hinein in das Pausengeschrei unserer Klasse. Komischerweise blieb er dort an der Tür stehen und machte uns einen wohl gemeinten Vorschlag für unsere Zukunftspläne.

Seine Worte waren etwa folgende:

„Ihr alle müsst euch in ein paar Monaten zu einem Beruf, den ihr erlernen wollt, entscheiden. Ihr könnt euch aber auch dazu entscheiden, noch vier Jahre weiter in die Oberschule zu gehen und danach zu studieren. Die Zeit

vergeht doch so schnell und euch stehen nach der Oberschule alle Möglichkeiten offen. Und danach müsst ihr nur noch ein paar Jahre studieren und
dann geht es euch bestens und ihr verdient viel Geld!"

Und dann ging der liebe Herr Lemberg wieder aus der Klasse und das Pausengeschrei ging weiter.

Ich wusste nie, ob auf irgendeinen Schüler meiner Klasse diese Worte des
Rektors nachgewirkt haben.

In mir haben diese Worte ein „Vorhaben" losgetreten!

Ich hatte in den vergangenen Jahren meiner Kindheit oft genug erfahren,
dass meine Mutter ohne Beruf es zumindest maßlos schwer hatte, mit ihren
drei Kindern allein das Leben zu meistern. Und wir Geschwister waren uns
sehr wohl bewusst, dass wir im Vergleich zu unseren Freunden der Umgebung so richtig arm und kärglich lebten.

Deshalb stand für mich schon viel eher als durch den Appell des Rektors
fest, dass ich unbedingt einen Beruf erlernen musste, mit dem ich im Ernstfall eine Familie besser ernähren kann, als das vergleichsweise meiner Mutter möglich war.

Aber dieses „Pausenereignis" verfestigte mein Wollen und die Worte des
Herrn Lemberg stellten so einen Werdegang als kurze Kür dar, die ich für
anstrebenswert und verlockend empfand!

A B E R

Meine Mutter kam aus einer ganz anderen Welt. In dieser erlernten die
Töchter keinen Beruf.

Ich habe von meiner Mutter immer noch die Worte im Ohr:

„Die Sigrid muss mir zu Hause helfen, sie kann nicht weiter zur Schule gehen. Ich brauch sie zu Hause."

Was ich zu Hause zu helfen hatte und warum ich neben dem Mini-Haushalt – zwei Zimmer, eine große Küche, einen Stall, ein Plumpsklo draußen am Stallgebäude und ein kleiner Garten – nicht trotzdem weiter in die Schule gehen konnte, fragte ich mich damals nicht.

Mutters Wunsch war uns immer Befehl, wir hinterfragten den nie.

Trotzdem hatte sie wohl jemand davon überzeugt, dass ich in die damals existierende Wirtschaftsschule gehen sollte. Diese wäre nach zwei Jahren abgeschlossen gewesen. Es entzieht sich meiner Kenntnis, was ich danach hätte tun sollen. Ich bestand in dieser Schule eine erforderliche Aufnahmeprüfung, wollte aber nicht dorthin. Weil eine ekelhafte Lehrerin mit Namen Frau Leipner, die mir aus der Grundschule bekannt und verhasst bei allen Schülern war, inzwischen in der Wirtschaftsschule ihren Platz gefunden hatte.

Aber kurz vor Abschluss des achten Schuljahres wurde die Wirtschaftsschule in Senftenberg geschlossen. Und damit war ich sicher die Einzige aus meiner Klasse, die ohne Lehrstelle und ohne jeden angedachten weiteren Werdegang in die Ferien ging.

Denn das war auch ein Leitspruch meiner Mutter für den von ihr für mich wohl angedachten Werdegang: „So einen Männerberuf lernst du nicht!"

Es gab aber bei uns nur die Werkstätten, in denen man eben nur Männerberufe erlernen konnte – Elektriker, Schlosser, Dreher, Klempner, Schweißer, Schmied und so weiter. Sicher empfand ich das mit meinen vierzehn Jahren nicht als tragisch. Obwohl ich für mich festgelegt hatte, dass für mich nur ein Erwachsenenleben mit einem Beruf infrage kam, mit dem ich mich und meine Kinder ernähren könnte.

Ich bummelte also durch die folgenden Ferien und suchte mir bei Gartenarbeit und beim Einwecken der Garten-Erträge eine Aufgabe.

Mutti lag wieder einmal für längere Zeit im Krankenhaus.

Was ich nicht wusste, war, dass mein Klassenlehrer Herr Keil mich einfach für die Oberschule in Senftenberg angemeldet hatte.

Mutti musste das gewusst haben. Sie wollte das aber nicht und erzählte es mir nicht.

Die Zeit nach den Ferien war schon drei Wochen gelaufen, da fragte Mutti mich bei meinem nächsten Besuch im Krankenhaus, was ich denn nun eigentlich täte.

Meine Antwort war: „Bohnen einwecken."

Komisch, damals konnte ich das. Ich hab es danach nie wieder getan, bis heute nicht!

Es war ja auch absurd. Alle anderen lernten seit drei Wochen einen Beruf oder gingen ihren Weg, wie er für sie organisiert worden war, für mich war nichts organisiert.

Aber da endlich kullerte bei unserer Mutter wohl der „Groschen" und sie verlangte von mir, dass ich mich g l e i c h   m o r g e n nach Senftenberg zu begeben und mich um meine „Papiere" für die Oberschule zu erkundigen hätte.

Denn der Herr Keil – und so weiter.

Da stand ich aber vor einer Aufgabe.

Ich besaß keine Schuhe, kein Kleid, keine Tasche für die Unterbringung eventuell notwendiger Bücher und, und, und.

Und ich konnte mir auch nirgendwo das Notwendige kaufen, denn ich hatte dafür sicher kein Geld.

Zuerst ging ich zu einem Mädchen ins Nachbarhaus, sie war etwa so groß wie ich, und bat es um ein Paar Schuhe für den nächsten Tag, damit ich mich auf den von Mutter anbefohlenen Weg begeben konnte. Es passten mir tatsächlich die Sandaletten von Waltraud Boriack.

Dann suchte ich in unserem Kleiderschrank nach einem Kleid. Auch da wurde ich fündig. Von dem Kleid meiner Mutter, das sie sich für Zuteilungsmarken während der Schwangerschaft mit unserem Bruder Horst zugelegt hatte, – es stammte demnach aus dem Jahr 1942 und war also acht Jahre alt – muss ich der Meinung gewesen sein, dass ich damit losziehen könnte. Und das tat ich dann auch.

Und als Schulranzen diente mir letztlich eine kräftig abgeschabte, braune Papptasche ohne Griff, die ich unter den Arm klemmen konnte.

So putzte ich mich sicher fein raus.

Heute würde das nicht tragbar sein. Aber wir lebten im Jahr 1950 in der DDR.

Und dazu kam, dass wir ganz arme Schweine waren,

ohne W E N N und A B E R !

In Senftenberg fand man für mich keine Anmeldung für die Aufnahme in die Oberschule. Aber nach langem Suchen in dem Schulamt erinnerte sich jemand daran, dass ich die Schülerin aus Sedlitz sein könnte, die in Calau zur Oberschule gehen und dort im Internat untergebracht werden sollte. Weil – Ja weil in meinen Zeugnissen, die zur Aufnahme in die Oberschule aus den letzten Schuljahren vom Herrn Keil mitgegeben werden mussten, immer unter Beurteilung angefügt war, dass ich keine Zeit für meine Hausaufgaben hatte, da ich zu Hause zu viel helfen musste.

Ein Internat kam aber für meine Mutter überhaupt nicht infrage.

Das stand für Mutter und demzufolge zwangsläufig auch für mich fester als das A m e n im Gebetbuch.

Und davon muss ich die Damen im Schulamt so plausibel überzeugt haben, dass sie ohne Rückfrage zu mir sagten, dass ich eben nach Calau fahren und meine Papiere von dort zu ihnen bringen solle.

Also – ab nach Calau. Mit dem nächsten Zug. Und dort die richtige Stelle finden.

Und ich war noch nie in einer Stadt, die weiter als eine Bahnstation von Sedlitz entfernt lag. Und die Sandaletten waren so komisch und ich konnte kaum laufen!

Aber es muss ja wohl alles geklappt haben. Denn letztlich bin ich daraufhin in Senftenberg in die Penne gegangen.

51 Penne

Das Schuljahr war bereits drei Wochen alt, als ich endlich auf verhängnisvolle Weise auch noch hineinplatzte.

Mit den besagten „Klamotten" vom Tag vorher hatte ich mich in die Rathenau-Oberschule nach Senftenberg auf den Weg gemacht.

Zuerst fitzte ich mich in diesem fremden Gebäude zum Sekretariat durch. Dort stellte man mir die Frage, ob ich in eine A-Klasse oder in eine B-Klasse gehen wolle.

Ich kannte diese Klassifizierung nicht und fragte nach dem Unterschied. Als ich erfuhr, dass in der A-Klasse vorrangig Sprachen, in der B-Klasse dagegen naturwissenschaftliche Fächer und Mathematik im Vordergrund ständen, fragte ich noch nach der Art der Sprachen. Ich bekam die Auskunft, dass in erster Linie Russisch dort auf dem Plan stünde.

Eigentlich hätte ich das wissen müssen. Wir lebten ja unter der Russen-Herrschaft Da gab es für mich kein Überlegen. Ich wollte in die B-Klasse!

Es lief gerade eine Stunde, und die Dame aus dem Sekretariat begleitete mich in eine 9-B 3.

Mein Blick in die Runde zeigte mir fast nur Jungenköpfe. Einer dieser Lümmel rief laut in die Runde: „He, Kleene, willste hier och noch mitmachen?"

Ich wurde in der Fensterreihe, vorletzter Tisch, neben einem Mädchen platziert.

Anneliese Schuster war ihr Name. Ihr Verhalten war immer irgendwie affektiert oder – tuntig.

So blieb sie für unsere gesamte Pennezeit für uns – eben tuntig. Erst nach unserem zweiten Klassentreffen, etwa 1990 in Dresden, sahen wir sie wieder und waren sehr überrascht.

Sie hatte sich zu einer manierlichen Person entwickelt.

Erinnerungen

Ich weiß nicht, wie es anderen gehen wird, die die Geschichten meiner Schwester lesen. Für mich war es so, dass ich als emotionaler Mensch oft eine Verschnaufpause einlegen musste.

Ob all die Seiten aus meinem langen Leben Widerspruch oder Zuspruch erfahren werden? Die geschilderten Jahre sind Teil unserer Zeitgeschichte, die viele Millionen Menschen erlebt haben.

Es scheint so zu sein, dass das Interesse, seine Geschichten festzuhalten oder zumindest seine Herkunft näher zu erforschen, erst in späteren Lebensjahren wächst.

So versuchten wir, mit dem Nachlass meiner Tante Friedel etwas mehr zu erfahren.

Viele handgeschriebene Seiten – scheinbar vom Onkel Martin – hatten wir in für uns nicht mehr lesbarem „deutsch" gefunden. Aber es gab ja noch unsere Trautchen. Sie hat uns die vielen Seiten in ganz kleiner Schrift in unsere lateinischen Buchstaben übersetzt. Leider war dies nicht vom Onkel Martin, sondern von einem seiner Brüder. Schade!

Was sind Erinnerung wert?

Obwohl die Zeilen meiner Schwester von viel Freude und Glück berichten, wurde mir auch bewusst, was unsere Eltern und wir für eine bedauernswerte Vergangenheit hatten.

Aber Achtung!

Niemand soll glauben, dass einer von uns zu bedauern wäre. Man wird in eine Situation hineingeboren und die ist dann eben überwiegend schön. Das Schlechte wird, soweit wie möglich, vergessen. Es wird darum kaum jemand geben, der nur böse oder schlechte Kindheitserinnerungen hat.

Aber mit den Erinnerungen ist das so eine Sache. Bei Erinnerungen aus der Kindheit ist dies unproblematisch. Bei Erinnerungen aus dem späteren Leben wird es kompliziert.

Soweit diese nicht aufgeschrieben werden, ist alles ok. Aber wenn man diese zu Papier bringt, dann wird man ganz sicher nicht nur Zustimmung erfahren.

Man hat es ja heute so leicht, sich zu eigenen Gedanken Hilfe im Internet zu holen. Viel Zeitaufwand entfällt beim Recherchieren. Nur sicher kann heute keiner mehr sein, ob man da nicht in eine Falle tappt. Viel zu gern liest man natürlich das, was die eigene Meinung bestätigt.

Betrachtung der Erinnerung

Es scheint also folgendermaßen mit dem eigenen Erinnern zu sein: Leider kann das Gedächtnis die Empfindungen und Eindrücke nicht objektiv speichern. Jeder hat sich eine eigene Lebensart, einen eigenen Lebensstil aufgebaut. Die Eindrücke werden gemäß dieser Lebensart angepasst. Nur das wird gespeichert, was als richtig empfunden wird, der Rest wird vergessen und verworfen oder als Warnsignal abgespeichert. Jeder Mensch ist anders gewickelt. Wenn er für bereits Verworfenes oder Warnungssignale empfänglich ist, dann wird er dies vielleicht verwenden. Aber alles andere wird nur zu Bruchteilen in größeren, kleineren oder winzigen Teilen behalten.

Es kann aber auch sein, dass Eindrücke verknüpft sind. An ihnen können verschiedene Worte und Begriffserinnerungen oder Gefühle und Stellungnahmen hängen. Nur das, was komplett oder in Teilen passt, wird behalten. Das bedeutet, das Gedächtnis wird nicht den Eindruck speichern, sondern es kann Anteile oder den kompletten Eindruck einfach verschwinden lassen. In Anlehnung an Goethes Gedicht-Vers würde ich dazu sagen: „Auch das ist Kunst und Gottesgabe".

Was dann der Mensch als Erlebnis in Worte kleidet, umfasst nicht den viel größeren Umfang des Eindrucks.

Der Mensch liefert entsprechend seiner Lebensart, seines Lebensstils und seiner Eigenart dem Gedächtnis die Wahrnehmung auf Grundlage seiner individuellen Empfindung. Der so geformte eigene Eindruck wird dann mit Gefühlen und Stellungnahmen aufgefüllt. Dieser Rest ist dann die Erinnerung, die sich in Gefühlen ausdrückt oder sich in Worten und Stellungnahmen gekleidet an die Außenwelt wendet. Es gibt also keine objektive Reproduktion des Erlebten in der Erinnerung.

So funktioniert das Gedächtnis je nach eigenem Lebensstil und eigener Lebensart eben bei jedem anders.

Wie soll man nun diese abstrakte Erläuterung an einem Beispiel deutlichmachen? Eigene Erinnerungen schließen sich von selbst aus, da es eben keine objektive Reproduktion des Erlebten gibt. Aber wohl jeder hat es schon einmal erlebt. Man unterhält sich, und plötzlich erzählt der Gesprächspartner etwas aus der Vergangenheit, was man ganz anders in Erinnerung hat. Genau das ist die Krux mit dem Erleben, Erinnern und Erzählen. Wie es dazu kommt kann man eben nur abstrakt erläutern.

Kann man sich hinter dem Vergessen nicht leicht verstecken? Ist es dann nicht leicht, selbst verschuldetes Unrecht einfach zu leugnen? Sicher fallen einem da auch gleich Beispiele ein. Das passt doch gleich auch in unsere Zeit mit dem Unrecht der unzähligen Stasispitzeln, die sich in der Demokratie noch nicht mal ehrlich machen müssen, wenn schon alle Beweise auf den Tisch liegen.

Wie habe ich jahrelang den Rechtsanwalt Schnur aus Rostock verteidigt, weil sich der kleine Mann neben dem gewaltigen Kohl – ich glaube als Einziger aus dem öffentlichen Leben –als Mitarbeiter der Stasi öffentlich zu erkennen gab.

Er war einmal für meine Familie unser Strohhalm als Ausreiseantragsteller. Das Buch „Der verratene Verräter" (Wolfgang Schnur: „Bürgerrechtsanwalt und Spitzenspitzel" von Alexander Kobylinski, hat mein Glauben an ehrliche Menschen in meinem Umfeld zum Wanken gebracht.

Mein Heimatort

Die Gründung des Ortes Sedlitz in der Niederlausitz Ende des 12. Jahrhunderts ist amtlich nicht bestätigt. Die erste Urkunde soll aus dem Jahr 1449 stammen. Es war jahrhundertelang ein Bauerndorf. Die Menschen lebten von der Landwirtschaft, vom Fischfang, der Bienenzucht und der Torfgewinnung.

Meine Wurzeln liegen nicht direkt im Dorf. Im Jahr 1903 hatte die „Ilse Bergbau Aktiengesellschaft" bereits gebaute Arbeiterwohnhäuser übernommen. Dieser Ortsteil lag westlich des Dorfes und wurde Kolonie Anna-Mathilde genannt. Der Ortsteil Anna-Mathilde hieß zu DDR-Zeiten offiziell Sedlitz West. Allerdings blieben die Einwohner Anna-Mathiltschner.

Der Ortsteil war eine klassische Bergbausiedlung mit Brikettfabrik, Kraftwerk, Wohnhäusern, Badehaus, Verkaufs- und Gaststätte, Kindergarten, Ambulanz, Werk-, und Ausbildungsstätten. Es war der industriell geprägte Ortsteil.

Die Ursprünge

Schon bevor 1871 das Bergwerk „Ilse" angemeldet und aufgeschlossen wurde, gab es bereits um Sedlitz herum verschiedene Gruben sowie auf der Gemarkung Sedlitz eine Grube und Brikettfabrik der Senftenberger Firma Schöppenthau & Wolff. Diese wurde 1903 von der „Ilse Bergbau AG" einschließlich bereits gebauter Arbeiterwohnhäuser übernommen und hieß fortan Kolonie „Anna-Mathilde".

1905 hatte dann die „Ilse Bergbau AG"" auch unsere Geburtshäuser an der 1874 in Betrieb genommenen Eisenbahnstrecke Senftenberg-Lübbenau gebaut.

In dem Haus Nummer 13, also etwa vierzig Meter von der Bahnlinie entfernt, hatten meine Großeltern gewiss gleich als Erstmieter die Werkwohnung bezogen.

Daher konnten sie sich sicher die Wohnung in Parterre aussuchen. Das damals übliche Plumpsklo hatte ein Fenster, unser „Dachboden" als einziger auch ein Fenster und unser Stallboden über der Waschküche war der größte im Haus.

Ahnentafel

Ich habe früher – noch zu Zeiten der sogenannten DDR – von meiner Tante Friedel aus Wiesbaden eine Ahnentafel ausgeborgt bekommen. Offensichtlich musste mein Onkel Martin für seine Friedel einen Arier-Nachweis bei den Nazis vorlegen. Meine Tante Friedel war ja ein Rasseweib mit dunklen Augen und dunklem Haar.

Ob das mit seinem Jura-Studium oder mit seinen Aktivitäten in den Burschenschaften zusammenhing? Damit sollte die „rein arische Abstammung" für die Volksgemeinschaft nachgewiesen werden. Wenn auch Hitler wegen seines durchgeknallten Rassenwahns und wegen seiner Kriege ein Verbrecher war – wegen des von ihm eingeführten Ariernachweises gab es für uns nun eine Grundlage für das Aufstellen eines Stammbaums unserer Familie.

Heute hat ihn mein Sohn mit Vorfahren weiterer Linien erweitert. So dürfte es sicher sein, dass meine Großeltern Ende des 19. Jahrhunderts aus der Nähe von Frankfurt-Oder – dem jetzigen Polen – nach Sedlitz gekommen sind. Der Grund war sicher die Werbung der „Ilse Bergbau AG" oder Mundpropaganda. Meine Schwester schrieb, der Großvater war der erste Elektriker Anlernling und später eben Elektriker. Alle männlichen Nachfolger wurden es bis heute auch.

Meine Großeltern

Mein Vati wurde 1905 in Anna-Mathilde im Haus 13 geboren.

Meine Großeltern hatten vor 1933 – also vor der Geburt meines Bruders – ihre Wohnung meinen Eltern überlassen. Sigrid hatte darüber berichtet, sie zogen nach Bückgen.

Mein Großvater war ein großer, stattlicher Mann mit stahlblauen Augen. Meine Erinnerung an ihn ist schwach. Aber es gibt zwei Erinnerungsstücke.

Einmal ist es einer des ersten 1 Kreis Radioempfänger für Kopfhörer. Er wurde 1924/26 vom Sachsenwerk gebaut, das Modell D-Zug – wovon heute mein Sohn das Mittelteil, das Audion Gerät, in Ehren hält. Es wurde mit einer hundert Volt Anodenbatterie und einer vier Volt Heizbatterie für die Gitterspannung der Triodenröhre betrieben.

An unserem Küchenfenster sah man noch Reste eines Anschlusses.

Ich dachte immer, mein Großvater hatte im Störungsdienst schon Telefonanschluss, aber es kann auch der Anschluss einer Außenantenne vom Radio gewesen sein.

Das Radio lag dann irgendwo auf den Stallboden. Logisch, mein Vati hatte natürlich später ein modernes Radio gekauft. Den Sammlerwert von alten Sachen erkennt man ja immer erst nach vielen Jahrzehnten. Dann lohnt sich das Sammeln ja auch erst, weil es dann kaum noch den alten Kram gibt.

So hat natürlich auch das Radio im Aussehen gelitten. Mit der Röhre habe ich dann als höchstens Zehnjähriger vor meinem Schulfreund angegeben. Aber nicht nur mit der einen Röhre. Mein Vati hatte ja sehr viel Werkzeug, wirkliche Schätze lagen auf dem Stallboden. Dort hatte er eine Werkbank mit Drehbank und in Schubfächern alles erdenkliche Werkzeug für Metall und auch für Holzbearbeitung. Und da lagen auch viele Radioröhren schön sicher eingewickelt. Später erfuhr ich erst, woher die Röhren stammten. Als die Russen nach 1945 kamen, da mussten alle ihre Radios abgeben. Wir hatten schon ein modernes Radio, also nicht nur einen Volksempfänger. Mein großer Bruder hatte unser Radio den Russen natürlich ohne Röhren übergeben. Die hatten dann sicher viel Spaß mit dieser Reparationsleistung.

Bergbau der Ilse AG in unserer Umgebung

Überall in unserer Umgebung gab es Gruben, Brikettfabriken und Kraftwerke. Schon 1871 wurde vom Gründer der chemischen Fabrik Kuhnheim & Co aus Berlin bei der Bergbaubehörde ein Bergwerk mit dem Namen seiner ältesten Tochter Ilse angemeldet. 1888 wurde der bisherige Privatbesitz von fünf Gründern in eine Aktiengesellschaft unter den Namen „Ilse Bergbau AG" umgewandelt.

Der Dr. Hugo Kuhnheim muss fleißig gewesen sein. Er hatte viele Töchter und die vielen Gruben und Brikettfabriken trugen dann auch ihre Namen.

Siegermächte aller Zeiten vernichten oder ändern Wahrzeichen. Gruben und Fabriken bekamen also nach 1945 Namen die symbolisch das neue politische System erkennen lassen sollten.

Nachfolgend Namen bei Eröffnung und Umbenennung nach 1945 von:

Gruben/Tagebaue sowie Brikettfabriken, soweit sie 1945 noch bestanden.

1896 „Ilse", Name nach 1945 „Tatkraft" Großräschen

1897 „Renate", 1901 „Eva", Name 1945 „Sonne" Freienhufen

1903 „Anna-Mathilde" Name nach 1945 „Tatkraft"

1907/ 1911 „Marga" bei Brieske

1920 „Erika" bei Laubusch

1927 bis 1930 der neue und moderne Aufschluss „Ilse Ost.

1931 wurde die erste Abraumförderbrücke" in Betrieb genommen. Der Neuaufschluss erfolgte in den Gemarkungen Senftenberg, Reppist, Sedlitz, Buchwalde, Sorno und Klein Koschen.

Wenn man vom Bahnhof Bückgen Richtung Ilse Berg fuhr, stand rechts an der Kreuzung Senftenberg, Großräschen, Freienhufen das imposante Verwaltungsgebäude und gegenüber das Ledigenwohnheim der „Ilse Bergbau AG", die dann nach 1945 in „Tatkraft" umbenannt wurde. Linker Hand auf dem Ilse Berg war die Kaiserkrone, in der auch ich manchmal hinfuhr, wenn Tanz angesagt war.

Tanz in der Kaiserkrone

Meine Erinnerungen sind da sehr lebendig, aber meine Erfolge bei den Mädels hielten sich in Grenzen. Damals musste man noch zu seiner Auserwählten quer übers Parkett rennen und die letzten Meter auf den Ledersohlen rutschen. Entweder war ich zu langsam, das Rasseweib zu groß oder man hörte „Nee", oder wenn sie höflich war „Hab keine Lust" oder „Das nächste Mal". So wird ein gut erzogener Junge zum Trinker, darum hab ich es dann meist dabei belassen.

Unsere Familie zu meiner Zeit

Als drittes Kind einer Bergarbeiterfamilie bin ich 1943 zu Hause geboren. Eigentlich wäre ich das vierte Kind gewesen, hätte nicht meine Großmutter in so schändlicher Weise mutwillig eine Fehlgeburt bei ihrer Schwiegertochter ausgelöst. Die kleine Christa lebte nur einen Tag unter großen Schmerzen, berichtet meine Schwester.

Meine Mutter wurde 1907 in Lieske und mein Vater 1905 in Klein Räschen geboren. Der Ort Lieske steht heute direkt an der früheren Bergbaukante. Die Grube wird seit Jahren geflutet.

Die Orte zwischen Sedlitz und Lieske hießen Sorno und Rosendorf. Die gibt es schon lange nicht mehr. Das riesige Loch wird irgendwann als Sedlitzer See vollgelaufen sein.

Der Ort Kleinräschen war zu meiner Zeit der Bergbauort Großräschen-Süd, früher Bückgen. Auch dieser schöne Ort wurde der Braunkohle geopfert.

Mein großer Bruder war das erste Kind und wurde 1933 geboren. Meine große Schwester folgte 1936. Als Kind konnte ich sicher leichter Dilta als ihren Namen Sigrid sagen. Bis heute ist meine Schwester daher oft meine Dilta geblieben.

Ja, meine beiden großen Geschwister – da habe ich natürlich unendlich viele Erinnerungen.

Wegen des großen Altersunterschieds von zehn und sieben Jahren leidet naturgemäß die geschwisterliche Nähe.

Der Jüngere erfährt dann eben nur aus dem Erzählten, was seine Geschwister so in ihrer Kindheit erlebt haben.

Aber nicht nur das. Da können die viel älteren Geschwister noch so gescheit und einfühlsam sein, Nachkömmlinge bleiben immer die Kleinen, die unmöglich so viel wissen können wie die Älteren. Wenn es um Geschichten geht, wird dieses Vorurteil natürlich immer bestätigt.

So ähnlich habe ich es sogar bei meiner Mutter und ihrer Schwester erlebt. Obwohl deren Altersunterschied geringer war. Die Meinung der Jüngeren konnte die ältere Schwester nur selten – und dann nur mit eindeutiger Mimik, oft verbunden mit versöhnendem Lächeln – akzeptieren.

Aber meine großen Geschwister ersetzten in der unsagbar schlimmen Zeit nach 1945 eben gemeinsam Vater und Mutter für mich. Es war die Zeit nach dem Krieg, als mein Vater in den Kriegswirren umkam und als meine Mutter sehr oft im Krankenhaus lag.

In Sachen geschwisterliche Nähe, da muss ich auch gleich noch hier gestehen, leicht habe ich es meinem Bruder nicht gemacht.

Ich kann es nicht vergessen, wie er – im Auftrag unserer Mutti – seinem kleinen Bruder Nachhilfe in Mathematik geben sollte. Er war bereits Ingenieur, er hatte Starkstromtechnik studiert und arbeitete in Berlin beim VEM (Volkseigener-Elektro-Maschinenbau). Er kam öfter zu Wochenendbesuchen nach Hause.

Ich saß mehr als störrisch da, habe ihn bei Fragen ignoriert, einfach richtig beleidigend, so wie es eben nur Kinder können. Mein Blick ging ständig zur Uhr. Damit demonstrierte ich, dass ich nur darauf wartete, bis er sich zum Zug nach Berlin verabschiedete. Das war von mir richtig gemein. Das konnte ich viele Jahre nicht vergessen.

Ja, mein großer Bruder. Wenn er kam, dann freuten wir uns alle riesig und er war immer die Hauptperson. Nicht nur für Mutti war alles was er sagte wichtig und richtig. Am Heilig Abend ging Helmut voran in unser Wohnzimmer und sang mutig die Lieder, die Mutti laut anstimmte.

Sigrid hat Helmut geliebt, wie sie schreibt. Welche schönen gemeinsamen Erinnerungen sie haben durften. Das ist mir erst nach den Zeilen meiner Schwester so richtig bewusst geworden. Aber ich kann das sehr gut verstehen. Schließlich erlebe ich das auch bei meinen eigenen Kindern. Wie wunderbar sie miteinander früher als Kinder und auch nun als Erwachsene umgehen.

Bei den gemeinsamen Geburtstagsfeiern ging es immer nur spaßig zu. Es wurde gegessen und gelacht. Besonders in den letzten Jahren der Geburtstagsfeiern, als ich älter war, da war mir das oft zu viel, weil es doch auch wichtige Dinge zu bereden gab. Aber dafür war dann eben nicht mehr die Zeit.

Da ich ja lange zu Hause lebte und den Mangel und die Probleme täglich sah, konnte ich das nicht mehr so richtig nachvollziehen. Aber meine Geschwister lebten bereits in einer ganz anderen Welt als wir in unserem Anna-Mathilde.

Trotzdem: Wir Geschwister haben immer fest zusammengehalten und werden das bis zur Verabschiedung aus unserem Lebensparadies Erde auch weiter so halten. Wir haben es nie geschworen, nur eben immer so gelebt.

Erinnerungen an meinen Bruder Helmut

Mein Bruder ist leider schon 2014 gestorben. Er wurde in Berlin Weißensee beerdigt.

Helmut glaubte nicht an den kirchlichen Hokuspokus. So war auch die Beerdigungsfeier konsequent und würdevoll.

Noch nie dachte ich so oft an meinen großen Bruder.

Er war für mich gleichzeitig ein guter Onkel, der oft zu Besuch kam. Immer brachte er Sachen mit, die wir dringend brauchten oder eben nicht hatten.

Einmal war es ein Grammofon mit Schallplatten, deren Lieder ich bis heute im Kopf habe. Dann war es ein Radio Namens Zaunkönig. Es hatte Mittelwelle. Die Senderwahl konnte man rausziehen für Langwelle oder Kurzwelle. Je nach Wetterlage war SFB, Radio Luxemburg und AFN Berlin (American Forces Network), manchmal sogar RIAS störungsfrei zu hören.

Dann bekam ich meine ersten und einzigen Ski geschenkt. So lernte ich auf unseren Bergbaukippen auf der „Lange Eins" und „Lange Zwei" auf der „Ski"- und auf der „Todesbahn" und natürlich in den Reppschter Kippen nach meiner Erinnerung ganz gut Skilaufen und -fahren.

Mein Bruder war einfach immer für uns da, wenn er gebraucht wurde.

In der Grundschule muss ich stinkfaul gewesen sein. Lehrer Waak machte mir klar, wie fleißig meine kluge Schwester ist und ich sollte mir doch ein Beispiel nehmen. Sie war zu der Zeit schon in der achten Klasse und hatte Direktor Keil als Klassenlehrer. Ich war heilfroh, dass man mir nicht auch noch meinen Bruder als Vorbild hinstellen konnte. Seine Lehrer gab es nach dem Krieg in der Zentralschule Sedlitz nicht mehr.

Da ich keinen Vater hatte, konnte ich in meiner Kindheit auch keine praktischen Dinge abgucken wie Reparaturarbeiten an Muttis oder an meinem Fahrrad. Na, das hat mir dann eben mein Bruder gezeigt.

Nach seinem Studium in Chemnitz wohnte er in Berlin möbliert in Untermiete. Mutti wollte sehen, ob alles ok ist mit ihrem Großen. Die Wirtin gab uns den Schlüssel. Was habe ich, als ich allein im Zimmer war, wohl gemacht? Ich habe erst mal alle Fächer und einen Kleiderschrank kontrolliert. Und was habe ich im Kleiderschrank – oben rechts im Hutfach ganz hinten – gefunden? Bilder beim Volleyballspielen am Ostsee-FKK-Strand. Ich wusste damals natürlich noch nicht, dass es einen Strand gibt, wo man nackig rum hüpft. Mein Herz pochte ganz laut, das spüre ich heute noch. Da wusste ich, Helmut muss schon einiges im Leben erfahren und durchgemacht haben. Von da ab war er für mich gleich noch viel größer.

Dann kam meine Konfirmation. Mutti schickte mich zu Fleischer Nusa nach Sedlitz. Ich war total überrascht, man packte dem künftigen Konfirmanden die ganze Tasche voll mit Bockwürsten. Das war ein Fest. Wir waren ja so arm.

Mutti hatte mir einen blauen Anzug gekauft. Ich hatte noch nie einen Anzug an. Dann verlangte Mutti vom Großen, dass er mir die Haare kürzer schneiden sollte. Es war wenig Zeit, wir mussten ja noch zur Kirche nach Sedlitz. Wir sagten immer „hintenrum laufen", wenn wir die Abkürzung an der Bahn und durch den Wald Richtung Aussiedlerhäuser nach Sedlitz nahmen. Ich hatte immer schon dünne Haare, die sich irgendwie auf meinem Kopf links und rechts vom Scheitel platzierten. Also hat mein Bruder versucht, irgendetwas Vernünftiges daraus zu machen. Ich glaube, er wollte meine Haare zum Stehen bringen, indem er sie immer kürzer geschnitten hat. Das Ergebnis war vielleicht für die Erwachsenen in Ordnung. Der kleine Horst fühlte sich aber im blöden blauen Anzug mit Igelschnitt neben dem großen Sohn vom Schuster Franz ganz schrecklich. Ich wär so gern unsichtbar gewesen oder hinter der Kirchenbank versunken.

Dann kamen die Gäste. Ich weiß eigentlich nur noch, dass alle Gäste Geld geschenkt haben. Das muss wohl Mutti organisiert haben. Was habe ich mich dann über mein DIAMANT Sportfahrrad aus Berlin gefreut!

Ich habe erst später gemerkt, dass ich für mein ganzes Leben irgendwie auf den rechten Weg gebracht werden sollte. Dazu muss ich wohl eine weitere Schandtat beichten. In meinem Alter spielt das keine Rolle mehr. Wer es also von mir noch nicht gehört hat, soll es hiermit erfahren.

Mit meinem Jugendfreund fuhr ich mit etwa sechzehn oder siebzehn nach Senftenberg ins Kino. Wir waren zu früh da, also ging es noch in den großen HO – das war früher mal ein modernes Geschäft eines fleißigen Juden. Ganz oben gab es Werkzeug. Ich war ja schon Elektriker Lehrling, glaube ich. Ein kleiner verchromter Seitenschneider hatte es mir angetan. Ich schlich lange um das gleiche Regal, bestimmt so auffällig, dass ich schon beobachtet wurde.

An der Kasse war ich dann fällig. Mit einem Mitarbeiter ging es zur Polizei. Ein großer Polizist hatte sicher erwartet, dass ich Reue zeige. Aber in meiner Unerfahrenheit als Dieb beschwerte ich mich und sagte: „Ich möchte noch ins Kino, können Sie sich ein bisschen beeilen?" Das war nicht so gut. Kurz und gut: Zuhause war mein Bruder gerade angekommen. Auch das noch.

Er ermahnte mich nicht, er sagte nur, dass ich das wohl so weiter treiben werde, da kann man nichts machen. Er kenne solche Menschen. So in etwa habe ich es in Erinnerung. Da habe ich mich ganz furchtbar gefühlt und es nie vergessen.

Schon oft habe ich es erzählt. Es ist eine weitere, dankbare Erinnerung an meinen großen Bruder. Irgendwann ging es in der Mittelschule um Trigonometrie.

Er hat mir die trigonometrischen Formeln – die man ja immer trocken aus-

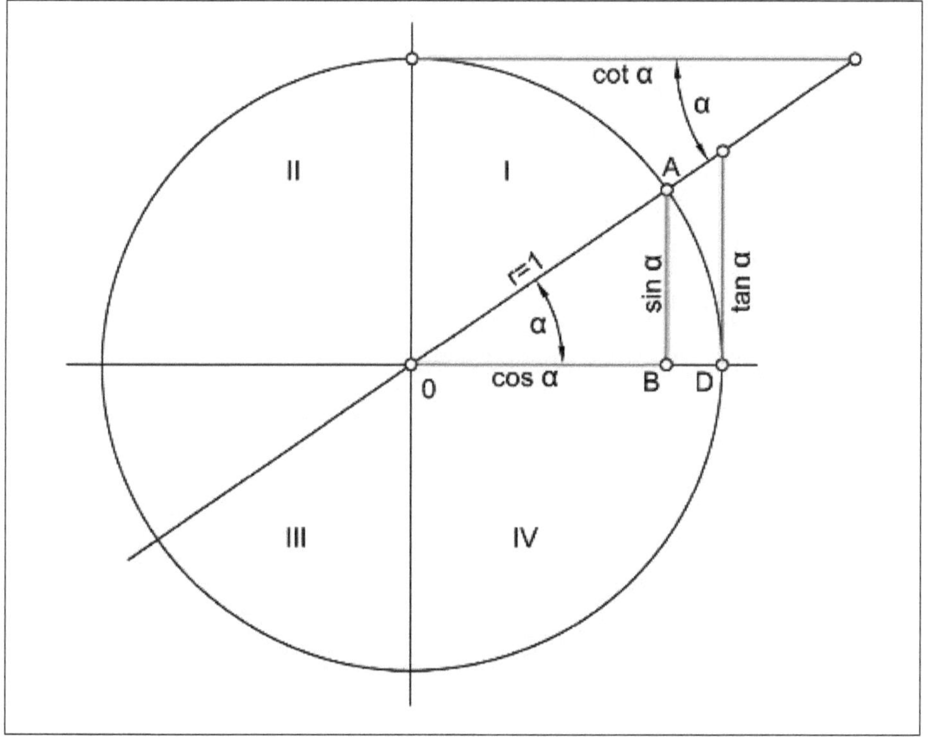

wendig lernen musste – mit Hilfe des Einheitskreises erklärt. Diese Eselsbrücke half. Damit waren auch andere Hürden in Mathe gefallen. Später konnte ich, das weiß ich noch, dies auch noch meinen Kindern gut als Hilfe mitgeben.

Ich denke mit Dankbarkeit an meinen Bruder Helmut zurück!

Das Kriegsende

Gerade mal zwei Jahre alt war ich bei Kriegsende im April/Mai 1945. Also als Zeitzeuge tauge ich nicht. Aber als rumstromernder Junge ist mir auch heute noch jeder Stein der Umgebung in Erinnerung, auch wenn meine Heimat aus früherer Zeit inzwischen unter Wasser liegt.

Für ein paar Häuser der „Ilse Bergbau AG" in Anna-Mathilde wurde der Damm der Reichsbahnverbindung Senftenberg-Lübbenau durchbrochen. Beidseitig wurden Stahltüren eingebaut. Das war der Luftschutzbunker bei Fliegeralarm. Er war Luftlinie dreißig Meter entfernt von unserem Haus. Den kannte ich nur noch als undurchdringliches Loch. Darin lagen kreuz und quer weggeworfene Geräte.

Sigrid schrieb, dass meine Großeltern in das Haus ihrer Tochter nach Bückgen zogen. Sie hatte mit ihrem Malermeister bereits ein Haus mit Werkstatt gebaut.

In einem großen, wunderschönen Garten sah ich noch die getarnte Abdeckung ihres Bunkers unter der Erde.

Alle hatten Angst vor den Russen, letztlich war das nicht nur Nazi-Propaganda.

Mein Vati wurde von der Wehrmacht freigestellt. Er musste in den Tagebauen „die Tauchpumpen halten", so hörte ich es immer in meiner Kindheit. Es wurde immer erzählt, dass die Alten, Frauen und Kinder der umliegenden, kleinen Ortschaften, die sich nicht in Luftschutzbunkern retten konnten, bei Fliegeralarm und später vor den Russen in den Schächten zur Entwässerung der Braunkohlengruben versteckten. Mein Vati musste verhindern, dass die elektrischen Tauchpumpen ausfallen, damit niemand ertrinkt.

Das wird sicher auch eine Wahrheit sein. Natürlich war es aber auch so, dass in den Kriegsjahren zwingend der Abbau der Braunkohle zur Kriegsproduktion besondere Bedeutung hatte. Daher war mein Vati jeden Tag unterwegs zu den umliegenden Gruben. Er hatte praktisch rund um die Uhr Störungsdienst zu leisten.

Vatis Tod

Meine Mutti erzählte mir die Geschichte über Vatis Tod. Warum sollte ich daran zweifeln. Von meinen Geschwistern hatte ich nicht erfahren, was ich nun in den Geschichten meiner Schwester so selbstverständlich nachlesen musste.

Nach Muttis Worten stellte ich mir das immer so vor: Die Russen waren inzwischen überall in den Wäldern.

Mein sicher sehr pflichtbewusster Vati verließ trotz Bitten meiner Mutti seine Familie im Luftschutzbunker und wollte das Absaufen der vielen Menschen in den Schächten verhindern.

Meine Mutti hat das ihrem Jüngsten sicher auch zur eigenen Erklärung und Beruhigung so erzählt.

Vati rannte nach Bückgen zum Bunker seiner Eltern, klopfte, aber vor Angst meldetet sich niemand. Er dachte, die sind alle tot. Dann rannte er die zwei Kilometer nach Hause zu unserem Bunker unter der Bahn und klopfte an der Stahltür. Eine Frau Lösche hatte die offizielle Türgewalt. Mutti bat darum, dass sie doch aufmachen soll, aber alle Frauen hatten Angst, dass dann die Russen reinkommen.

Ich stellte mir also vor, wie mein Vati kopflos durch den Wald zur Grube rannte. Meine Mutti erzählte mir also, die Russen haben Vati gefangen, er musste Spießrutenlaufen.

„Was stellst du dir denn unter Spießrutenlaufen vor", sagte mein Bruder viele Jahre später zu unserer Mutti, als er zu Besuch aus Berlin war. Leider ohne dann etwas Konkretes zu sagen. Ich hörte gespannt zu, aber schon war das Thema wieder beendet.

Gewiss sah Vati die russischen Soldaten auf seinem Weg durch unsere Kiefern- und Birkenwälder. Alle erzählten davon, dass die Wälder voller Russen waren. Ist unser Vati da wirklich mehrmals unerkannt durchgekommen? Nach dem Erzählen war er ja in Bückgen und auch in Anna-Mathilde. Dass jemand an der Luftschutzbunkertür geklopft hatte, das wurde auch bestätigt.

Man weiß doch, wie Hitlers Volksempfänger seinem Volk die Angst vor dem Bolschewismus einhämmerten. Leider hat sich dies ja schlimm bestätigt. Das waren ja nun auch Tatsachen. Mit welchen Höllenqualen rannte da unser Vati umher?

Was werden dann wohl die russischen Soldaten im Wald mit dem Nazi gemacht haben, falls sie ihn wirklich geschnappt haben?

Ehrenburg – ein Schriftsteller, dem in der revolutionären Epoche der Sowjetkunst unter Stalin Großauflagen winkten – hatte sich als linientreuer Zeitgenosse gegeben.

Er ist angeblicher Urheber eines Aufrufs zur Schändung deutscher Frauen. Ehrenburg soll gegen Ende des Krieges die Sowjet-Soldaten angespornt haben:

„Tötet, tötet! Es gibt nichts, was an den Deutschen unschuldig ist, die Lebenden nicht und die Ungeborenen nicht! Folgt der Weisung des Genossen Stalin und zerstampft für immer das faschistische Tier in seiner Höhle. Brecht mit Gewalt den Rassehochmut der germanischen Frauen.

Nehmt sie als rechtmäßige Beute. Tötet, ihr tapferen, vorwärtsstürmenden Rotarmisten!"

Ich lese darüber im Abschnitt „Unser Großvater und Vatis Tod", dass Arbeitskollegen unseren Vati an der Förderbrücke erhängt aufgefunden und ihn im Wald bei Scado eingegraben haben.

Meine Mutti musste dann erst nach vielen heißen Sommerwochen zur Identifizierung in den Wald. Ich kann mir nicht recht vorstellen, wie furchtbar das gewesen sein muss. Oft habe ich daran gedacht und bin mir fast sicher, dass Mutti deshalb für sich eine Urnenbestattung haben wollte.

Wie Vati zu Tode kam, darüber denke ich im Alter immer wieder nach. Bis heute habe ich da meine Zweifel, was wirklich geschehen ist.

Im Todesschein, Sterberegister 54 des Jahres 1945 ist eingetragen: Max-Friedrich-Willy Klewe.

Gestorben am 21.April 1945 in Sedlitz.

Datum: 28. Juni 1945; Unterschrift Standesbeamter.

Darauf ein fünf-zackiger Russenstempel der Gemeinde Sedlitz.

Der amtliche Vermerk blieb offen.

Mutti hat selbst eingetragen: Gefallen am 21. April 1945, Überführt von Scado nach Sedlitz am 28. Juni 1945 und beerdigt.

Meine Schwester schreibt, dass meine Eltern „Feindsender" gehört haben. Das bedeutet, sie wussten, wie es um Deutschland steht. Vati und Mutti waren aufrechte und fleißige Eltern mit drei Kindern, die sich endlich ein Ende des Krieges wünschten.

Nun zurück, was ist damals passiert.

Mein Vati war ganz sicher ein begabter Fachmann der im Störungsdienst als Elektriker der Beste war. Er wollte keine Meisterprüfung machen, erzählte meine Mutter. Ich fand überall edle Fachbücher mit Hochglanzpapier.

Es muss anders gewesen sein. Ich kann Einiges nicht glauben. Der Krieg war fast aus. Nun kommt ein durchgeknallter Deutscher und hängt sich an der Förderbrücke auf?

Warum? Er hatte eine tolle Familie, hat jahrelang verhindert, dass die Sedlitzer im Schacht ersaufen. Warum kann er sich nicht – wie die anderen, denen nichts geschehen ist – einfach verstecken?

Gewiss muss die Angst groß gewesen sein. Bekanntlich hatte die Propaganda der Nazis genau dies zum Ziel. Die Psychische Belastung unseres Vatis muss schlimm gewesen sein. Aber da gab es das Pflichtgefühl den Menschen in den Schächten gegenüber. Ganz allein hinaus mit dem Wissen, dass überall die Soldaten lauern können.

Die Russen hatten den Freibrief – ja, sogar den Befehl – zur Vergewaltigung und zum Töten. Wenn die Russen meinen Vati wirklich eigenhändig erhängt haben, welcher von seinen Arbeitskollegen hätte das so bestätigt? Die Russen waren überall. Wäre das in der Zeit nicht tödlich gewesen?

Wenn unser Vati erhängt aufgefunden wurde, dann muss er es schon selbst getan haben. Etwas anderes konnte unmöglich jemand in dieser furchtbaren Zeit sagen.

Mord, Vergewaltigung, Denunziation war bei Kriegsende normal, keiner hat darüber später gesprochen.

Auch Jahre später, zu Zeiten des verlogenen Sozialismus in der sogenannten DDR, hätte sich das keiner mehr getraut. Was wäre zu Zeiten der Deutsch-Sowjetischen Freundschaft wohl mit einem passiert, wenn er die ruhmreichen sowjetischen Soldaten eines Mordes bezichtigt hätte?

Natürlich kann man fragen: Waren die Russen überhaupt im Tagebau und an der Förderbrücke?

Die damalige, sehr moderne Abraumförderbrücke war neben weiteren Großgeräten eine geplante Reparationsleistung der Russen. Daher waren sie natürlich sofort in den Wäldern vor und in den umliegenden Tagebauen.

Meine Gedanken kreisen unentwegt um die Aussage, dass Arbeitskollegen unseren Vati an der Förderbrücke erhängt aufgefunden und ihn im Wald bei Scado eingegraben haben.

Was wollte mein Vati an der Förderbrücke? Dort gab es keine Tauchpumpen und Schächte.

Wo soll er sich an der Förderbrücke erhängt haben? Auf der Haldenseite, auf der Baggerseite? Oder etwa an der Stahlkonstruktion in vierzig Metern Höhe über der Braunkohle? Keiner hat dazu jemals etwas gesagt.

Weder auf der Haldenseite noch auf der Baggerseite gab es Züge. Mein Großvater hat zu seinem 25. Jubiläum der Arbeit unter anderem das Buch „50 Jahre Ilse Bergbau Aktiengesellschaft" von 1888 bis 1938 erhalten. Darin ist auf Seite 117 der Übersichtsplan des Tagebaus Ilse-Ost enthalten.

Der Aufschluss umfasste danach die Gemarkungen Senftenberg, Reppist, Sedlitz, Buchwalde, Sorno und Klein Koschen.

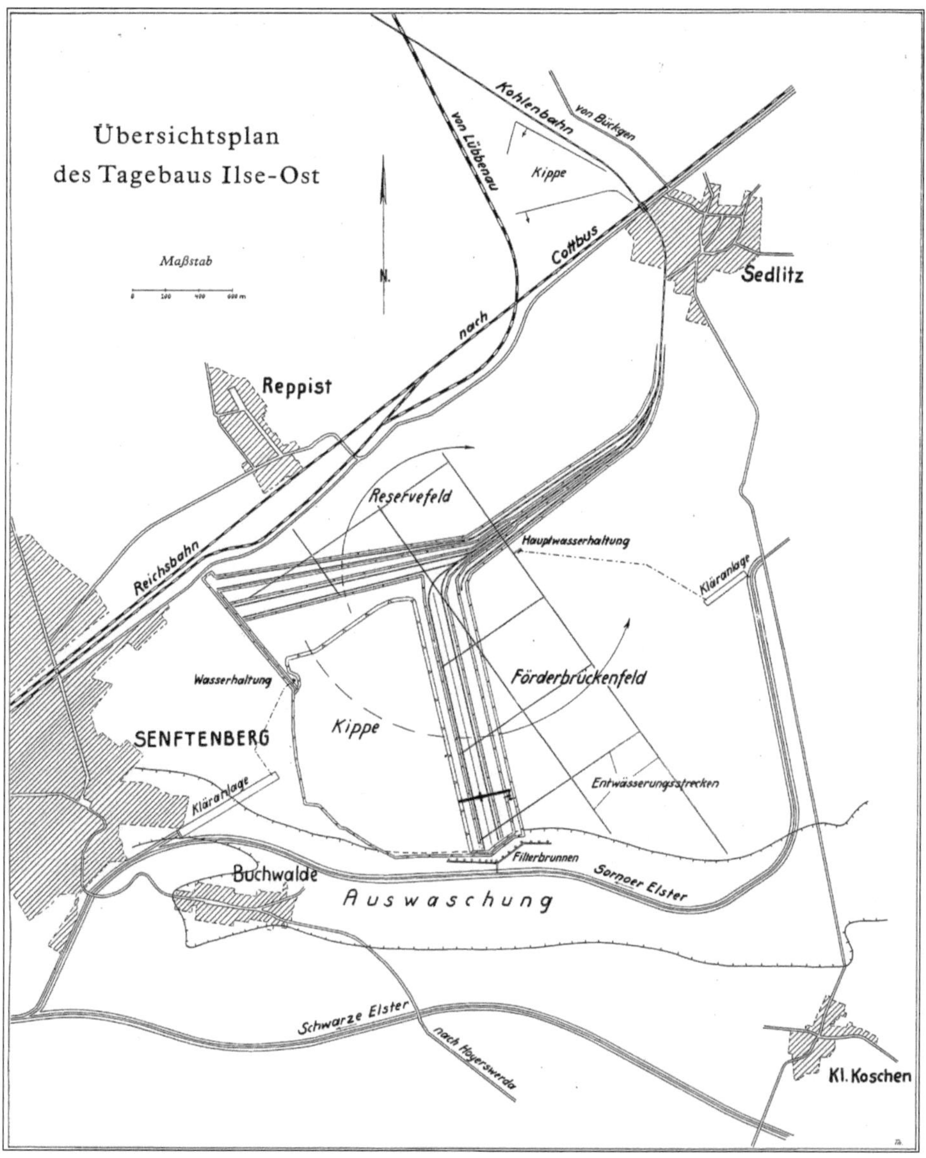

Es gab das aktive Südfeld und ein Reservefeld, das Nordfeld. Nirgends finde ich den Drehpunkt vom Südfeld.

Scado lag vom Brückenfeld kilometerweit entfernt und ist im Übersichtsplan des Tagebaus Ilse-Ost nicht enthalten. Da Scado von Klein Koschen nach meiner Ein-Zentimeter-Karte von 1940 noch über drei Kilometer weit entfernt ist, kann da einiges nicht stimmen.

Je nach Standort der Förderbrücke auf dem Brückenfeld des damaligen Tagebaues „Ilse Ost" wäre es ein sehr weiter Weg bis zum Wald bei Scado gewesen.

Der Wald bei Scado war gewiss nicht der Brückendrehpunkt. War die Brücke am Drehpunkt? Egal, es wäre sehr weit und mühsam gewesen. Wenn es auf der Baggerseite geschehen wäre, dann hätte man die Kippen hinauf über den Hochschnitt vom Brückenfeld und Vorschnitt laufen müssen. Das alles bis in den Wald bei Scado mit einer Leiche ohne Sarg.

Waren im Wald vor Kriegsende am 21. April 1945 eigentlich keine Russen mehr? Wer sollte da in den Wald laufen und eine Leiche vergraben?

Das alles schreit nach einer Lüge.

Es war ganz sicher viel einfacher. Die Russen hatten unseren Vati im Wald aufgegriffen, erschossen oder erhängt? Da lag oder hing er nun gewiss bis Kriegsende.

Es gab viele unaufgeklärten Tötungen und Morde in dieser Zeit. Die Russen hatten die Gemeinde in Sedlitz übernommen.

Das Eingraben der Leiche war erst möglich, als die Soldaten aus den Wäldern zu den Gruben abkommandiert waren.

Dort hatten sie die Überwachung der Demontage der Grubentechnik zu übernehmen. In der Grube Ilse sollte und wurde zum Beispiel die Förderbrücke abgebaut und abtransportiert.

Es war die 1931 in Betrieb genommenen Förderbrücke F35. Sie war eine der größten Abraumförderbrücken Deutschlands. Als Reparationsleistung wurde sie in der Ukraine im Tagebau Morosowskij wieder aufgebaut.

Es ist sehr wahrscheinlich, aber niemals mehr nachprüfbar, dass die deutschen Arbeiter, die den Russen ihr Alibi gaben, auch jene waren, die dann mit den Demontagearbeiten wieder Geld verdienen konnten. Diese riesige Brückenkonstruktion haben niemals Soldaten demontiert.

So hat man dann also unseren Vati wahrscheinlich Anfang Mai 1945 bis zur Beerdigung am 28. Juni 1945 provisorisch eingegraben, da es im Krieg keine Beerdigungen gab.

Erinnerungsfetzen

Ich habe mehrere Jahre im Bergbau gearbeitet. Einmal war ich in der Lehre auch kurz im Tiefbauschacht in Sedlitz. Oben in der Sedlitzer Tagebauwerkstatt arbeitete ich mit einem älteren Arbeiter aus Sedlitz. Plötzlich fragte er mich, ob ich den Maulschlüssel haben will. Er wäre von meinem Vater. Ich war so überrascht, dass ich ablehnte. Bis heute weiß ich nicht genau, warum. Wie habe ich mich später geärgert, weil ich nicht weiter Kontakt gehalten habe. Da hätte ich eventuell etwas mehr von meinem Vati erfahren können.

War mein Verhalten typisch für junge Menschen im Jahr 1960? Hätten sich junge Menschen heute anders verhalten?

Fakt ist jedenfalls, dass keiner der Arbeitskollegen meines Vaters sich später für meine Mutter eingesetzt haben. Da ging es um die Frage, ob mein Vater auch im Tiefbau tätig war. Da ging es um ein paar Ostmark, die unsere Mutti für ihren Mann natürlich nicht bekam.

Tiefbau im Tagebau, das waren Schächte zur Entwässrung, in denen man sich mit Streckenvortriebsmaschinen in die Braunkohle fraß. Hunte, gezogen von kleinen E-Loks, förderten dann die Kohle zu den Aufzugsschächten.

Die Braunkohle war ja im Tagebau abzubauen. Aber Vati wurde im Störungsdienst als Elektriker ganz sicher in der Grube Ilse überall eingesetzt.

Der junge, kleine Betriebsleiter Budge passte sich nach 1945 der neuen Zeit aalglatt an. Er war der Hauptgegner und meine Mutter erhielt keinen Rentenanteil für unseren Vater in der sogenannten DDR.

Ich glaube, alle hatten gern die Erinnerungen an frühere Zeiten verdrängt. Nur meine Mutter blieb mit sehr vielen in der E-Werkstatt eine aufrechte Kämpferin gegen das sich breiter machende Unrecht durch die Partei und die sie unterstützende Einheitsgewerkschaft.

Die vielen aufrechten Arbeiter der Werkstatt waren nicht kleinzukriegen, da war ich schon als Lehrling Zaungast.

Die Parteileitung und Gewerkschaft trauten sich kaum noch zu den „Versammlungen" in die Werkstatthalle, weil sie einmal ausgepfiffen wurden und den Ort verlassen mussten.

Es war die Zeit, als meine Mutter ihre Meinung offen sagte: „Es hat sich nichts geändert, nur die Schlipse ändern sich."

Da hatte sie bestimmt nicht nur an ihre Söhne als Hitlerjunge und als Pionier gedacht. Es war einfach der Druck der Obrigkeit, der erzwungene Gehorsam, der Druck zum Nachbeten vorgefertigter Regeln und die Hilflosigkeit, sich dagegen zu wehren. Das wiederholte sich nun nach dem Krieg eben anders und perfekter.

Mein Bruder erklärte mir einmal, als ich noch Jugendlicher war, sinngemäß: Die Kommunisten in Ostdeutschland – also die noch lebenden Kommunisten – wurden im Dritten Reich unterdrückt und viele wurden ermordet. Dabei haben sie gelernt, wie man es perfekter machen muss, um an der Macht zu bleiben.

Wurde der Nationalsozialismus von der Masse der Deutschen mitgetragen, waren es nach dem Krieg nur wenige, die sich mit dem sowjetisch geprägten Sozialismus-Kommunismus arrangierten.

Die angenehme und offene Stimmung spürte ich noch, als ich ausgelernt hatte und in der E-Werkstatt arbeitete. Man spürte den Zusammenhalt der vielen klugen Arbeiter der Ankerwickelei, Motorenbau und der Gleichstromabteilung. Hier wurden Elektro-Grubenloks komplett überholt sowie mannshohe Mittelspannungsmotore der Tagebautechnik und Motore aller Art mit neuen Wicklungen, Kollektoren, Schleifringen und natürlich neuen Kugel- oder Gleitlagern wieder funktionsfähig gemacht.

Die vielen aufrechten Arbeiter hatten – bevor die Russen kamen – viele wichtige Teile, Geräte und Maschinen in den Montagegruben versteckt. Die waren immer mit öligen, dicken Holzbohlen abgedeckt und darüber standen die E-Loks in der Halle.

Nur daher konnten die Russen die Geräte und Maschinen nicht als Reparationsleistung mitnehmen und man konnte nach dem Krieg wieder weiterarbeiten.

Ich erinnere mich, wie ich einmal auf eine E-Lok geklettert bin, die gerade in die Werkstatt zur Überholung einfuhr.

Die 6KV Fahrdrähte waren noch nicht getrennt. Ich war zu schnell! Oben sollte ich Widerstandsblöcke ausbauen. Irgendwann stellte ich mich aufrecht und kam mit meiner Mütze an den Fahrdraht. Der Schreck steckt mir heute noch in den Gliedern.

Wenn ich „Tagebau" höre, dann erinnere mich an den ominösen Tod des Vaters meiner früheren Frau. Er war Lokführer und starb während der Arbeitszeit auf seiner E-Lok.

Wir fuhren unangemeldet am Drehpunkt hinunter zum Brückenfeld. Da stand eine Holzbaracke. Der Fall wurde ohne Beisein der Betroffenen in der sogenannten DDR so verhandelt, damit es eben keinen Schaden für den Betrieb oder besser für das System der DDR gibt. Das bedeutete damals, der Tod durfte nicht als Betriebsunfall gelten, damit die Angehörigen kein Geld oder Rente bekommen.

Man wollte uns zunächst nicht einlassen.

Als Elektriker hatte ich zwei Jahre auf der Förderbrücke gearbeitet und kannte einige Anwesende. Ich glaube, nur deshalb durften wir erfahren, dass der Vater meiner Frau mit Arbeitern Alkohol getrunken hatte.

Beweise oder Zeugen gab es nicht. Man sagte, es gab eine Auseinandersetzung. Der Betroffene hatte sich selbst tödlich verletzt. Er muss also selbst mit voller Wucht irgendwo gegengerannt sein. Es war also seine eigene Schuld. Keiner konnte da noch etwas tun. Wir mussten gehen, denn die Herren hatten noch wichtige Dinge zu besprechen. Sicher ging es um die übliche Planübererfüllung.

Es lässt mich nicht los was 1945 geschah

Nun habe ich viel eingeflochten und muss zurückkommen auf diese furchtbare Zeit am Ende des Krieges.

Mutti als 37-jährige Frau muss traumatisiert gewesen sein. Zunächst muss es noch jede Menge Angst vor den Russen gegeben haben. Helmut war zwölf und Sigrid gerade mal neun Jahre alt.

Es wurde erzählt, dass einmal ein Soldat die stabile Eichenhaustür öffnen wollte. Wir wohnten Parterre unten rechts. Alle hatten Angst, aber er hatte zum Glück aufgegeben. So habe ich es als Kind gehört.

Dagegen lese ich zum Glück von normalen positiven Begegnungen und Erfahrungen meiner Schwester.

Unter „Mein cleveres Bruderherz" lese ich erstaunt:

„Die Russen eroberten jede Wohnung! Da in unserem Haus in der ersten Wohnung eine Familie Marzyniak mit wahrscheinlich russisch sprechender Mutter wohnte, fing diese Familie jeden Russenbesuch ab und alle zehn Familien blieben von unliebsamen Zwischenfällen verschont."

Vielleicht hatten wir auch deshalb Ruhe. Ich hörte davon, dass in den Nachbarhäusern sich Frauen mit den Soldaten sexuell arrangierten.

Einige Männer kamen lebend aus der Gefangenschaft zurück, dann war zum Beispiel mein Jugendfreund Reini Rutschke nicht mehr zu verleugnen.

Er hat es dann immer bei seinem sogenannten Vater schwer gehabt. Aber seine Stiefschwestern haben ihn voll anerkannt und gerngehabt. Wenn ich mal zu Hause ausbüchsen konnte, fand ich ihn mit seinen Schafen und Ziegen hinter der Bahn unter den zwei großen Akazienbäumen.

Seinen polnischen Soldatenvater hat er nie gesehen, aber sein Familienname war bekannt. Als junger Mann hat Reini den Namen Jacob angenommen. Warum er das tat? Hat er sich an seinen Stiefvater rächen wollen?

Neubeginn ohne Vater

Unter „Unser Großvater und Vatis Tod" wird so erschütternd berichtet.

Unser Vater war der Ernährer der Familie in einer sicher wunderbaren Zeit vor dem Krieg. Mutti war eben Mutter und Hausfrau ohne einen erlernten Beruf.

Kann man sich vorstellen, wie man sich als Mutter mit drei Kindern fühlt, wenn alles zusammenbricht. Der Ernährer tot. Die Russen im Ort und überall. Tag und Nacht die Angst um drei Kinder und um das eigene Leben.

Ja, und dann war es wohl soweit: Mutti wollte sich und ihre Kinder von diesem Leid für immer befreien. Zum Glück hatte unsere Mutti wenig Erfahrung mit dem, was sie vorhatte.

Sie wollte sich und die schlafenden Kinder mit dem Kohlekachelofen umbringen. So stellte ich mir das immer vor, weil niemand von dieser Zeit etwas Genaues erzählte.

Nun lese ich, es war ein Zinkeimer, den Mutti zum Qualmen brachte. Zum Glück schlief ja keiner am Boden und so verursachte nur der Qualm – also das Kohlendioxyd – Hustenanfälle. Mein Bruder war zwölf, er riss das große Fenster auf und keiner erlitt Schaden. Später wurde nie darüber gesprochen.

Nun hörte Mutti davon, dass in der Werkküche Arbeit wäre. Das war die Rettung. Das übrig gebliebene Essen durfte meine Mutti in der Mittagspause ihren Kindern nach Hause bringen.

Ich sehe Mutti noch heute auf ihrem Rad. Sie war immer in Eile und raste wie der Teufel.

Mutti wurde mehrmals schwer krank, sie hatte Lungenentzündung bekommen und musste ins Krankenhaus nach Senftenberg.

Für meine Geschwister muss das eine sehr schlimme Zeit gewesen sein. Mutti hatte vor der Einweisung ins Krankenhaus unsere Nachbarn beauftragt, dass sie jeden Tag prüfen, ob die Kinder rechtzeitig schlafen gehen. Das muss schon bei der hellhörigen Küchentür, die direkt zum Hausflur öffnete, für Helmut und Sigrid gemein gewesen sein. Den Kleinen musste man ruhig halten.

Was für eine Aufgabe für drei Kinder allein zu Haus. Essen beschaffen und zubereiten, Schularbeiten und alle Hausarbeiten erledigen, Wäsche waschen, Hof- und Gartenarbeit erledigen und dann am Wochenende sechs Kilometer zu Fuß mit dem Kleinen im Kinderwagen Mutti im Krankenhaus in Senftenberg besuchen. Wie oft hörte ich, dass der Kleine gleich in Muttis warmen Bett verschwand und beim Abendessen von der Schwester noch um Butternietchen für jeden bat, was man ihm dann auch mitleidig gab.

Was für eine Zeit war das doch!

Blieb da noch Zeit zum Spielen? Aber sie haben sich nicht unterkriegen lassen und sich auch noch ein wenig als Kinder fühlen können in dieser erbärmlich armen Zeit.

Und der quengelnde Kleine – wenn man ihm nicht seine Wünsche sofort erfüllte, dann hat er laut geschrien. So schrie er eben – wie Oskarchen Matzerath aus der Blechtrommel – bis der Bruch an den Leisten herauskam. Nun mussten natürlich erst recht alle Wünsche erfüllt werden. Er schreit, oje, hochnehmen oder schaukeln, man kann sich das vorstellen.

Mein doppelseitiger Leistenbruch wurde in Senftenberg operiert. Ich habe beim Schreien in meinem späteren Leben keinen getroffen, der mich deshalb tröstete oder schaukelte. Ganz im Gegenteil.

Mein Mutterersatz – meine große Schwester – hatte einmal so die Nase voll, dass sie auf den Weg zur Tante auf dem schmalen Weg nach Bückgen den Kinderwagen samt Brüderchen den Bahndamm hinunterfahren ließ.

Komisch, so ist das mit den Erinnerungen. Das versuche ich ja in „Betrachtung der Erinnerung" als Kunst zu beschreiben.

Ich hatte doch nur das Blümchen für dich geholt, das du haben wolltest, sagte meine Schwester später.

Meine Geschwister hatten alle Aufgaben in dieser schweren Zeit toll gemeistert. Ich bin ihnen mein Leben lang dafür dankbar! Meine große, kluge
Schwester war für mich der Mutterersatz. Wir sind sieben Jahre auseinander, auch heute habe ich für sie besondere, liebe Gefühle.

In dieser „schlechten Zeit" gab es einfach zu wenig zu Essen. Mutti hatte
daher keine ausreichenden Abwehrkräfte und musste immer wieder ins
Krankenhaus. Eine Rettung war das Leinöl, welches Muttis Bruder gebracht
hatte.

Es heißt bei uns noch heute: „Was macht den Lausitzer stark? Pellkartoffeln
mit Leinöl und Quark."

Für mich gibt es keine Erinnerungen an Vati, nur solche, die ich durch das
Erzählen glaubte, erlebt zu haben.

Es gibt aber Menschen, die können sich bewusst an ihre früheste Kindheit
erinnern. Meine zweite Heidi, also meine zweite Frau glaubt, dass sie sich
daran erinnern kann, wie man sie als Neugeborenes hochgenommen und
wie man über sie gesprochen hat. Sie konnte noch nichts sehen, aber hören.
Sie hat dies später niemals den Eltern erzählt, da ihre Geschichten nur be-
lächelt wurden. Als sie zwei Jahre alt war, da hat sie eine Erinnerung, wie
ihr großer Bruder vom Zaun fiel und sich etwas gebrochen hat.

Als Heidi dann zweieinhalb Jahre alt war, da erinnert sie sich, wie sie und
ihr Bruder mit ihrer Mutti bei Glatteis über die Grenze Richtung Westen
gingen. Das war dann wahrscheinlich kurz nach DDR-Gründung 1949. Die
kleine Heidi musste dauernd ermahnt werden, damit sie den Grenzübertritt
nicht gefährdet.

Ich weiß nichts bis zu meinem sechsten Lebensjahr.

Bei meiner Tante war Geburtstag. Ein verschollener Bruder meiner Mutter
aus Berlin war Überraschungsgast. Er nahm mich auf den Schoß und zeigte
mir ein Bild in der Zeitung und sagte das ist „Pieck Aaaaas".

Gewiss war das vor oder Ende 1949, als man den Wendehals Wilhelm Pieck
als Aushängeschild zum Präsidenten machte.

Aber eigentlich sind es sonst eher Dinge, die so oft von Erwachsenen bei Feiern und Festen sehr plastisch und eindrucksvoll erzählt wurden. Man konnte sich das dann sehr illustriert vorstellen, sodass es ganz tief im Gedächtnis verankert wurde. Wer kann dann noch zwischen eigenen Erinnerungen und dem Erzählten unterscheiden?

Meine älteren Geschwister hatten an ihre Kindheit schöne, bunte Erinnerungen. Ich kenne nur die Folgen des tausendjährigen Reiches. Wenn ich nachdenke, sind es Erinnerungen an eine ärmliche, trostlose Zeit. So wie die damaligen Fotos, alles ist nur schwarz-weiß.

Einen Vater gab es nicht, der eben doch gerade in dieser Zeit zur intakten Familie gehört hätte. Schon allein wegen der Beschaffung von Essen und Trinken, aber besonders auch für Entscheidungen für die Familie, wo und wie es denn weiter gehen könnte, da fehlte unser Vati für die Restfamilie.

Bei mir bedeutete es, dass ich natürlich auch keine männliche Vorbildwirkung kannte. Es gab nichts was ich mir hätte abschauen können, so wie es üblich ist, wenn der Vater mit dem Sohne loszieht, baut und repariert.

Mein Bruder war schon Student, als ich eingeschult wurde.

Nur an die Oberschulzeit meiner Schwester bleiben ein paar Episoden der Erinnerung. Mutti hatte für einen Besuch ein tolles Gericht – Plinse mit Milch – gebacken, die von allen gierig verschlungen wurden. Auf Nachfrage hatte Mutti zuvor felsenfest behauptet, die Milch sei nicht sauer.

Ich durfte selten raus, wenn Mutti da war. Ich musste immer „lernen". Diese seltene Gelegenheit hatte mich gerettet. Als ich wieder von den Reppster Kippen zurückkam, da sah ich nur noch in ganz blasse Gesichter.

Dann erinnere ich mich an Muttis mitleidigen Ausspruch, als sie ihre Tochter Sigrid nachts in der „Guten Stube" aufsuchte. Dort stand das Bett zum Lernen vor dem Abitur am Ofen.

Es war spät, Mutti ging verschlafen zum Fußende des Bettes, die Füße guckten raus. Mutti fasste sie mit halb verschlossenen Augen an und sagte: „Deine Beene sind ja schon ganz kalt, du wirst wohl bald sterben." Das sollte wohl eine gut gemeinte Mahnung sein, nicht bis spät in die Nacht hinein zu lernen. Was haben wir darüber oft gelacht!

Als Kind habe ich erstaunt die alten Bilder meiner Verwandten und Eltern, die sorgsam aufbewahrten Anzüge, Ledersachen und Lackschuhe meines verstorbenen Vaters und später natürlich auch den vorhandenen Firmenschriftverkehr bestaunt. Es hätte uns gut gehen können, hätte es den furchtbaren Krieg nicht gegeben.

Wir hatten nichts zum Essen außer im Sommer Rhabarber, Johannisbeeren und Birnen im Garten. Aber der Stall war vollgestapelt mit Ilse-Braunkohlenbriketts.

In meiner Fantasie dienten die Kohlen bei den Bauern zum Tausch gegen etwas Essbares. Leider gab es in unserem Industriedorf Anna-Mathilde keine Bauern. Also wurde mein Bruder mit zwölf Jahren aus seiner Kindheit gerissen und musste auf Anweisung von Mutti „den Vater ersetzen". So zumindest habe ich es oft gehört.

Mit einem schweren Kohlenhandwagen zogen sie aufs Land zu den bekannten und unbekannten Bauern. Aber da war selten etwas zu holen. Außer Jammern, Beleidigungen und Schimpfen hatten die in dieser Hungerzeit im Überfluss lebenden Bauern wenig für ihre Landsleute übrig. Es wurde erzählt, dass die Bauern in dieser Zeit ihre Ställe hätten mit Teppichen auslegen können. In den umliegenden, zerbombten Städten gab es große Not. Alles wurde für etwas Essbares hergegeben.

Wir hatten eine Mutti und einen Vati

Meine beiden großen Geschwister und natürlich auch ich sprachen unsere Eltern immer mit Mutti und Vati an.

Bis heute verstehe ich nicht, warum es heute in meinem Umfeld nur Mamas und Papas gibt. So heißen doch die Eltern auf Russisch.

Im Fernsehen wurde einmal ausgiebig darüber berichtet, dass die Kinder im Westen Mama und Papa sagen und die in der sogenannten DDR Mutti und Vati. Daran soll sich erkennen lassen woher jemand kommt. Trotzdem ist das keine Erklärung.

„Alles Quatsch!", sagt eine andere Theorie. Mama ist eher im Süden, Mutti eher im Norden zu Hause.

Der Sprachforscher Wolfgang Näser wiederum sagte einmal, dass Mutti eher in höheren Schichten vorkomme. Das Wort sei viel elaborierter – differenzierter ausgebildet – als die Anrede Mama. Diese beherrscht ja jedes Baby, indem es tönend den Mund auf- und zuklappt.

Ist es nicht wundervoll, wenn die Kleinen beginnen Laute von sich zu geben? Hier beginnt dann doch meist der Wettstreit zwischen Mutter und Vater, „was wird unser Kind wohl zuerst sprechen?" Bei jeder Beschäftigung mit den Kleinen wird es vorgesprochen, da haben dann die vielen Mamas natürlich echte Vorteile genau wie die vielen Papas.

So wird es wohl auch sein. Im Internet findet man dann noch etwas präziser aufklärende Zeilen zum Muttertag.

„… Mutter gehört zu den Grundwörtern der deutschen Sprache. Jeder kennt es, ganz gleich aus welcher sozialen Schicht, aus welcher Umgebung, die Schriftgewaltigen und die Analphabeten kennen es. Die Mutter als sprachlicher Ausdruck dessen, woher das Leben kommt – und auch das erste, das wir lernen in der Muttersprache."

Vatis Werke für seine Familie

Meine Schwester hat so schön aus ihrer Kindheit und von den Spielsachen berichtet, die unser Vati selbst gebaut hatte.

Obwohl ich keine wirkliche Erinnerung an meinen Vater habe, erinnerten so viele Dinge in unserer Wohnung an ihn.

Es gab in meiner Kindheit noch die „Gute Stube", die nur bei Festlichkeiten genutzt wurde. Also hinten, in der guten Stube, im Kleiderschrank ganz oben, da fand ich irgendwann viele Elektropläne. Gab es eine Störung im Bergbau auf Baggern oder an Geräten, dann hat er sich bestimmt damit befassen müssen. Auch deshalb war ich immer davon überzeugt, mein Vater muss ein wichtiger Mann gewesen sein.

Dazu kamen so unendlich viele Dinge, die mein Vati für seine Kinder mit unglaublichem Geschick und Verstand hinterlassen hat. Auch ich konnte natürlich davon profitieren ohne jede Erinnerung an ihn.

Da lagen vor mir all die wunderbaren Spielsachen. Vati war Elektriker, daher waren sie natürlich elektrisch angetrieben. Obwohl vieles schon etwas gelitten hatte: alles funktionierte. Aber erst der kleine Nachkömmling hat dann gewiss dem Spielzeug den Rest gegeben.

Nun muss ich aber von den Eigenbau Unikaten meines Vaters erzählen, die einfach einmalig waren, kein Kind hatte so etwas.

Der Tank

Da gab es den Tank, also einen Panzer. Bis in die 1930er Jahre hieß in Deutschland der Panzer einfach Tank. Für mich war dieses Wunderwerk immer ein Tank. Ich kannte ihn nur recht abgerüstet. Meine Schwester hatte unter „Mein geliebter großer Bruder" aufgeschrieben, dass dafür die Russen verantwortlich waren.

Der Tank sah also mehr wie ein Wüstenfahrzeug aus, ein Rohr zum Schießen gab es nicht mehr. Daher war es für mich nie ein Spielzeug zum Schießen. Irgendwie bin ich wohl deshalb militärisch recht ungebildet aufgewachsen.

Alles war selbst gebaut. Die Verkleidung war aus dünnem Blech, unglaublich formschön aus komplizierten, sehr vielen filigranen Einzelteilen weich verlötet, ohne irgendeine scharfkantige Stelle. Er war scheckig hellgrau-hellbraun gestrichen, den schwarzen Soldaten, die weiße Fahne und den roten Sowjetstern gab es nicht mehr. Das hatte mein cleverer Bruder Helmut mit zwölf Jahren – nur zur Sicherheit vor den Russen – zeitlich begrenzt verändert.

Der Tank war etwa dreißig Zentimeter lang, zwanzig Zentimeter breit und zehn Zentimeter hoch. Die Antriebsketten oder Panzerketten waren wiederum ganz professionell aus dünnen abgekanteten Blechstreifen gefertigt, die mittels stabiler Textil-Zwischenlagen leicht auf den elektrisch angetriebenen Tragrollen aus Aluminium liefen. Wenn man die obere Tankverkleidung abnahm, dann wurde die Eigenbaumechanik und Elektrik sichtbar. Von der Funktion her gab es eine Art Überlagerungslenkgetriebe im Miniformat für ein Spielzeug.

Vati hatte natürlich auch eine kleine Drehbank mit dreißig Zentimeter Spindellänge. Damit hat er sicher die Tragrollen der Antriebsketten – kleine Spindeln und Zahnräder aus Messing – gedreht. Also das kleine offen sichtbare Getriebe, welches jeweils die vordere linke und rechte Tragrolle der Antriebskette angetrieben hat. Mit einem Elektromagnet wurde auf der Antriebswelle dann eine Kupplung zum Kurvenfahren betätigt, die dann die linke oder rechte Antriebskette auskuppelte.

Der Elektroantrieb war besonders eindrucksvoll. Am Kollektormotor konnte man genau sehen, dass der Anker als auch der Ständer mit den Wicklungen von Hand gefertigt waren.

Drahtlose Funkfernsteuerung gab es natürlich damals noch nicht. Aber selbstverständlich hat unser Vati den Tank mittels einer dünnen, , sehr flexiblen, Elektroleitung fernsteuerbar gemacht.

Die Steuerung und Elektroversorgung war ebenso interessant. Da unser Vati nicht nur den Tank, sondern auch noch eine Eisenbahn für seine Kinder gebaut hat, gab es zur Elektroversorgung einen selbst gewickelten Trenntrafo mit 220V/12V oder 24V, der ein Steuerpult versorgte.

Das Steuerpult war aus Holz silbern oder grün angestrichen und hatte die übliche Pultform, etwa dreißig Zentimeter tief, vorn fünf Zentimeter und hinten fünfzehn Zentimeter hoch.

Auf dem Pult aufgebaut waren ein Schiebewiderstand zur Regelung der Fahrgeschwindigkeit der Spielzeuge, einige Schraubanschlüsse sowie ein Stufenschalter.

Mit dem Stufenschalter wurden die Fahrtrichtung und das Kurvenfahren des Tanks gesteuert.

Mit einem kleinen Bedienknopf konnte man eine Kontaktlasche über sichtbare, offene Kontakte schieben. Im Viertelkreis nach links und nach rechts. Es war quasi ein Eigenbau Stufenschalter auf einer Pertinax-Platte.

Da ja auch mal ein Kurzschluss bei der Eisenbahn durch Entgleisen von Wagen und damit zur Überbrückung der Strom führenden Schienen passieren konnte, hatte unser Vati eine einfache Lösung. Er hatte zwei einen Zentimeter dicke Stahlfedern aus ganz dünnem Federdraht gewickelt. Die eine Seite der beiden Federn verband eine isolierende Lasche. Die andere Seite war auf dem Pult elektrisch isoliert befestigt, sodass man sie ein wenig auseinanderziehen konnte, um einen Sicherungsdraht einzulegen.

Nun gab es früher sicher vom Vati Sicherungsdraht, der bei Kurzschluss entsprechend der Stromstärke durchbrannte. Zu meiner Zeit lag im Fensterschrank ganz dünner Wickeldraht aus Kupfer auf einer Holzspule. Den habe ich verwendet und niemals verbraucht.

Spielvergnügen zu Hause

Dann gab es ja noch die Eisenbahn, Sigrids Puppenstube und die wunderbare, hübsche und „Mama"-sprechende Puppe, die zum Schlafen die schönen Wimperaugen schloss.

Muttis Nähmaschine mit Eigenbau-Elektroantrieb und in der Küche Eigenbaumöbel zur Unterbringung der vielen Spielsachen sowie eine abnehmbare Schaukel zwischen Wohnküche und dem Schlafzimmer.

Vati muss dazu extra die Türzarge verstärkt haben. Oben waren jedenfalls superstabile Haken an einer Konsole befestigt. Niemals gab es Probleme, wenn später die erwachsenen Kinder und Enkelkinder sich damit amüsierten. Sigrid und Helmut und auch ich kannten noch die Zeit, als man von der Schaukel im Bogen in die Betten abspringen konnte. Komisch, Mutti hat da niemals geschimpft.

Im Wohnzimmer, also in der „Guten Stube", wurde damals der Kachelofen nur an besonderen Tagen im Winter – natürlich mit Braunkohlenbriketts – beheizt. In der guten Stube blieb daher alles in gutem Zustand.

Das Schmuckstück war ein Buffet mit sehr tiefem Unterteil. Darauf stand ein schöner Vitrinen Aufsatz mit seitlich gebogenen und geschliffenen Scheiben sowie zwei Türen mit großen, ornamentenverzierten und ebenfalls geschliffenen Scheiben.

Die Couch war mit gold-braun-gemustertem Samtstoff bezogen und dank der Spiralfedern wunderbar weich.

Der stabile braune Schreibtisch – mit beidseitigen Türen, hinter denen links zwei große offene Fächer und rechts fünf stabile Schubfächer verschwanden – war mit seinen Utensilien aus Marmor schon eindrucksvoll für mich kleinen Kerl.

In der Zimmermitte stand der ausziehbare ellipsenförmige Tisch, der mittels zwei aufklappbarer Tischteile in zwei Stufen bis zu einen Meter verlängert werden konnte. Passend zur Couch gab es schön verzierte, ebenfalls federgepolsterte Stühle.

Alle furnierten Holzmöbel baute man in dieser Zeit in Schichten aus massivem Holz und aus Sperrholz.

Später wurde die – bis dahin nur zu Festtagen aktivierte – „Gute Stube" mit dem Schlafzimmer getauscht. Die Kinder wurden größer, das Abspringen von der Schaukel im Bogen in die Betten war beendet, aber das Schaukeln blieb für alle Enkelkinder ein Spaß.

Fenster, Fensterschrank & Stallboden

Unter unserem Küchenfenster gab es unseren Fensterschrank. Der war etwa achtzig Zentimeter hoch und hatte oben unser stabiles, etwa vierzig Zentimeter breites, Fensterbrett – so nannten wir die Fensterbank. An der Fensterseite gab es eine aufgesetzte sechs Zentimeter breite Holzrinne, in der das Schwitzwasser vom Fenster mittig über ein kleines Bleiröhrchen nach außen ablief.

Daran schloss sich das Küchenfenster an. Es hatte unten zwei hohe Flügel mit je sechs Fensterscheiben und oben zwei kleine Flügel mit je vier Fensterscheiben. Die waren dreißig mal dreißig Zentimetergroß und mit Fensterkitt eingesetzt.

Das Fensterbrett hatte viele Funktionen. Hauptsächlich standen Bellagonien darauf. Im Winter waren dann alle Scheiben zugefroren und das Tropfwasser bildete kleine Eiszapfen. Darum musste das Öffnen des Küchenfensters im Winter mit Gefühl erfolgen, weil sich die Flügel dabei gefährlich bogen und sich erst mit einem lauten Knall öffneten. Die dünnen Fensterscheiben haben es jedoch immer gut überstanden.

Der Fensterschrank unter dem Küchenfenster hatte rechts ein Schrankteil mit Doppeltür. Links war ein Schrankteil sicher bereits vom Großvater oder von meinem Vati ausgebaut. Für uns war das der Werkzeugschrank. Oben gab es ein etwa drei Zentimeter hohes Schubfach aus Stahlblech, das links nochmals eine Ablage besaß. Darunter zwei maximal zehn Zentimeter hohe Ablagen und dann bis zum Boden ein hohes Fach. Im Werkzeugschrank gab es im unteren hohen Teil ein heilloses Durcheinander von Elektro-Drähten und Leitungen sowie großen Werkzeugen wie große und kleine Hämmer und Zangen und so weiter. Die oberen Fächer waren voll mit ganz wichtigen Sachen, deren Funktion ich jahrelang nicht kannte. Es gab dort eine Mikrometerschraube, eine Schiebelehre, mehrere Ampere- und Voltmeter in verchromten Gehäusen, superdünnen Kupferdraht auf Holzspulen, natürlich noch sonstiges Elektromaterial, Stanzbuchstaben und Zahlen sowie kleine Feilen.

Als kleiner Junge war für mich alles im Werkzeugschrank unglaublich interessant. Bestimmt war ich auch der Verursacher mancher Unordnung.

So konnte ich mit allem angeben. Auf den Weg zur Schule wurde mit meinem Schulfreund gefachsimpelt und geplant. Wir wollten uns die tollsten Sachen bauen.

Erst später war ich dann so groß, dass ich auch die Leiter zum Stallboden anstellen und mir die dortige kleine Werkbank anschauen konnte. Die Holzleiter im Hof hing an einem Haken zwischen zwei Ställen.

Vati hatte da oben – genau wie im Gartenhaus – die vielen Dinge für seine Kinder und für unsere Wohnung gebaut.

Inzwischen war dort alles mit Stroh und dick mit Staub bedeckt. Hatte mein großer Bruder das Stroh oben deponiert, damit die Russen da nichts fanden?

Unser Vati hatte sehr viel Werkzeug, wirkliche Schätze lagen auf dem Stallboden. Auf der schmalen Werkbank stand die kleine Drehbank und in den Schubfächern fand ich alles erdenkliche Werkzeug für Metall und für Holzbearbeitung. Ja und da lagen auch viele Radioröhren schön sicher in Papier eingewickelt. Später erfuhr ich erst, woher die Röhren stammten. Wir hatten nicht den üblichen Volksempfänger, sondern schon ein modernes Mehrkreisradio. Die Russen verlangten ja, dass alle Radios abzugeben waren. Mein Bruder hatte es den Russen ohne Röhren übergeben.

In Sachen „Stallboden" muss ich hier einflechten: Unsere Hausbewohner waren bestimmt ziemlich unverschämt, weil sie sich die Sachen „ergaunert" haben?. In Verdacht hatte ich später eine Familie im Nebeneingang. Ich habe das so in Erinnerung. „Kann ich das haben?", wurde ich gefragt. Das konnte doch nur ein Kind im Auftrag der Eltern fragen, wenn es sich um einen fünfzig Zentimeter langen Holzhobel handelte. Ich war da gewiss auch stolz, so etwas verschenken zu können. Ich glaube, an dem Tag wechselten noch mehr Sachen vom Stallboden den Besitzer.

Später habe ich mich selbst sehr darüber geärgert. Gefragt hatte niemand. Mein großer Bruder kannte den Stallboden schon wegen der Radioröhren, aber auch er hat niemals etwas erzählt, gefragt oder Interesse an den Dingen da oben gehabt.

Aschgute hieß der Aschecontainer

Meine Mutti sehe ich immer nur rennen oder mit dem Fahrrad um die Ecke sausen. „Die Ecke" ist die Aschgute am Stallgebäude.

Da wurde einfach eine etwa sechs Meter lange und anderthalb Meter breite Mauer aus Klinkern angesetzt. Sie war knapp einen Meter hoch. Darauf lag ein riesiges Abdeckblech mit mehreren Klappen zum Asche einschütten. Die acht Mieter unseres früher sicher schönen, aber nun doch alten Arbeiter-Klinkerhauses, heizten natürlich mit Braunkohlebriketts. Wenn die Asche im Blechaschkasten der Öfen quer über den Hof getragen wurde, dann gab es spätestens beim Auslehren eine große Aschewolke. Durch den Wirbel an der Ecke war es selten möglich, die Asche mit dem Wind in die Aschgute zu kriegen. Daher blieben die Klappen meistens offen, um wenigstens schnell wieder weg zu kommen. Der Hof an dieser Ecke als auch ein Teil vom anschließenden Wäscheplatz war eigentlich immer aschgelb.

Unser Hof mit Stall

Unser Stall war voll mit alten Briketts mit der Aufschrift „ILSE". Neue Deputat-Kohlebriketts trugen natürlich das stolze Logo der verstaatlichten sozialistischen Brikettfabriken, bei uns also „Tatkraft".

Später war ich als Elektriker unterwegs in den umliegenden Brikettfabriken. In einer wurden die Briketts mit Paraffin bespritzt und tragfertig verpackt für den goldenen Westen.

Bei uns gab es nur Sand, keine gepflasterten oder irgendwie befestigten Wege. Alles war irgendwie uralt und kaputt.

Unser aus Klinkersteinen gemauertes Haus muss einmal schön gewesen sein. Es hatte zwei Eingänge. Vom Hof trat man über zwei Stufen auf den extrem stabilen Stahlabtreter aus senkrechtem Flachstahl, deren Abstände für damalige Absätze keine Gefahr darstellten. Die große Auffanggrube darunter musste ganz selten gelehrt werden. Aber sie war notwendig, denn es gab nur unsere heimische schwarze Braunkohlenerde.

Jeder Eingang hatte ein großes Vordach mit Dachziegeln gedeckt und unten verkleidet. Richtig aufwendig gebaut, so wie man es heute kaum noch sieht.

Den Hauseingang verschloss eine grüne, zweiflügelige Holztüre. Ein Türflügel hatte Riegel, die eigentlich immer verschlossen waren. Es ging nicht anders, denn innen lagen kreuz und quer die Holzlatschen aller Hausbewohner bis zur Tür, die zum Keller hinunter ging.

Vom Haus zum Stallgebäude waren es knappe fünf Meter – das war der Hof.

Eigentlich war das hauptsächlich nur der Sandweg zum Stall und eine Durchfahrt für Radfahrer oder später ein Parkplatz für Besucher mit Auto. Von Mieter zu Mieter wurde wöchentlich eine Hausordnungskarte weitergegeben. In der war dann natürlich auch das Fegen des Hofes geregelt.

Es gab für jeden Mieter einen etwa anderthalb Meter breiten und fünf Meter schmalen und niedrigen Stall im Stallgebäude.

Die Stalldecke war eine Gewölbedecke, weil es darüber noch einen Stallboden gab.

An der linken Seite unseres Stalles hatte sicher schon der Großvater zwei oder drei im Viertelkreis gebogene Eisen in der Wand und in der Decke einbetoniert. In Längsrichtung wurden dann vor allem die langen Bohnenstangen und sonstige Gartenutensilien gelagert.

Besonders ein breites Regal dicht unter der Stalldecke war für mich kleinen Knirps nicht einsehbar. Da sind Schätze drauf, dachte ich. Alles was mein Vati hinterließ war unglaublich interessant, weil ich diese vielen Werkzeuge und Utensilien nicht kannte. Es war ja auch niemand da, der mir etwas erklären konnte.

Das Stallende konnte man nur erahnen. Da hatte unser Vati bis zur Decke Briketts gestapelt.

Einiges davon hatten sicher meine Mutter und mein großer Bruder Helmut nach 1945 für Hamsterfahrten abgebaut. Zusätzlich zu unseren Deputat-Kohlen verbrannten wir auch die alten Kohlebriketts, wenn die fünf Zentner Deputat-Kohlen nicht ausreichten. Es gingen viele Jahre ins Land, bis ich als Jugendlicher tatsächlich am Stallende ein winziges Fenster entdeckte. Zu der Zeit wurde der Stall auch meine Motorradgarage.

Ein aufgegebener Kaninchenverschlag stand vor den Kohlestapeln. Wann der eingebaut wurde, weiß ich nicht. Jedenfalls hatte er nach 1945 eine lebenswichtige Funktion, weil es nichts zum Essen gab. Meine Geschwister steckten da sicher viel Arbeit rein, um einmal einen Braten zu bekommen.

Aber wegen gut gemeinter, aber falscher Fütterung am frühen Morgen, als der Tau noch am Gras hing, war es dann vorbei mit dem Hasenbraten.

Ich habe nachgelesen: „Der Grund für die Darmprobleme ist nicht das feuchte Gras allein, sondern eine Kombination aus feuchtem Gras und leerem Magen oder überfülltem Magen." Das Erstere wird wohl zutreffend gewesen sein.

War das der Grund, dass wir niemals Viehzeug hatten? So hieß Tierhaltung allgemein in unserem Industriedorf.

Das Gartenhaus

Es gab bei uns einige verfallene geheimnisvolle Orte.

Das Gartenhaus war so ein Ort. Entweder hatte es mein Vater oder schon der Großvater selbst konstruiert, oder es wurde in Fertigteilen gekauft und aufgebaut. Anders als nach 1945 war Deutschland ja schon einmal ein fortschrittliches Land, in dem man alles kaufen konnte. Ich sah das ja an den für mich prägenden Schätzen in Form vom Schriftverkehr meines Vaters und an Stapeln von Fachzeitschriften aus einer vergangenen Zeit, die ich mir eigentlich nicht richtig vorstellen konnte.

Das grüne Gartenhäuschen hatte ein kompliziertes Walmdach. Das kleine Fenster lag in Richtung Garten. Es hatte außen einen Fensterladen, der innen verriegelt war. Natürlich waren die Fensterscheiben aus Glas. Das Häuschen war außen aus ganz dünnem Holz mit senkrechten Holzleisten verziert. Alles war mit einer speziellen, rauen, wetterfesten Schicht überzogen. Zu meiner Zeit hatte sich das gesamte Gartenhaus ungleichmäßig bereits gesetzt. An ein Fundament kann ich mich nicht erinnern. Die Tür schleifte den Boden zur Seite. Die Dachpappe hatte Risse und das Dach war deshalb irgendwann undicht. Innen stand links nur noch ein Arbeitstisch. Der einzige Zeuge einer besseren Zeit war ein Schleifstein mit Getriebeübersetzung. Im Nachbarhaus zog eine besondere Familie ein und schon war der Schleifstein weg. Innen roch es modrig. Im Erdboden versteckte Vati Wertsachen, daher blieb er immer irgendwie aufgewühlt. Meine Schwester Sigrid hat darüber in der Geschichte „Unser Garten" berichtet.

Wenn ich so nachdenke, dann fällt mir ein, ich hatte wirklich als Kind sehr lange immer einen furchtbaren Traum. Niemals hatte ich Tiere gequält oder umgebracht. Aber im Traum hatte ich ein Tier – ich weiß nicht mehr welches – im modrigen Gartenhaus in einen nach oben offenen Verschlag reingesetzt, die Tür zum Gartenhaus verschlossen und vergessen. Dann habe ich mich irgendwann daran erinnert und Angst gehabt, nachzuschauen. Es war furchtbar! Mir kommt es so vor, als hätte ich immer wieder diesen Traum gehabt mit allen möglichen schrecklichen Folgen, die das arme Tier ohne Fressen dort erleiden musste. Ich glaube, irgendwann habe ich die Tür geöffnet und mein Traum ging weiter mit dem Tier, das dann im Garten dahinvegetierte. Niemals habe ich davon erzählt, sogar jetzt hoffe ich, dass mich der Traum nicht wieder einholt. So genau kann ich mich nach so vielen Jahrzehnten noch erinnern.

Drehbank

Die kleine Drehbank vom Stallboden wurde mit einem großen massiven Schwungrad betrieben. Ich war ja Elektriker, das muss verbessert werden, dachte ich. So wurde sie dann mit Motor und Wendeschützschaltung aufgerüstet. Später habe ich die Drehbank meinem Bruder nach Berlin gebracht. Leider habe ich niemals wieder davon gehört. Es war eine perfekte Drehbank für Kleinteile. Unser Vati hat da bestimmt die Messingteile vom Tankgetriebe und die Räder der Eisenbahn gedreht. Schade, ich hätte sie behalten sollen.

Helmut und mein Diamant-Fahrrad

Von meinem Konfirmationsgeld wünschte ich mir so sehr ein Fahrrad. Natürlich gab es das bei uns nicht. Helmut brachte mir aus Berlin ein lilafarbenes Diamant-Sportrad mit. Wenn ich das so schreibe, weiß ich nicht, ob mein Konfirmationsgeld eigentlich gereicht hatte. Das Diamant-Sportrad in Lila war im ersten Augenblick nicht mein Geschmack. Natürlich hatte ich das keinem merken lassen. Helmut konnte sicher auch in Ostberlin keine Farbwünsche äußern. Meine Probefahrt endete – trotz ausführlicher Erläuterungen vom Helmut –abrupt an der zweiten Stufe unseres Hauseinganges. Vergeblich nutzte ich den nicht vorhandenen Rücktritt und ignorierte die Felgenbremsen. Ich wollte vor der Treppe meine übliche Bremsspur hinlegen. An Freilauf und Felgenbremsen konnte ich mich bei der ersten Fahrt noch nicht gewöhnen. Der Fahrradrahmen hatte dann auch gleich hinter dem Lenker ein Leben lang eine kleine Wölbung.

Alles, was es zu kaufen gab – oder besser: was ich bezahlen konnte – hatte ich am Lenker angebaut. Natürlich waren es ein recht teurer Rückspiegel und elektrische Blinklichter aus weißer Plaste. So hieß der Kunststoff im Osten Deutschlands. „Plaste und Elaste aus Schkopau" prangte als einzige Werbung über der Autobahn von Berlin nach Dresden.

Mein ganzer Stolz - den Lenker mit Vorbau - gab es nirgends, außer in Westberlin. Nach Umtausch meiner wenigen Ostmark in einer Wechselstube hatte ich nur noch die Moneten für die Heimfahrt. Das Rad hat mich jahrelang begleitet, bis ich es dann in Eile vor einer Fahrt zu meiner Schwester, vor meiner ersten Garage am „Schwarzen Weg" habe stehen lassen.

Unsere Nachbarn über uns

Sigrids Bericht „Eine tolle Familie" hat mich an eine Klopperei auf unserem Hof erinnert.

Mit meinem Freund kam ich gerade vom Rumstromern zurück. Der Hof war umzingelt von Menschen der Nachbarhäuser. Wir kamen leider zu spät. Drinnen war leider die Klopperei zwischen den Jungen und den Alten der beiden Hausaufgänge beendet.

Der Vater vom raufsüchtigen Sohn war ja ein friedlicher Mann, er wurde oft von seiner Frau verkloppt.

Später wohnte die junge Familie über uns. Es war dann so wie es Sigrid beschrieben hatte. Da gab es oft Krieg – nur eben jetzt mit einer eigenen Frau.

Erinnerungen an Hausbewohner

Unsere Mutti hielt nichts vom Tratsch auf der Holzbank auf unserem Hof unterm Fenster. Aber unsere Nachbarsfrau tratschte gern mit Gleichgesinnten. Sie war später mit einem seitlichen Darmausgang gestorben. Zu ihren Lebzeiten schallte täglich der Ruf „Sießerle, Sießerle, Sießerle" über den Hof, wenn sie ihrem Lieblingshuhn Leckerbissen zuschanzte.

Ihr Mann hatte schon immer eine leicht knollige Säufernase. Er war später Bademeister in unserem Badehaus. Das war gewiss der richtige Job für ihn. In seinem Bademeisterraum musste man manchmal rein, wenn plötzlich das Duschwasser kalt wurde. Dort zischte überall der Wasserdampf heraus und es war höllisch heiß. Der Bademeister war dann immer irgendwo unten in Kellerräumen, die ich nie gesehen habe. Er verfiel mehr und mehr dem Alkohol als seine Frau gestorben war. Dann wohnte eine recht verlebte hässliche Frau bei ihm und sie soffen um die Wette. Einmal hatten sie anscheinend für das Wochenende nicht genügend im Konsum gekauft, da holten sie sich Nachschub aus Muttis Keller. Da standen die Bergmanns Schnapsflaschen die trotz fleißiger Eierlikörproduktion und der tatkräftigen Hilfe vom Onkel sicher verlockend waren. Unser Keller stand ja immer offen.

Bergmannsschnaps bekam Mutti als Deputat jeden Monat in einer Literflasche. Das hatten die Russen so eingeführt. Sie wussten ja aus Russland, wie man ein hungriges und unterdrücktes Volk mit Alkohol bei Laune halten kann.

Ich war noch nie in Russland. Ob es richtig ist, wenn ich sage, bei den Russen hat das Wodkasaufen Tradition? Die Russen, die heute überall im Urlaub lautstark ihren Wodka aus Sto Gramm Gläsern saufen, verfälschen vielleicht mein Bild. Aber ich kannte das auch vom Hörensagen über gemeinsame Gelage der Parteigenossen mit den russischen Brüdern. Trotzdem, die russischen Menschen, das einfache Volk, wird nicht anders sein als alle friedliebenden Menschen der Welt.

Die sogenannte DDR gab es schon nicht mehr, da erinnere ich mich, dass wir einmal nach einem Faschingsumzug mit Nachbarn in Zeutern von unserer kleinen Freundin Rosemarie etwas ganz Besonderes spendiert bekommen haben. Es war Topinambur, der bei uns in Baden neben unseren selbstgebrannten Obstler sehr geschätzt wird. Er wird hier überwiegend hergestellt. Die Erdartischocke gilt als altbewährte Brennwurzel zur Herstellung von hochprozentigem Alkohol.

Die kleine freundliche Sängerin stand auf und rief in die Frauenrunde: „Zur Mitte zur Titte, zur Musch, husch, husch!" Und leer waren alle Gläser.

Der Topinambur-Schnaps schmeckt wirklich genau wie der Bergmannsschnaps aus der Niederlausitz. Wie ich nun mal bin, musste eben meine
Wahrheit raus. Laut verglich ich den gelobten Topinambur mit dem Rus-
sen-Bergmannsfusel, indem ich mich vernehmlich schüttelte. Das kam nicht
so gut an.

In unserer Familie – in meiner Kindheit und auch später – war der Bergmannsschnaps stets der Bergmannsfusel und erhielt keine Würdigung.

Ganz anders war es, wenn uns unser Onkel Paul besuchte.

Es dauerte lange, bis er seine glatten Haare am großen Küchenspiegel in die
gewünschte Form gebracht hatte. Er liebte bestimmt jeden Alkohol. Wenn
Mutti ihm ein Gläschen eingoss, dann schüttelte er sich pflichtgemäß. Nach
mehreren Gläsern forderte er dann von seiner Schwester: „Nun stell doch
mal die Flasche hin!" Unser Onkel Paul holte dann die kleine Mundharmo-
nika raus und spielte forsche Marschmusik. Genauso gut konnte er auf seinem Kamm musizieren oder Blasmusik ohne Trompete, nur mittels flat-
ternder Lippen, erzeugen. Er war schon ein Filou, unser Onkel Paul.

Eines seiner Lieder hatte ich einmal beim Pfalzausflug unseres Männer-Ge-
sangtisches anstimmen wollen. Gottseidank hielt mich mein evangelischer
Sängerkamerad rechtzeitig zurück.

Die gottesfürchtigen Katholiken knieten gerade vor Maria als ich losschmet-
terte: „Maria und Josef die hatten in Jerusalem ein Butter… " Da schaute
mich Ingmar streng an und ich sang den Onkel-Paul-Text für mich zu Ende:
„… Buttermilchgeschäft, in der Heimat, in der Heimat, da gibt's ein Wiederseh'n."

Ja, ja das Internet. Sogar diesen Käse findet man in der Liedersammlung der
Burschenschaft 1908 „Reitz".

Mutti stellte dann gern den Bergmannsschnaps zu ihrem Bruder auf den
Tisch. Die war dann irgendwann leer. Meist war es schon dunkel, wenn das
Fahrrad den Onkel Paul wieder nach Hause führte. Da gibt es so viele Erin-
nerungen.

Verbotenes vergoldet alles

Es existiert noch eine stattliche Junghans-Taschenuhr mit Widmung FK und der Gravierung auf einen Innendeckel:

„Herrn Friedrich Klewe

für treue Dienste

1905 – 1930

Ilse Bergbau Aktiengesellschaft"

Es ist eine Uhr mit drei silbernen Deckeln, mit fünf Millimeter breiten Außenringen in Gold und natürlich mit Stunden- und Sekundenzeiger aus Gold.

Die Uhr vom Großvater hat dann später schon einiges erlebt. Mutti hat das Erbstück unseres Großvaters sehr in Ehren gehalten. Immer mal wieder wurde sie hervorgeholt, um das Tick Tack der Junghans-Uhr zu bestaunen. So ein Wirbel um eine Uhr war gewiss nur in der sogenannten DDR denkbar.

Erklärbar ist dies vielleicht damit, dass alles, was Menschen an früher erinnerte, nach dem Krieg zwangsweise und systematisch zunächst von der sowjetischen Besatzungszone und ab 1949 von deren Vasallen – den Machthabern des sogenannten „Ersten Arbeiter und Bauernstaates" – beseitigt wurde.

So verschwanden durch Beseitigung der Marktwirtschaft naturgemäß alle Verwaltungsvorschriften.

Ja, sogar alle technischen Normen, Regeln und Vorschriften wurden unter neuem Namen herausgegeben. Das dauerte natürlich viele Jahre. So kam es, dass beispielsweise die VDE Vorschriften (Verein Deutscher Elektrotechniker) noch die Grundlage für meine Ausbildung als Elektriker bildeten.

Erst über zehn Jahre nach der DDR-Gründung ersetzten für das Fachgebiet Elektrotechnik die TGL-Standards die VDE Vorschriften.

Es musste den Machthabern der DDR-Diktatur schwer gefallen sein, dass man nicht auch noch Gesetzmäßigkeiten physikalischer und chemischer Vorgänge verändern konnte.

So musste man sich mit veränderten Überschriften, Texten und Nummern zufriedengeben.

Beim Geld konnte sich die sogenannte DDR so richtig entfalten. Die Alu-Chips waren ja nur innerhalb des Staates zu gebrauchen.

Viele fleißige Ostbürger hatten aber trotz geringer Löhne und Gehälter durch Zusatzarbeit, Tausch und Cleverness mehr Geld, als es dem Staat recht war. Da half auch das Abschöpfen mit überhöhten Preisen bei sogenannten Luxusartikeln nichts.

Irgendwann schenkten die Brüder und Schwestern, die Omas und Opas aus dem Westen richtiges Geld. Dafür baute man extra Intershops, damit der Westbesuch seine (DM) ausgeben konnte.

Das eigene Volk musste geschenkte DM zuvor in Forum-Checks zum Einkauf in den Intershops umtauschen. Dies nur deshalb, damit man sich als sogenannter DDR Bürger nicht als Deutscher aus dem Westen fühlen kann.

So wollte man sein Volk natürlich auf allen Gebieten der Technik, Wirtschaft, Medizin der Kunst und so weiter den Gedanken an Gemeinsamkeit mit dem anderen Teil Deutschlands austreiben.

Mit Verschwinden aller Groß- und Privatbetriebe verschwanden langsam alle früheren Eigeninitiativen und bald auch die vielen freiheitsliebenden Bürger.

Ich hatte im Schreibtisch meines Vatis technische Zeitschriften und Schriftverkehr mit Firmen gefunden. Er hatte sich ja viele Sachen aus ganz Deutschland schicken lassen. Dieser Schriftverkehr hat mich früher in der gesamten Zeit fasziniert. Farbige Schriftköpfe, die Höflichkeiten im Ausdruck, wie man sich um den Kunden bemühte – alles ganz wunderbare Dinge, die im sogenannten DDR-Alltag undenkbar waren.

Das tägliche, ungetrübte, heile Bild der Freiheit brachten die Rundfunksender auf Mittelwelle ins Wohnzimmer. Das war bei uns nur SFB (Sender

Freies Berlin), denn RIAS Berlin wurde gestört. Aber bald gab es das ungestörte UKW-Angebot und das Fernsehen mit drei Programmen.

War es da verwunderlich, dass jedes Teil, das an ein bisschen an Vergangenheit und ersehnte Freiheit erinnerte, etwas ganz Besonderes war? So war es eben bei uns das Erbstück des Großvaters, die goldene Uhr, als Danksagung für fünfundzwanzig Jahre fleißige Arbeit. Natürlich widersprach allein diese Uhr den Lügenparolen von der Ausbeutung der Arbeiter im Kapitalismus, die es so nicht einmal mehr 1930 gab.

So ließen sich die Dinge aneinanderreihen, die bestimmt jeder finden konnte, wenn er nur wollte. Ich habe mich besonders über den in Decken staubfrei verhüllten Sozius gewundert – der von den Russen eingezogenen Zündapp meines Vaters. Er lag bei uns versteckt auf unseren Hausboden. Hatte mein Bruder Helmut den auch abgebaut? Hatten die Russen tatsächlich das Motorrad ohne Sozius mitgenommen?

Bei Bekannten mit mehr Westverwandtschaft stapelten sich bald die leeren Bierbüchsen und Kaffeedosen auf Küchenschränken. Das war albern aber wahr.

Bei uns war es ein Fest, wenn Muttis Schwester aus Wiesbaden ein Weihnachtspaket schickte. Der Inhalt mit Inhaltsangabe – „Geschenkpaket, keine Handelsware" fein säuberlich von Tante Friedel notiert – war stets wunderbar. Dann konnte Mutti mit dem Zitronat und den Rosinen die Stollen backen. Einmal hat meine Schwester den Inhalt in DDR-Mark umgerechnet, na das war schon eine arme Zeit.

Mal zurück zur Uhr: Mutti hat sie mir geschenkt und immer wieder nachgefragt, ob ich die Uhr in Ehren halte. Ich bin dann mit meiner Familie 1969 nach Mecklenburg gezogen.

Mein neues Uhrenversteck sah immer unangetastet aus, bis ich einmal stolz das Stück meiner Mutter präsentieren wollte.

Für meine Kinder muss das auch sehr interessant gewesen sein. Da war nicht nur ein goldener Außenring gebrochen, sondern auch die goldenen Uhrenzeiger waren weg. Von da an musste ich Mutti leider beschwindeln, ich brachte es nicht übers Herz, ihr die Uhr zu zeigen.

1989 brach die sogenannte DDR unter dem Druck der vielen aufrechten Kerzenträger zusammen. Aber erst nach Jahren hatte ich dann finanziell die Möglichkeit, unser Erbstück bei der Firma Junghans reparieren zu lassen.

Zum fünfundvierzigsten Geburtstag meines Sohnes habe ich ihm die Uhr geschenkt. Es sollte eigentlich zum Fünfzigsten sein, aber wer weiß schon, was in fünf Jahren ist, dachte ich früher. Gerade korrigiere ich diese Worte lange nach seinem Fünfzigsten. Ich lebe noch!

Unser Zuhause – Umbruch und Verfall

Was die „Ilse Bergbau AG" mit der Braunkohlenförderung begonnen hatte, wurde nach Kriegsende mit dem fortgeführt, was die Russen nicht als Reparationsleistung mitgenommen hatten.

1903 hatte ja die „Ilse Bergbau AG" die Arbeiterwohnhäuser von der Senftenberger Firma Schöppenthau & Wolff übernommen. Es war dann die Kolonie „Anna-Mathilde".

Die Bergarbeiter Häuser und Wohnungen waren Anfang des 20. Jahrhunderts für die industriearme Niederlausitz bestimmt ein riesiger Fortschritt.

Je zwei Familien hatten draußen ein Plumpsklo, in dem sich dann bei Frost gefährlich nah Dome bildeten. Jede Familie hatte im Haus einen Keller und einen Dachbodenraum und draußen einen Garten, einen Stall mit Stallboden und auf der Rückseite des Stallgebäudes dann noch eine Mistgute.

Unsere Klinkerwohnhäuser wird es bestimmt auch im Ruhrgebiet oder in noch nicht abgebaggerten Tagebauorten gegeben haben. Wer weiß, bestimmt sieht man sie noch heute irgendwo?

Darum hatten wir schon mehrfach Anlauf genommen, um Häuser meiner abgebaggerten Heimat noch einmal zu sehen. Die Richtung hatten wir schon einmal eingeschlagen, als es nach Hameln gehen sollte, aber dann fehlte die Zeit für den Umweg.

Neue Häuser gab es bei uns nicht. Der Ortsteil Anna-Mathilde hieß nun Sedlitz West, die Gruben und Straßen wurden umbenannt. So wohnten wir also jetzt in der Friedensstraße 13, später in der Ringstraße 13.

Den bis 1930 bestehenden Bahnhof und die Post direkt an der Bahnschranke nach Bückgen gab es schon lange nicht mehr. Die Post war ein Anbau an einem großen Wohngebäude, das früher mal für leitende Angestellte gebaut wurde. Dort holten wir uns jedes Jahr mit unserem fünf Zentner Handwagen mit Aufsatz unsere Deputat-Kohle ab. Gleich an der Einfahrt zum Fabrikhof wurde die Kohle auf einer großen Fuhrwerkswaage gewogen. Der Fabrikhof war nur noch ein trauriges Stück Erde. Überall wucherten Unkraut und meterhohe anspruchslose Gewächse bis zum hohen Kühlturm aus Holz.

In einem riesigen stolzen Gebäude bestellten wir uns im Konsum bei Westbesuch Schinken, den es sonst nicht gab. Der Besitzer einer schönen Gaststätte in diesem stolzen Gebäude war bald abgehauen. Unser Bäcker Muder hielt durch, bis auch die Bäckerei mit ihm starb.

Alles verfiel so langsam. Befestigte Wege kannte keiner, nur die Straßen mit Kopfsteinpflaster hatten den Charme vergangener Zeiten.

Unser stolzer fünfundneunzig Meter hohe Fabrikschornstein aus gelben Klinkersteinen zeigte uns, dass es mal bessere Zeiten gab.

Er wurde im Laufe der Jahre aus Sicherheitsgründen lediglich um ein paar Meter kleiner. Er stand fast funktionslos da, weil nach 1945 die Brikettfabrik und das Kraftwerk von den Russen demontiert wurden. Es gab dann nur noch ein Kesselhaus zur Dampferzeugung für AEG Turbinen, die bis zum Ende des Ortes funktionierten. Von dort beheizte man nur noch die Zentralwerkstatt, das Badehaus, den Kindergarten und später noch das einzig neue Gebäude – eine gemauerte Baracke, das sozialistische Kulturhaus mit Kneipe.

Um uns herum machte sich der Tagebau breit. So gab es bald verlorene Orte und überbaggerte Landschaften.

So verschwanden

1951 Teile von Kleinkoschen

1962/63 Teile von Sedlitz wegen eines Neuaufschlusses. Es war ein Schuss in den Ofen, der Neuaufschluss an der Straße nach Sedlitz wurde wieder zugekippt.

1962 bis 1967 Teile von Lieske

1964 Scado

1969 Groß Partwitz

und 1971/72 Sorno und Rosendorf.

Wir hatten – Dank der „Ilse Bergbau AG" – überall wirklich sehr schöne Wohnhäuser von außen. Jedes Haus sah anders aus. Erst später war mir so richtig klar, wie abwechslungsreich die Häuser in Anna-Mathilde gebaut wurden. Jedes unserer Zehn-Familienhäuser aus Klinkerstein wurde architektonisch unterschiedlich gestaltet. Mein Geburtshaus hatte einen roten Sockel, eine gelbe Fassade und rote Dachziegel in Walmdachform mit gelben Schornsteinen.

Leider ist in den Jahren rundherum alles verkommen. Der Mörtel zwischen den Klinkersteinen bröckelte heraus, die Dachrinnen und Fallrohre bekamen Löcher, das Dach wurde undicht und auf dem Trockenboden unterm Dach standen dann Wassereimer, damit die Wohnungen trocken blieben.

Es waren Werkwohnungen, aber Reparaturen gab es nicht. Unser Holzfenster und das Fensterbrett vergammelten wegen der ständigen Feuchtigkeit, die an den Fensterscheiben herunterlief. Die Fensterscheiben verloren den Kitt, sie fielen nicht heraus, sondern hielten sich an den kleinen Montagenägeln unterm Kitt. Die Risse an den Holzbalkendecken waren klein und störten uns nicht.

Auch draußen bekamen die Türen im Stallgebäude und den Außen-Plumpsklos Löcher.

Unser kluger Hausbewohner, Herr Hans Schauer, sang immer laut, wenn er die Holzstufen hinauf zu seiner Wohnung ging. Er hatte eines Tages den Hof aufgegraben und eine Schildkröte mit 60W Glühlampe vor den Klos installiert. So heißen diese ovalen Leuchten mit Glasabdeckung und Drahtkorb auch heute noch bei Elektrikern. Das war der einzige Fortschritt, weil nun des Nachts die dunkle Ecke beleuchtet war.

Renovierung Dank Tante Bertel

Mein Vati hatte eine sehr fleißige Schwester. Tante Bertel kam alle paar Jahre, um unsere Holzfußböden mit roter Ölfarbe zu streichen. Es war immer ein Mords Gaudi. Irgendwo lagerten Bretter mit Leisten als Abstandshalter vom Fußboden. Die wurden so auf den Fußboden verteilt, dass man den Durchgang zum anderen Raum und zum wichtigen Küchenschrank erreichen konnte. Die Bretter wurden dann nach Trocknung der Farbe vom

Fußboden gerissen. Die holprigen kleinen Stellen mussten bleiben, Tante Bertel kam nicht nur deshalb extra zu uns zurück.

Meine Tante war ein ganz besonderer Mensch. Man merkte ihr an, dass es mal eine bessere Zeit für sie gegeben haben muss. Ihren Mann, den Onkel Willi, kenne ich nur von Bildern und lustigen Erzählungen. Er war Malermeister mit einem funktionierenden Malerbetrieb. Da hat seine Frau natürlich mitgewirkt und alles gelernt, was sie dann bei ihrer Schwägerin – also in der Restfamilie – dankbarerweise nach dem Krieg leistete.

Natürlich erhielten alle Wände mittels Gummirollen und Wasserfarbe stets neue Muster und Farben. Tante Bertel muss dann oft richtig in Form gekommen sein. Vielleicht lag es am wunderbaren Geruch der Lösungsmittel der verschiedenen Ölfarben am Sockel in der Küche und auf den Holzdielen der Fußböden, den ich beim Schreiben fast riechen kann. Natürlich blieben auch alle Schränke in der großen Wohnküche nicht verschont. Alles bekam einen neuen Anstrich.

Besonders ein Erbstück ihrer Mutter wurde immer wieder aufgefrischt. Dieser Schrank mit undefinierbar reichhaltigem Inhalt hatte unten noch einen schrankbreiten und hohen Kasten zum Rausziehen. Hinter den zwei oberen Flügeltüren machten sich Kleidungsstücke aller Art breit, sodass man die Knie zum Schließen der Türen benötigte. Wenn man bei uns Strumpfkasten sagte, dann konnte es nur der Kasten im Schrank in der Küche sein. Der Strumpfkasten stand dem oberen Kleiderschrank in nichts nach. Man fand darin alles, man musste nur suchen. Das ging so - mit zwei Händen alles ausbreiten – suchen – und das Gewünschte zusammenstellen. Da dann alles wieder in gleicher Art in den Strumpfkasten gelangte, konnte da keine Ordnung eintreten.

Ich könnte nun noch von weiteren Seltsamkeiten in unserer Küche – beispielsweise vom Chaiselongue – berichten. Aber meine Schwester Sigrid hatte ja schon so liebevoll davon geschrieben.

Unsere Küche war schließlich die einer Bergarbeiterfamilie. Hier erfolgte die Trennung vom schwarzen zum weißen Bereich, also vom Außen- zum Innenbereich. Weitere Räumlichkeiten zum Lagern für Sachen zum Arbeiten hatten wir nicht. Also mussten die Möbel der Küche und der Stauraum unterm Chaiselongue dafür herhalten.

Ganz anders sah es natürlich im Wohnzimmer aus. Meine Eltern hatten zeitgemäß schöne Möbel für ihre Wohnung gekauft.

Wie unter „Spielvergnügen zu Hause" beschrieben, wurde der Raum der „Guten Stube" zum Schlafzimmer umfunktioniert und alle darin befindlichen Wohnzimmermöbel kamen in unser neues Wohnzimmer.

Wir lebten nun also nicht nur in der Wohnküche, sondern auch im Wohnzimmer. Da waren dann natürlich nach Jahren auch die Möbel ein wenig verwohnt. Die Kinder wurden größer und schwerer. Irgendwann versagte bei der Couch der gold-braun-gemusterte Samtstoff und das wunderbare hineinfallenlassen war wegen der spürbaren Spiralfedern beendet.

Tante Bertel nahm sich die Möbel im Wohnzimmer gottlob nicht vor. Es gab ja noch weitere Schränke. Um Verwechslungen zu vermeiden hieß unser Kleiderschrank im Schlafzimmer einfach Schlafzimmerschrank. Da konnte unsere Tante Bertel ihr Können zeigen. Das Bettgestell und der schon moderne Schlafzimmerschrank erhielten interessante punktförmige gelbe Anstriche. Diese Holzmöbel hätten es sicher nicht nötig gehabt.

Große Wäsche – Waschküche

Aus Sicherheitsgründen wurde außen vor der Waschküche im Stallgebäude ein Holzkasten mit Steckdose und Schutzschalter angebaut. Wir hatten noch klassische Nullung, also mit Brücke zwischen Null und Schutzleiter in jeder Steckdose. Nun konnte meine Mutti mit dem elektrischen Waschbär das Wasser im kochenden Wäschekessel mittels Ultraschall zum Schwingen bringen. Der Schmutz sollte sich dadurch lösen. So hieß es jedenfalls.

Der Waschbär war ein rundes Teil mit Zinkhaube, das unten eine Metallmembran und seitlich zwei gerade Halterungen zum Einhängen in den beheizten Waschkessel hatte. Die vierzig Zentimetergroße Membran wurde über einen Trenntrafo mit den 50Hz des Wechselstromes zum Schwingen gebracht.

Meine Mutter schwor auf ihren Waschbär. Trotzdem blieben alle Arbeiten, wie sie auch ohne Waschbär seit Jahrzehnten verrichtet wurden.

Natürlich musste ich immer mit ran. Die dampfende heiße Wäsche wurde mittels Holzkelle zunächst auf Holzbänke geschmissen. Die heiße Wasserlauge floss über den glatten Steinboden durch zwei quadratische Löcher rückseitig hinaus durch die Außenwand in einen Schacht mit Anschluss zur Abwasserleitung.

Die große Holzwanne mit Waschbrett stand schon bereit. Alle Wäschestücke wurden durchgerubbelt, danach mehrfach in sauberem Wasser gespült und dann mit Muskelkraft ausgewrungen. Der Wäscheplatz wartete bereits, wenn es nicht regnete. Ansonsten ging es hinauf zum Dachboden, wo jeder seine eigene Wäscheleine nutzte.

Wäscherolle

Im Badehaus gab es die Wäscherolle in einem sehr warmen Raum stirnseitig im Keller. Wenn man den Termin für die Wäscherolle hatte, dann ging es mit dem Handwagen zum Badehaus. Unten gab es den Raum mit einer riesigen Trockenmangel.

Die Trockenmangel – eine wuchtige schwere Kiste, etwa vier Meter lang, zwei Meter breit und fünfzig Zentimeter hoch – wurde von einem mächtigen Motor am Boden mittels Flachriemen hin und her bewegt. Zunächst lag die schwere Kiste auf der leeren, spiegelblanken Holzrolle. Die Mangel wurde über einen Starkstrom-Kippschalter so in Gang gesetzt, dass sich das Ungetüm vorn anhob und die breite blitzblanke Holzrolle freigab.

Die Bettbezüge, Bettlaken und Tischdecken bekamen bereits zu Hause schon mit Wasserspritzern eine Sonderbehandlung. Wie beim Tauziehen schnappten Mutti und ich die Zipfelenden in der rechten und linken Hand. Abwechselnd wurde „durchgezuckelt", so sagten wir.

Die Wäsche wurde auf einen großen Tisch ausgebreitet und dann sorgfältig aufgerollt. Nun war nur noch die Drehrichtung wichtig, denn die Wäsche sollte ja durch Druck glatt werden und sich deshalb erst beim Zurückfahren abwickeln. So war es, glaube ich. Eine verrückte Zeit. Mutti hatte zumindest zum Waschen dann später eine kräftige Nachbarsfrau bezahlen können.

Erste Waschmaschine

Als ich dann schon verheiratet war und in Senftenberg studierte, da borgte uns Heidis Opa das Geld für unseren Waschmaschinen-Halbautomaten ohne Schleuder.

Es gab in der sogenannten DDR die Maschinen nur auf Bestellung. Es entsprach der Theorie und Praxis der zentralen Planwirtschaft, dass es meist nur einen Hersteller der verschiedenen Konsum- und Industriegüter gab. So wollte man sparsam wirtschaften. In Schwarzenberg wurden so lange Jahre Wellenradwaschmaschinen – also recht primitive Geräte – gebaut.

Der raufsüchtige Bewohner über uns hatte so eine. Die schleppte er immer in die Waschküche. Es war ein Holzbottich, in den die gekochte Wäsche zum Waschen rumgewirbelt wurde.

Unsere Tochter war geboren und das Kochen der Baumwollwindeln im Einwecktopf auf unserem Kohleofen war da noch zeitgemäß.

Mit dem Geld vom Opa aus Schwarzheide gab es dann die technische Revolution im Haus 13. Unsere Haushaltshilfe konnten wir uns aber erst kaufen, als unsere Kleine schon keine Windeln mehr brauchte.

Es war der weiße WA66 Halbautomat mit Edelstahltrommel und Beschickung von oben. Man musste die Trommel zum Beladen immer erst in Position bringen und dann die Klappe öffnen. Natürlich brauchten wir noch eine Wäscheschleuder, denn der Vollautomat WVA war für uns zu teuer.

Dieses Schmuckstück kam in unsere große Wohnküche und stand dann lange unter den Spiegel gleich neben der Eingangstür zur Wohnküche. Wir brauchten die Waschküche nicht mehr.

Was hat unser raufsüchtiger Bewohner über uns geschimpft! Unsere Maschine würde alle Abwasserrohre verstopfen. Auf dem Hof öffnete er den Abwasserschacht und kontrollierte diesen Sündenfall. Aber die weiße Waschlauge floss einfach ab. „Irgendwann wird alles verstopft sein", brüllte er im Flur. Uns hat es nicht gekümmert.

Unser Badehaus

Im Ort hatte die „Ilse Bergbau AG" 1911 ein wirklich prächtiges Badehaus mit Wannenbädern und Duschen sowie medizinischen Einrichtungen gebaut.

Sigrid hat das Badehaus schon beschrieben.

Auch so ein Badehaus wird es vielleicht noch heute irgendwo im Ruhrgebiet oder in noch nicht abgebaggerten Tagebauorten geben.

Das Badehaus war einmal ein prächtiger Klinkerbau. Aber zu meiner Zeit konnte man das nur noch erahnen. Die riesige Badehausuhr tat aber noch immer ihren Dienst. Der Ton war im gesamten Umkreis der Werkwohnungshäuser jede viertel, halbe und volle Stunde zu hören. Man brauchte keine Uhr.

Man ging die inzwischen maroden breiten Treppen hinauf durch den Windfang mit riesigen Türen. Dann stand man in der acht Meter hohen Eingangshalle, in der jedes Wort mehrfach widerhallte.

Die Halle war sehr hoch, grün gefliest. Links und rechts wurden 1936 an je zwei Säulen überlebensgroße, künstlerische Bilder gestaltet. Unhörbar sprachen diese Figuren von einer vergangenen Zeit.

Ein Ingenieur mit Zirkel und den Spruch „Vergesst nie",

ein Bergmann mit Grubenlampe und den Spruch „dass ihr alle",

ein Handwerker mit Rohrzange und den Spruch „auf Gedeih und Verderb",

und eine Frau mit Kind und den Spruch „verbunden seid".

Das Hakenkreuz von dem Sigrid berichtete war natürlich verschwunden.

Die lange Halle hatte am anderen Ende den gleichen Windfang mit riesigen Türen. Die Natur setzte sich überall durch.

Der rückseitige ehemals großzügige Weg zu Betriebsstätten war völlig zugewachsen. Nur die Fußwege waren noch zu erkennen. An der vorderseitigen sehr hohen Eingangstreppe fehlten Platten. Wild gewachsene Sträucher und Unkraut wuchsen überall.

Diese Halle im Badehaus war für mich trotzdem immer sehr beeindruckend.

Was für ein Widerspruch! Überall auf Transparenten und Plakaten feierte man die Übererfüllung der Planziele. Dieser Erfolg auf den Weg zum Sozialismus und der Sieg über den Ausbeuter-Kapitalismus war ja schließlich gesetzmäßig. Mit Hilfe der ruhmreichen Sowjetunion war es nur eine Frage der Zeit, bis man den Kapitalismus in allen wirtschaftlichen Belangen überholt hat, ohne ihn einzuholen.

So stand es überall auf den Plakaten mit den ruhmreich drein lächelnden, stolzen Werktätigen des „Ersten Arbeiter und Bauernstaates".

Alle Duschen und Bäder waren oben zur fünfzehn Meter hohen Halle offen. Für Männer gab es Gemeinschaftsduschanlagen in zwei weiß gefliesten, unterschiedlich großen Hallen.

Die große Halle maß sicher fünfzehn x zwanzig Meter. Sie diente den Arbeitern zur Verwandlung vor und nach der Arbeit. Fast hundert Kettenzüge gab es auf beiden Seiten der mittleren Bänke. Die stabilen Körbe mit Haken wurden dann zwischen den äußeren und inneren Bankreihen mit den sauberen Umziehsachen und den dreckigen Arbeitssachen zum Tausch heruntergelassen.

Auf Frauen und Familien warteten Wannenbäder und Duschkabinen. Alles war kostenlos und vierundzwanzig Stunden geöffnet. Das war zumindest wunderbar!

Badehauserinnerungen – Erkundungen im Badehaus

Mutti hatte, wie in jedem Jahr, am letzten Wochenende im September zum Geburtstag und zur Birnenernte eingeladen. An dem Wochenende wurden damals die Uhren zur Winterzeit eine Stunde zurückgestellt. Wir konnten daher immer eine Stunde länger ausschlafen nach der Feier.

Meine Geschwister kamen mit der Familie mit ihren Autos. Es war jedes Mal eine große Freude. Am Abend konnte ich mich mit meinem Freund Reini absetzen. Wir hatten bereits allerlei Blödsinn verzapft. Manchmal haben wir im großen Männerduschraum ganz oben gesehen, dass sich an einem kleinen Fenster unterhalb der Decke etwas bewegt. Ich dachte natürlich immer an den großen Herder. Er wohnte in der oberen Wohnung im Badehaus, weil die Mutter unten im Ambulatorium als Krankenschwester gearbeitet hat.

Von dort oben musste man einen guten Einblick zu den Frauenduschen und Wannenbädern haben. Die Bäder und Duschkabinen waren wie alle Räume oben offen.

Die Herausforderung war nur, ungehört und ungesehen dort hoch zu kommen. Wir gingen in die Eingangshalle und warteten bis die letzten auf den Bänken ihre Bäder aufsuchten. Dann schlichen wir im Treppenhaus, an der Wohnung vorbei hinauf zum Fenster.

Das war dann ein sehr interessanter Anblick. Ich erschrak! Die Frau unseres raufsüchtigen Bewohners über uns räkelte sich unter der Dusche mit ihrem mächtigen Busen und hob ihren Kopf.

Aber die Gefahr ging dann doch vom allseits bekannten, etwas minderbemittelten Jungen aus, der dummerweise nach oben schaute. Behla sah uns von der Männerdusche aus und schrie: „Da oben sind welche!" Alle glotzten nach oben, wir das Fenster zu und was nun?

An der Haustür vorbei durch die Eingangshalle ging nicht mehr, denn der Bademeister war schon unterwegs. Wir machten das Flurfenster nach außen auf und ich staunte wie stabil doch die Erdleitung vom Blitzableiter in der Wand befestigt war. Im Nu waren wir unten, rannten nach Hause zu unserem Alibi. Meinem Freund hatte es nichts genutzt, er war schon bekannt für ähnliche Streiche. Mich hatte keiner vermisst.

Wo ist mein Motorrad?

Ich war in der Familie schon recht verrufen, weil ich kaum mehr lief, sondern jedes Stückchen mit dem Motorrad fuhr.

So musste es eben beim Baden oder Zelten immer möglichst direkt am Wasser sein.

Obwohl das Badehaus wirklich nur ein paar Häuserecken entfernt war, fuhr ich doch tatsächlich dieses kleine Stück einmal mit dem Motorrad. Es gab damals noch keine Helmpflicht. Jedenfalls lief ich nach dem Bad wie gewohnt nach Hause. Wir hatten Besuch. Am Folgetag brauchte ich mein Motorrad nicht. Dann war die Aufregung groß. Mein Motorrad wurde geklaut! Gottseidank hatte ich den Diebstahl nicht gleich gemeldet. Es ging ja nicht, unser Dorfsheriff wohnte ja in Sedlitz Ost und ich hatte ja kein Motorrad.

Es dauerte wirklich lange bis mir einfiel, dass ich es beim Badehaus abgestellt hatte.

Knutschen hinter der Flügeltür

Der Eingang zum Badehaus hatte einen sehr großen Windfang als Luftschleuse mit zwei riesigen Flügeltüren, die innen im Sommer oft offen standen. Hinter beiden Flügeln war fast ein Meter Platz. Meine spätere Frau Heidi hatte ich einmal hinter einen Flügel zum Knutschen gelockt. Da hatte ich die zehn Zentimeter breiten Ritze der aufgeschlagenen Tür nicht beachtet. Im Badehaus wohnte ja unser Herder. Er war älter als ich und sorgte scheinbar immer für Ordnung in der großen Eingangshalle. Die Wohnung hatte in der oberen Etage ein Fenster. Da hatte er mit einer Luftbüchse ganz gut gezielt. Ich merkte es an meiner Jacke. Als ich vorsprang rief er nur entschuldigend: „Ich wusste ja nicht, dass du das bist"

Mein Statement, wer bin ich

Es wird langsam Zeit. Hier gleich mal mein Statement, damit Sie wissen wen Sie vor sich haben. Warum schreibe ich nun schon so oft „sogenannte DDR"?

Dies war im „kalten Krieg" in der Bundesrepublik ein Sprachgebrauch der Anrede, der richtig war und ist.

Allein die Bezeichnung „Deutsche Demokratische Republik" war verlogen, genau wie alle politischen und geschichtlichen Publikationen, in denen man alles so zurechtbog, damit es in die eigene Ideologie hineinpasste.

Demokratie und Macht geht vom Volk aus und Republik und Regierende werden vom Volk gewählt. Beides geht ohne Freiheit nicht.

Leider klappt es in Diktaturen mit allgegenwärtigen Lügen trotzdem.

In der sogenannten DDR habe ich mich selbst oft als ZONI, als Mitteldeutscher oder Ostdeutscher bezeichnet. Das musste man sich damals schon trauen, auch wenn sich dies heute keiner mehr vorstellen kann.

Nun bin ich zutiefst enttäuscht, dass ausgerechnet ich heute in der Bundesrepublik Deutschland als Herkunftsland DDR angeben muss. Auch in Rentenfragen wird meine Herkunft so offiziell bezeichnet. Es kann natürlich nicht mehr Ostzone heißen, da es keine Militärzonen mehr gibt. Warum ist da nicht zumindest Ostdeutschland als Herkunftsland möglich?

Der „Erste Arbeiter- und Bauernstaat"

Man gab sich per Gesetz ein demokratisches Aussehen. Die abhängige Justiz wurde benutzt, die Wahlen waren eine Farce, Zeitungsberichte und alle offiziellen Publikationen spiegelten die Verlogenheit des Regimes wieder. Man musste in zwei Realitäten leben. Jeder wusste, wann er gezwungen war, seine Meinung nicht auszusprechen, oder wenn es besser war mitzulügen.

Wenn es aber nur das gewesen wäre. Dieser Staat war zu Beginn sicher eine Hoffnung für viele Bürger, die einfach nur Frieden wollten nach dem schlimmen Krieg.

Aber unter Stalins Einfluss war die Entwicklung schon vor der DDR-Gründung 1949 vorgezeichnet. Die ehemaligen aktiven und passiven Widerstandskämpfer gegen den Hitler Wahnsinn wurden in Russland auf Linie gebracht und als deutschsprechende Halbrussen in politische Ämter des besetzten Ostteils Deutschlands eingesetzt.

So entwickelte sich schnell der östliche Teil Deutschlands zum immer perfekteren Unrechtsstaat mit demokratischem Anstrich. Weitere Entwicklungsunterschiede in Ost und West sind nicht mein Thema. Dafür gibt es genug Literatur von klugen Menschen.

Nur soviel: Die meisten der siebzehn Millionen Menschen im Osten Deutschlands richteten sich ein. Man wusste, wo man sich wie verhalten musste, um sich und seine Familie nicht zu gefährden.

Anders war es, sobald ein Bürger vom Staat eigentlich verbriefte Menschenrechte für sich einforderte.

Die sogenannte DDR gierte nach westlicher Anerkennung und nach Devisen. Die Geschäfte mit westlichen Staaten machte man ja schon lange, indem man gute Ware zu Dumpingpreisen gegen Devisen verhökerte. Es war genau die Ware, die man seinem eingesperrten Volk vorenthielt oder einiges davon in überteuerten DELIKAT und EXQUISIT Läden anbot.

Sicher in der Gier nach westlicher Anerkennung als eigener souveräner deutscher Staat, veröffentlichte man am 26. Februar 1974 das Gesetzblatt Teil II Nr. 6 als „Bekanntmachung über die Ratifikation der Internationalen Konvention vom 16. Dezember 1966 über zivile und politische Rechte vom 14. Januar 1974." Alle kannten das Thema schon lange als „KSZE Akte" vom Westfernsehen.

Wo man sich in Berlin dieses Gesetzblatt kaufen konnte, das verbreitete sich schnell. Da stand es nun, schwarz auf weiß im Artikel 12 Pkt. 2: „Es steht jedem frei, jedes Land, auch sein eigenes, zu verlassen."

Das wurde nun zu einem immer größeren Problem für diesen Staat. Immer mehr aufrechte Menschen forderten die verbrieften Menschenrechte mutig, trotz drohender Sanktionen für sich ein.

Die Handlager des Regimes

Immer habe ich meine Meinung offen vertreten. So einer war ich eben. Das ging auch lange gut. Man brauchte eben auch Leute, die arbeiten. Also nicht nur die fast 190.000 Langohren die – wie man heute weiß – als IM (Informeller Mitarbeiter) der STASI (Staatssicherheit) bezeichnet werden.

Es gab sicher keinen VEB (Volkseigenen Betrieb), keine PGH (Produktionsgenossenschaft des Handwerks), keine Einrichtung der DDR-Wirtschaft, der Krankenhäuser mit ihren Ärzten und Mitarbeitern, keine Apotheken oder gar Gerichte und Rechtsanwälte, bei denen nicht auch IMs Spitzeldienste leisteten.

Oder es waren der Einfachheit halber gleich die Chefs selbst, die dazugehörten. Man wurde schließlich nur in der Hierarchie zugelassen, wenn man sich dem Staatsapparat bedingungslos ergab.

So genau wusste das damals sowieso keiner und heute scheint es keinen mehr zu interessieren.

Zumindest mein Abteilungsleiter beim VEB Haustechnik in Mecklenburg hat als IM gearbeitet und brav über mich berichtet. So lese ich es in meinen Unterlagen der „Gauck-Behörde".

Und was hatte ich jahrelang nicht gewusst? Unsere Hilfe, Hoffnung und Stütze in der Zeit unseres Ausreiseantrages von 1987 bis 1989 war Rechtsanwalt Wolfgang Schnur. Der kleine Mann neben dem dicken Kohl, ich habe ihn verteidigt als er als Einziger, den ich kenne, seine Spitzeldienste ehrlich zugab.

Ein Rechtsanwalt musste das tun, sonst hätte er doch gar nicht als Rechtsanwalt arbeiten dürfen. So verteidigte ich ihn. Bis ich das Buch „Der verratene Verräter" las.

Heute bin ich sicher, es gab nicht nur ihn, ein Miststück, als Mensch ein wirklicher Schweinehund, den das Schicksal seiner Hilfesuchenden nicht interessierte, ein Spitzenspitzel.

So unterstützten die IM jahrzehntelang die DDR-Diktatur und damit die Unfreiheit für das ganze Volk. Leider schämt sich keiner von denen und erleichtert heute sein Gewissen. Weder in der Öffentlichkeit und sicher auch nicht in betroffenen Familien.

DDR-Schizophrenie

Die meisten der mir bekannten Bürger der sogenannten DDR lebten in zwei Welten. Das machten sie erfolgreich, ohne dass sich dabei psychische Probleme entwickelten. Da ich früher oft dachte, dieses unwirkliche Verhalten – oder besser das private Verhalten und das verlogene offizielle Verhalten – wäre bereits irgendwie schizophren, weiß ich heute, das stimmt natürlich nicht.

Allerdings war ich mit meiner Meinung nicht soweit entfernt von wissenschaftlichen Vermutungen. Man dachte früher tatsächlich, dass Erziehungsstile oder auch belastende Lebensereignisse Auslöser schizophrener Erkrankungen sein könnten, was dann aber wissenschaftlich nicht belegt werden konnte.

Auch ich als Mitmacher

Natürlich habe ich mich in meinen sechsundvierzig Jahren in der sogenannten DDR auch angepasst. Habe schließlich Bungalow, Bootshaus und drei Garagen gebaut. Nur wenn man sich etwas Eigenes schafft, werden Kräfte frei. Heute kann sich keiner mehr vorstellen, was das in einer Planwirtschaft bedeutet. Schließlich gab es keinen Baumarkt, es gab auch keine Firma, die man beauftragen konnte. Jeder musste selbst zusehen, wann und wie er Holz, Zement, Sand oder Steine bekommt.

Ganz abgesehen davon war es nicht leicht oder oft auch überhaupt nicht möglich, eine Baugenehmigung zu erhalten.

Schon immer habe ich mich gewundert, weshalb wir ausgerechnet durch die Familie im Erdgeschoss gefragt wurden, ob wir einen Bungalow bauen wollen. Wir sollten doch bei der Stadt am See einen Antrag stellen, sagte die Frau unserer Familie im Erdgeschoss. Dieser Hinweis war für uns ein Segen.

Diese große Familie bestand aus überzeugten DDR-Staatsbürgern, darüber war und bin ich mir sicher. Alle waren in leitenden Positionen. Der Vater bei der Kripo, sagte er, sein Freund bei der Stasi, die Mutter beim FDGB Kreisvorstand (Freier Deutscher Gewerkschaftsbund) und die Söhne machten dann auch ihren Weg. Das glaube ich, weil ich dann eine Schwiegertochter als Kaderleiterin im VEB Haustechnik in Mecklenburg kennenlernen musste.

Diese Familie hatte ihre Überzeugung gelebt und nicht im Verborgenen rumgespitzelt.

An einem 1. Mai hatte die Nachbarin Heidi angesprochen, warum wir keine Fahne am Balkon haben. Heidi sagte, wir brauchen unsere Überzeugung nicht nach außen zu tragen. Wir hatten tatsächlich keine DDR-Fahne, die hat mir viel später einmal unser Ausreisehelfer im Westen geschenkt. Später habe ich den Lappen gern meinem West - Schwiegersohn gegeben.

Ich war sogar zehn Jahre Mitglied der „Kampfgruppen", um nicht ständig unverhofft zum Wehrdienst eingezogen zu werden.

Kurz vor meiner zehnjährigen Mitgliedschaft hat man mich unter erlogenen und fadenscheinigen Gründen rausgeschmissen.

Wer mir den Strick wie gedreht hat, das vergesse ich nicht. Das war ein ganz ausgebuffter aktiver Parteigenosse.

Ich war komischerweise deshalb sauer, aber gleichzeitig auch erleichtert und froh. So musste ich wenigstens nicht die Hände vom Parteisekretär des VEB schütteln. Heute lese ich über meinen Rausschmiss sogar in meinen Stasiakten.

Wie sauer war die Reaktion der Genossen in meiner Umgebung nach den wöchentlichen Rotlichtbestrahlungen immer am Montag, wenn ich mit Freude sagte: „Na wenn euer Parteisekretär furzt, dann fangt ihr alle gleich an zu stinken.“

Schulbesuch – Muttis Kneipkuren

Meine Zuckertüte war, glaube ich, noch ein großes Vorkriegsmodell von meinen Geschwistern. Die Füllung im Jahr 1949 war eine große Leistung meiner Mutti.

Gleich in der ersten Klasse – ich lief zu Beginn immer zwischen den Bänken rum, sagte man. Klassenlehrer Herr Benschuh rief in die Klasse: „ jeder der einen Vater hat bitte aufstehen". Wir waren eine große Klasse. Es waren nur Wenige, die aufstanden.

Mein Schulfreund war ein Kind einer vertriebenen Familie. Wir hatten beide keine Väter mehr. Seine Mutter und Oma kamen bei uns als Flüchtlinge aus den Ostgebieten an. Die Mutter hatte unterwegs eine Tochter verloren. Sie wohnten zunächst in unserem Haus ganz oben in einer Kammer und später in einer großen Holzbaracke. Es waren fast die einzigen Katholiken in unserem Industriedorf Anna-Mathilde.

Über unsere kindliche Fachsimpelei auf dem langen Weg zur Zentralschule Sedlitz hatte ich schon geschrieben. Wir wollten uns die tollsten Dinge bauen. Ganz fest glaubten wir daran.

Der zwei Kilometer lange Schulweg mit meinem Freund bleibt für mich in ganz anderer Erinnerung, als ich es dann später erlebte, als ich älter war. Wir müssen ganz kleine Kröten gewesen sein. In der Erinnerung war alles riesig groß und der seitliche Graben vor den Feldern war unheimlich tief. Im Winter sind wir in den mit Schnee gefüllten Graben hineingesprungen und bis zum Hals verschwunden. So bleibt der lächerlich kleine Graben am Fußweg vor den Feldern in meinem Gedächtnis gespeichert.

Nun bin ich doch erstaunt: Ich habe noch alle Zeugnisse. So schlecht war ich gar nicht.

Unser langjähriger Klassenlehrer Herr Benschuh schreibt mehrfach von „Neigung zu Unarten". Meine Schwester hatte mehrere Zeugnisse als Erziehungsberechtigte unterschrieben. Mutti war sicher im Krankenhaus.

Schulleiter war zunächst noch Herr Lemberg und ab meiner zweiten Klasse dann Herr Keil. Sigrid hatte ja mächtig Eindruck hinterlassen, genau wie sie es schrieb.

Unser Biologielehrer war ein guter Lehrer, ganz sicher. Das erkannte sogar ich, obwohl ich leider zum Lernstoff keine Beziehung hatte.

Einmal hat er Freiwillige in seinen Garten am Lehrerhaus gelockt, es sollte um biologische Erkenntnisse gehen. Letztlich war es aber Gartenarbeit, vor der ich mich schon zu Hause gern gedrückt habe.

Ich kann mich erinnern, wie unser Biologielehrer interessant vom Krieg an der Westfront erzählte. Wie tapfer die deutschen Soldaten waren. Die Gegner haben solange mit Flugzeugen alles niedergebombt, bis sich nichts mehr rührte. Erst dann haben sie angegriffen, sagte er.

Seine Stunden waren schon interessant, nur ich war wohl ganz schön faul, da hat er mich einmal zusammenstaucht. Meine Schwester wäre doch so fleißig gewesen.

Da wusste ich nicht so recht, ob ich mich nun schämen müsste oder sollte ich auf meine Schwester stolz sein? Irgendwie war es schon blöd. Ich dachte immer, bald kommt nun noch etwas, weil mein Bruder so gut war. Aber die Lehrer seiner Schulzeit gab es wohl nicht mehr. Die waren entweder abgehauen – das sagte man so bei uns, wenn jemand in den Westen ging – oder sie wurden noch eingezogen und kamen nicht zurück.

So freundlich und gutmütig, wie Lehrer Benschuh oft schrieb, war ich offensichtlich nicht immer. Ich kann mich an einen Pausentumult erinnern, bei dem ich einen größeren Jungen mit der Faust so traf, dass seine Nase blutete, als gerade der Lehrer reinkam.

Als wir vor Jahren unsere Diamantene Konfirmation begingen, da habe ich mich gefragt, ob er sich daran wohl noch erinnert?

Wie meine pädagogisch völlig untalentierte liebe Mutti daran arbeitete, auch aus ihrem Jüngsten etwas zu machen, darüber haben wir in der Familie später sehr oft gelacht.

Irgendwann hatte Mutti ihre Lungenentzündungen überstanden und war dann – nach meiner großen Schwester – eben wieder meine Mutti. Mutti hatte oft vom Krankenhaus erzählt. Auch der Lebensstandard der Ärzte muss nach dem Krieg bedauernswert gewesen sein. Ein Arzt fragte Mutti, ob sie nicht eine Porzellankaffeekanne hätte. Das Stück war dann der Grund für bessere Behandlung, so erzählte Mutti.

Sie arbeitete täglich acht Stunden und später für den freien Sonnabend 8,75 Stunden. Nach der Arbeit ging es oft nach Bahnsdorf zu ihrer Schwester, um auf den Bauernhof für etwas Essen zu arbeiten, oder sie fuhr noch schnell zu Vatis Grab zum Gießen.

Dann wurde ich eingeschlossen, damit ich gut lernen konnte.

Aber ich war jung und anscheinend recht beweglich und das Fenster zu Nachbars Garten war nicht hoch. Raus ging es mit einem Sprung und rein half ein Blitzableiter und ein Regenfallrohr.

Leider sah mich einmal Mutti, als wir auf dem Wäscheplatz gebolzt haben. Dann hatte ich auch immer Schiss, dass mich Hausbewohner verpfeifen.

Kam Mutti zurück, stierte ich in aufgeschlagene Bücher und dachte an alles Mögliche dabei.

Einmal hatte Frau Torz ihre große Tochter zu Besuch, die schon eine eigene kleine Tochter mitbrachte. Mit der bin ich losgezogen, wir waren ein paar Stunden unterwegs, ich zeigte ihr die interessanten Grubenlöcher. Es war nicht weit. Gleich hinter unserem Bahndamm. Da gingen wir natürlich immer über die Gleise, wenn kein Zug kam, oder ließen von Zügen Geldstücke plattfahren. Wir mussten nur noch durch einen kleinen Wald und schon waren wir in den Reppster Kippen.

Es war eigentlich ein schöner Nachmittag. Leider waren die Eltern völlig aus dem Häuschen und haben uns beschimpft als wir zurückkamen. „Was ich selber denk und tu, das trau ich auch jedem anderen zu", heißt es doch. Ich hatte nicht begriffen, warum alle so wütend waren.

Als ich etwa zehn Jahre alt war, da muss ich doch ein richtiger Lausbengel gewesen sein. Mutti hatte es sicher nicht leicht mit mir. Leider erwischte sie mich in der Küche nie, weil ich im Ernstfall den Weg um den Küchentisch abkürzte, indem ich trotz der zwei tiefen Waschschüsseln darunter schnell durchschlüpfen und aus der Wohnung rennen konnte.

Der Lehrer Benschuh wollte irgendwann in den Harz zu seiner Tochter ziehen. Da war ich wohl schon in der achten Klasse. Mutti hat Herrn Benschuh ein für unsere Verhältnisse großzügiges Abschiedsgeschenk – einen beleuchteten Globus – überreicht.

Das hatte ich zum Glück nicht gewusst und erst später davon erfahren, als es wieder einmal Krieg zwischen der Mutter meines Schulfreundes und meiner Mutter gab. Sie sagte meiner Mutter, der Horst hätte den Abschluss der Grundschule mit zwei nur „gemacht", weil sie Lehrer Benschuh bestochen hat. Da muss Mutti, die ehrliche Haut, geplaudert haben.

Erster Urlaub mit Mutti im Harz

Wenn ich heute so nachdenke, dann war es doch sehr erstaunlich, welche Kraft doch in unserer Mutti steckte. Trotz Hunger wegen der monatlich wiederkehrenden Probleme mit dem Geld, dachte sie auch wegen ihrer Lungenerkrankung immer an meine und an ihre Gesundheit. Es zog sie in die Berge mit gesunder Luft. Sie sprach nicht darüber, sondern organisierte ihre erste Aktion bestimmt ganz allein und spontan. Es muss um 1954 gewesen sein. Eine Chance auf eine FDGB Ferienwohnung in den Bergen, im Harz oder in Thüringen gab es nicht.

Heute kann ich im Internet dazu nachlesen, der DDR-FDGB Feriendienst entstand schon 1947. Das war gewiss nur eine Umfirmierung des KDF vom Adolf, denn Partei und Staat schufen erst im Frühjahr 1953 mit der Verhaftungs- und Enteignungswelle „Aktion Rose" die erweiterte Basis unter anderem für den FDGB Feriendienst.

Aber erst einmal will ich aus der Erinnerung beschreiben, was Geldprobleme bei uns waren.

Die Geldprobleme gab es immer dreimal im Monat. Da bekam Mutti am 8., 18. und am 28. eine Lohntüte mit einem schmalen Lohnstreifen und dem Geld für zehn Tage Arbeit. Das müssen in meiner Kindheit immer rund hundert Mark gewesen sein. Vor der Lohnzahlung war in unserem grünen Geldkasten aus Stahl stets Ebbe. Den Geldkasten habe ich noch heute zur Erinnerung an diese Zeit. Er hat einen roten Einsatz für Kleingeld. Darunter viel Platz für wichtige Dokumente. Vielleicht war der Platz auch für viel Papiergeld gedacht. Ein Schlüssel zum Verschließen steckte immer daran. Bei uns zu Hause war er stets offen. Er stand im Küchenschrank links oben. Es konnte sich jeder am Geldkasten bedienen. Es gab keine strengen Regeln. Das finde ich bis heute sehr erstaunlich, aber es zeigt auch, mit wieviel Freiheit wir zumindest innerhalb der Familie aufgewachsen sind.

Vor den Geldtagen half im Sommer ein wenig der Garten. Aber der Rhabarber mit Vanillesoße hing uns irgendwann doch zum Halse raus.

Als Mutti ihre erste spontane Urlaubsreise plante, da muss ich elf Jahre alt gewesen sein.

Die beiden Großen – also meine Geschwister – waren schon aus dem Haus. Mein Bruder wurde Elektriker und ging sofort zum Studium nach Chemnitz. Er arbeitete bereits bei VEM Starkstromanlagenbau in Berlin (Volkseigener Elektro-Maschinenbau).

Meine Schwester hatte das Abitur mit Bravour geschafft und studierte Pharmazie in Greifswald.

Nun hieß es für Mutti „der Horst muss auch noch etwas werden." Nur der Horst war nicht so pflegeleicht und auch nicht so fleißig wie Mutti das so gedacht hatte. Eigentlich war er stinkfaul.

Aber nun schnappte sich die Mutti erst mal ihren Kleinen, der immer schlecht gegessen hat und deshalb klein und blass war.

Es war Ferienzeit und es ging mit der Deutschen Reichsbahn nach Quedlinburg. Wir fanden keine Unterkunft. Aber Mutti gefiel es ohnehin nicht in der Stadt. Sie schwärmte von den Orten im Wald mit guter Luft.

Also fuhren wir weiter. Genau weiß ich es nicht mehr, ob es zunächst nach Thale oder gleich weiter Richtung Treseburg/Altenbrak ging. Mutti suchte eine kleine Gaststätte und bestellte etwas zum Essen. Die Gäste kamen und gingen und es wurde dunkel. Der Wirt wurde unruhig und sagte, dass er gleich schließen wird. Ich weiß nicht mehr, ob Mutti ihn schon zuvor nach einem Zimmer gefragt hatte. Mutti sagte zu mir, die können uns nicht rauswerfen und wir blieben sitzen. Auf einmal kam ein Mann, den der Wirt scheinbar gerufen hatte. Er sagte uns, wir sollen mitkommen. Es war stockfinstere Nacht.

Wir standen plötzlich vor einer großen Scheune. Er machte die Scheunentür auf und eine junge Frau kam heraus. Sie flüsterten und wir wurden aufgefordert reinzugehen. Drinnen lagen Kinder im Stroh mit Decken zugedeckt. Die rückten zusammen und wir konnten uns auch hinlegen. Es war recht eng, ich schlief aber wunderbar. Um uns herum war am Morgen viel Platz. Die Kinder lagen nicht mehr neben uns. Mir war gleich klar, woran das lag. Mutti schnarchte nämlich gewaltig. Daran hatte ich mich gewöhnt und hörte es eigentlich nie.

Wir fanden dann tatsächlich auch eine Dachgeschosswohnung. Ich sehe noch die steile, gebogene Treppe hinauf zu unserem Zimmer. Mutti schimpfte über die Vermieterin. „Sie ist eine Hexe", flüsterte Mutti ganz leise.

Gleich am nächsten Morgen zogen wir also wieder los, immer an einem Flüsschen – der Bode – entlang. Wo wir dann unterkamen, habe ich vergessen. Aber jeden Tag ging es hinaus, stets an der Bode entlang. So sind mir bis heute die Orte Wendefurth, Altenbrak, Treseburg und Thale natürlich bekannt.

Mutti Kneippen in Thüringen und im Harz

Obwohl wir nie gespartes Geld hatten, brachte Mutti es fertig, dass wir trotzdem im Urlaub nach Thüringen oder in den Harz fuhren. Zwei Ereignisse bei einem Urlaub in Thüringen kann ich einfach nicht vergessen.

Einmal wohnte ich bei Eltern von einem Mädchen, das Sigrid kannte. Mutti muss zur Kur dort gewesen sein.

Meine erste Aktion in meinem Schlafraum war die Untersuchung der Schränke und Fächer. Ganz versteckt im Nachtisch fand ich ein Buch mit einem eindeutigen Bild und Buchtext. Wie das Buch hieß, habe ich lange gewusst aber nun vergessen.

So etwas hatte ich noch nicht gelesen oder gehört. Bei uns zu Hause gab es keine Sexualaufklärung. Mein Bruder sagte dazu immer: „Bei Mutti hörte der Mensch am Bauchnabel auf." So klärte mich dieses Buch in einer Nacht auf. Ganz genau erinnere ich mich, wie ich am Folgetag mit stolzer Brust und Aufrecht auf der Straße lief. Plötzlich war ich Erwachsen, glaubte ich. Es war ein tolles Gefühl, das weiß ich noch ganz genau!

Ein andermal hatte Mutti eine Kneippkur verschrieben bekommen. Natürlich musste ich mit. Es war in Stützerbach bei Ilmenau. Mutti quartierte mich im „Schwarzen Adler" ein, ihre Unterkunft war ja in einer Klinik. So lungerte ich abends im Ort herum und lernte zwei Jungs kennen. Dann war Rummel. Schießen, Lose ziehen, das waren wohl so unsere Aktionen. Dann zogen wir durch den kleinen Ort. Es war warm. Draußen stand ein Holzfass vor einem Geschäft. Einer machte das Fass auf. Es lagen Gewürzgurken drin. Wir bedienten uns und zogen unter Beifallsbekundungen aus einem oberen Fenster weiter.

Am kommenden Tag hatte Mutti keine Anwendungen und wir gingen ins Freibad. Plötzlich stand ein Polizist vor uns. Seine Fragen beantwortete ich so wie es eben war. Nur dass wir das ganze Gurkenfass leer gemacht haben, das bestritt ich. Mutti musste etwas unterschreiben. Der Polizist schüchterte mich richtig ein. Das wird zum unserem Wohnort – also zu unserem Dorf Polizisten und zur Schule – weitergeleitet, sagte er. Mutti verbot mir jeden weiteren Kontakt mit den Jungs. Nun lebte ich wirklich in Angst, was wohl kommen wird. Von Mutti habe ich da später nichts Erklärendes gehört, denn komischerweise sprach mich in der Schule niemand an. Hatte da unsere Mutti wieder dran gedreht?

Mittelschule – Horst wird erwachsen?

Mutti hatte es also geschafft, ihr Jüngster konnte in die Mittelschule nach Senftenberg gehen. Ich erinnere mich natürlich sehr gern an unseren Klassenlehrer, den schon Sigrid kannte. Er ging wohl in ihre Parallelklasse und wurde dann logischerweise einer der jüngsten Lehrer.

Meine Erinnerung ist, dass ich in der ersten Hälfte der neunten Klasse zunächst ebenso faul wie in der Grundschule war.

Aber ich habe es wirklich selbst gemerkt, dass es so nicht weitergehen kann. Wurde ich da etwa langsam erwachsen?

Von da ab lernte ich zu Hause, aber ich glaube Mutti nahm mir das nicht so recht ab.

Jedenfalls konnte ich mir am Ende des Schuljahres als Einziger in der Klasse ein persönliches Lob wegen meiner Leistungssteigerung abholen.

Damals gab es eine Zeit, da war ich richtig sauer. War es bei einer Geburtstagsfeier? Irgendwoher hatte ich erfahren, dass Mutti meinem Klassenlehrer eine Schale oder so etwas aus Bleikristall geschenkt hatte. Das fand ich unmöglich, weil dies ja nun wirklich nichts als eine Bestechung war, die ich doch nicht nötig hatte.

Meine Erinnerung, ob dies mein Wohlfühlverhalten in der Klasse beeinflusst hat, ist verschwunden. Ich glaube nicht.

Jedenfalls habe ich zu Hause so viel freiwillig gepaukt, dass ich zeitweise als Streber galt. Das war mir nun auch nicht recht. Auf alle Fälle erfuhr ich ganz bestimmt deshalb nichts, als mein Schulfreund und der gleichaltrige Nachbarjunge sich eine Rakete bauten und erfolgreich zündeten. Dem Dorf-Sheriff wurde das gepetzt und ganz Anna-Mathilde geriet in große Aufregung.

Polytechnischer Unterricht

In der sogenannten DDR wurde zwar politisch nur gelogen, aber in der Schulpolitik gab es meiner Ansicht nach doch eine sinnvolle Maßnahme. Wir hatten nicht nur die Schulbank gedrückt, sondern im Reichsbahn Ausbesserungswerk Reppist alle vierzehn Tage einen Tag polytechnischen Unterricht. Da lernten wir unter anderem auch Elektro- und Autogenschweißen.

Indoktrination

Hinsichtlich politischer Indoktrinierung war das Schulsystem natürlich sehr effektiv. Als Indoktrination bezeichnet man eine besonders vehemente, keinen Widerspruch und keine Diskussion zulassende Belehrung.

Dies erfolgte bei uns in den Fächern Staatsbürgerkunde und Marxismus-Leninismus durch gezielte Manipulation von uns jungen Schülern. Es heißt ja, dass Indoktrinierung durch gesteuerte Auswahl von Informationen erfolgt, um ideologische Absichten durchzusetzen oder Kritik auszuschalten. Na, das hatte die DDR-Diktatur natürlich beachtet. Es gab ja nur eine Meinung in allen Zeitungen.

Die wichtigste Parteizeitung war das „NEUE DEUTSCHLAND". Komisch, die gibt es heute noch, obwohl doch die Treuhand sonst alles abgewickelt hat. Das Blatt wollte wohl keiner. Ob da heute immer noch die früheren Lügenbarone, als demokratische Journalisten getarnt, arbeiten?

Unser Lehrer im Fach Staatsbürgerkunde war gleichzeitig der Direktor der Mittelschule – und das sicher nicht zufällig, auch nicht wegen seiner pädagogischen Höchstleistungen.

Jedenfalls war es nicht leicht als Schüler in seinem Fach.

Die Sozialistische Einheitspartei (SED) feierte laufend die großen Produktionserfolge auf unendlichen Parteitagen. Das „NEUE DEUTSCHLAND" war zwar wegen seiner Größe für Klopapier sehr beliebt, aber nicht alles konnte bei uns in dieser Zeit einem nützlichen Zweck zugeführt werden.

In diesem großen Blatt standen seitenweise unendliche Artikel, die wir ausschneiden und irgendwie lernen mussten. Das war nicht einfach, denn unser Direktor gab sich nicht mit den kernigen Überschriften zufrieden. Nein, er stellte Fragen, deren Antworten wir aus den unendlichen Redetexten in der Zeitung herausfinden sollten. Wegen seiner Fragen mussten wir doch tatsächlich immer alles durchlesen. Trotzdem, seine Schlussfolgerungen und Erklärungen erkannte ich in den Texten nie.

Aber natürlich gehörte zu unserer Lektüre auch das „Manifest der Kommunistischen Partei" und „Das Kapital". Eigentlich schreibe ich nur deshalb so viel über dieses Fach Staatsbürgerkunde und den Direktor, weil ich dazu eine besondere, eigene Meinung habe. Es ist eine meiner Lebenserfahrungen, über die ich oft mit Erschrecken nachgedacht habe, die aber gewiss nicht jeder teilt.

Es war so, dass wir durch ständige Wiederholung der Phrasen und der sozialistischen Gesetzmäßigkeiten des Sozialismus alle Sprüche als Jugendliche intus hatten.

Am Ende unserer zehnten Klasse bemerkte ich an mir selbst, dass diese konzentrierte „Rotlichtbestrahlung" in der Schule dazu führte, dass ich manchmal geneigt war, auf Grundlage der „bis zur Vergasung" gelernten Thesen von Marx und Engels zu antworten. Ich glaube ich hatte es oft mitten im Satz gemerkt und war gleich verstummt. So scheint also das junge Hirn leichter als das Ältere beeinflussbar zu sein.

Die beiden – Marx und Engels – haben sich bei ihren geschichtlichen Vorhersagen geirrt, aber ihre Zeit war nun einmal die Zeit des reinen Kapitalismus ohne soziale Komponente und mit viel Unrecht.

Was sie bestimmt wussten, aber in ihren Theorien einfach nicht einfließen ließen: Menschen sind freiheitliebende Individuen, die für sich selbst, aber nur ungern für eine anonyme Gesellschaft fleißig arbeiten.

Das klappt dann auch nicht auf Dauer in einer Diktatur, egal welcher Prägung.

Irgendwann erschrak ich also über mich selbst, als ich solche Antwortphrasen verwenden wollte.

Deshalb bin ich aus dieser Erfahrung heraus davon überzeugt, dass man in einem System ohne Freiheit die eingesperrten Menschen durch Wiederholung auch beeinflussen kann.

Allerdings ist das gottseidank nur bis zu einem bestimmten Alter erfolgreich.

Man versuchte es jedoch bei allen Bürgern. Ob in der Freizeit oder im Betrieb, von der Wiege bis zur Bare. So wurden in der sogenannten DDR alle Altersgruppen beeinflussbar organisiert.

Es gab die bekannten Organisationen der Pioniere, FDJ und GST für die Jugend. Dazu dienten auch alle Freizeitorganisationen. Es traf jeden.

In allen Betrieben war jeder arbeitende Mensch in der Einheitsgewerkschaft FDGB organisiert und in den sozialistischen Kollektiven eingebunden.

Man musste immer und überall die Lügen über sich ergehen lassen.

Es ging so weit, dass man als Erwachsener, als Familienvater in den Betrieben sogar die Lügen in den sozialistischen Kollektiven vortragen musste. Das war besonders „lustig". Unter den Augen von SED Parteikollegen und sicher auch von Stasispitzeln log man eben „dass die Schwarte knackte"

Jeder hatte darin jahrelange Übung. Alle wussten dass man log. Von den Parteiarschlöchern erhielt man dann auch noch zu guter Letzt zustimmendes Kopfnicken.

Das war dann die Spitze was zu ertragen war. War dies nun eine persönliche, psychische Belastung? Nein, wie man sich in solchen Situationen zu verhalten hat, darin hatte man Übung.

Am Ende der zehnten Klasse, da jährte sich am 5. März der schon vor sechs Jahren verstorbene Todestag des großen Josef Stalin.

Ich habe es nicht vergessen, weil es so verlogen war. Wir mussten alle bei offenem Fenster aufstehen, draußen dröhnten die Sirenen.

Jeder kannte längst Stalins Verbrechen durch das Westfernsehen. Aber für die sogenannte DDR blieb er natürlich noch lange der große Führer.

Die sogenannte DDR hat irgendwann nicht mehr Stalin offiziell gewürdigt, seine Bilder verschwanden, aber seine Verbrechen hat man bis zum Ende des Staates nicht erwähnt oder aufgeklärt.

War auch nicht nötig, man hatte ja überall einigermaßen Westempfang –, außer „im Tal der Ahnungslosen" oder „im Tal der toten Augen" in Dresden.

Ostsee mit unserem Klassenlehrer

Unser junger Klassenlehrer unterrichtete Mathematik. Ich glaube, alle Schüler mochten ihn sehr.

Es ging dann in den Sommerferien einmal zur Ostsee nach Sellin. An Details kann ich mich nicht erinnern. Da immer so viel von Pubertät gesprochen wird, gab es diese von mir unbemerkt auch bei uns, vielleicht später als heute.

Wie unser Lehrer mit uns pubertären Jungen und Mädchen klarkam, weiß ich nicht mehr. In unserer Klasse hatten sich schon zaghafte Beziehungen ausgebildet, die dann an der Ostsee sichtbar wurden.

Die Mädchen unserer Klasse waren in allem sehr unterschiedlich. Die Klugen waren wie üblich nicht so hübsch. Eine machte da eine Ausnahme. Es gab unsere Eleonore. Sie war gewiss die Schönste und dazu auch noch ganz gut in der Schule. Sie hatte dunkle Augen, schwarzes Haar und extrem weiße Haut. Die sah wohl nie einen Sonnenstrahl, das merkte ich dann an der Ostsee. Sie saß mit ihrer Freundin nur im Schatten. Es war mein Nachbarjunge – der hübsche und starke Anführertyp – mit dem sie „ging".

Sein älterer Bruder war plötzlich auch am Badestrand und wollte uns was zeigen. Da konnten wir dann nacheinander, durch den oberen Reißverschlussspalt in seinem Vier-Mann-Zelt beobachten, was er so mit seiner Urlaubseroberung veranstaltete.

Wie gesagt, ich habe die einzelnen Geschichten aus unserer Klasse nicht mehr auf den Schirm. Der Ort Sellin und der Strand hatten es mir jedoch für immer angetan.

Erster Campingurlaub an der Ostsee

Das Ostseebad Sellin war dann später noch öfter mein Ziel.

Mit einem Jungen hatte ich ausgemacht, dass wir mit dem Zug zur Ostsee fahren und in Sellin zelten. Es war alles klar, ich hatte mir ein Vier-Mann Zelt geborgt. Am Tag der Abfahrt sagte er ab, weil seine Eltern es nicht erlaubten.

Mein Bruder brachte mich zum Zug nach Bückgen. Die Pfützen waren gefroren, Helmut machte mir Mut: „An der See ist es bestimmt wärmer." Es wurde mein erster Urlaub mit Höhepunkten und Erfahrungen in den Ferien vor meiner Lehrzeit, ich war sechzehn Jahre alt. Damals war der Zeltplatz Sellin noch völlig naturbelassen. Es gab nur eine kleine Kneipe in Strandnähe in einer kleinen Holzhütte. Der Wirt – sicher ein Pächter – verkaufte am Tag Eis, Getränke und Bockwurst.

Mein Zelt baute ich natürlich ganz in Wassernähe, gleich hinterm Sandstrand auf.

Drei Berliner zelteten weiter oben im Wald zwischen den Kieferbäumen. Die drei jungen Männer waren einige Jahre älter. Eigentlich gab es auf dem gesamten Areal nur uns, es war ja noch Vorsaison im Mai.

Einmal zog ich mit denen durch Gaststätten von Sellin. Als wir zurückkamen, wollten sie unbedingt noch in die kleine Kneipe am Strand. Die war zwar geschlossen, aber der Wirt kannte sie, machte auf und bald saß ich vor meinem Bier, das nicht mehr nötig gewesen wäre. Einer sagte: „Du bist ja so blass." Das hätte er nicht sagen sollen. Da ging ich festen Schrittes nach draußen, glaube ich. Die frische Seeluft haute mich um. Dann hatte ich meinen ersten Filmriss von zwei in meinem langen Leben.

Gegen Mittag wurde ich wach, meine Waden brannten in der Sonne, der Rest von mir lag im Zelt.

Solche Jungs wie die drei Berliner hatte ich noch nie kennengelernt. Zumindest zwei von denen hatten ein mir bis dahin völlig unbekanntes Benehmen. Richtige positive Großstadtmenschen, höflich, freundlich und sie erzählten viel aus Berlin. Das war natürlich für mich alles neu.

Als Ostberliner ging es eben nach der Arbeit noch nach Westberlin. Das Westgeld tauschten sie in Wechselstuben vor der Heimfahrt. Später dachte ich noch oft an die drei und hätte sie wirklich sehr gern wiedergesehen.

Meine beiden Geschwister müssen sich unterhalten haben, was ihr kleiner Bruder da wohl an der Ostsee vorhat.

Helmut hatte mich zum Zug gebracht und Sigrid muss mir in einem Brief zuvor von einem Treff in Baabe oder Göhren geschrieben haben. Telefon hatten wir in Anna-Mathilde ja keines.

Bei herrlichem Sonnenschein zog ich los. Ich nahm einen ausgetretenen Weg im Wald, parallel zum Strand.

Zwischen Sellin und Baabe kreisten Krähen oder große Raben über mir. Ich dachte mir nichts dabei, bis die Viecher mich angriffen. Wild schlug ich um mich aber zwei Vögel ließen nicht locker. Es blieb mir nichts weiter übrig, als loszuwetzen.

Sigrid und Karl-Heinz erwarteten mich schon an ihrem Zelt. Wenn ich mir das heute überlege: Sigrid war erst vierundzwanzig Jahre alt und mit dem Pharmaziestudium in Greifswald gerade fertig.

Wir zogen los, Sigrid kaufte für ihren kleinen Bruder ein. Das war für mich die Rettung. Sie muss geahnt haben, dass ich aus dem letzten Loch pfiff. Satt und vollbeladen trat ich meinen Heimweg nach Sellin an. Diesmal aber am Wasser entlang.

Berlinerfahrungen

Helmut zog nach seinem Studium in Chemnitz – dem späteren Karl-Marx-Stadt – nach Berlin. Mit meiner Mutter und später allein, war ich daher oft dort. Deshalb kannten wir die sich in den Jahren verschärfenden Repressalien gegenüber den eigenen Landsleuten, wenn diese per Deutsche Reichsbahn und S-Bahn nach Berlin fuhren.

Wir kamen aus dem Süden, also ging es ab Königswusterhausen nach Berlin nur mit der S-Bahn. Nur wenige Stationen, dann hielt die Bahn in Eichwalde. Aus allen Himmelsrichtungen ins Zentrum nach Ostberlin gab es diese Haltestellen. Polizisten mit Schäferhunden durchkämmten die Wagen, um Menschen zu entdecken, die flüchten wollten. Man musste beweisen, wen man besuchen möchte, daher hatten wir immer den letzten Brief von Helmut dabei.

Das Besondere in Berlin war der tadellose Westempfang im UKW Radio, aber besonders im Fernsehen. Es gab zunächst nur das erste Programm im Westen und im Osten. Bei Helmut lief am Tage nur SFB oder RIAS und Westfernsehen am Abend. Helmut beobachtete seinen kleinen Bruder und lachte, weil ich mich über nur ein Westprogramm wunderte.

Zu Hause gab es keinen Fernseher. Es war Jahre später, als Helmut uns seinen Fernseher komplett mit allen Schaltplänen und einer Kabel-Fernbedienung nach Anna-Mathilde brachte. Helmut muss dann schon bei INEX Berlin gearbeitet haben, denn er konnte komplett mit Familie nach Kairo ziehen und dort arbeiten.

Uns fehlte nun eine Antenne. Zu kaufen gab es bei uns nur die senkrecht polarisierte Dresdner Antenne für Ostfernsehen. Wir brauchten auf dem Dach eine Eigenbau Berliner Antenne in vier Ebenen. Antennenpläne mit Berechnungen kursierten überall. Die Ausführung war dann die Sache jedes Einzelnen. Als Elektriker hatte ich Zugang zu Pertinax-Röhrchen, in die eloxierte runde Alustangen für Stufenteppiche passten. Die notwendigen Konstruktionen und Verbindungen waren kein Problem für einen Elektriker. Wir bekamen schließlich eine vernünftige Elektriker Ausbildung und waren daher auch gute Schlosser und Schweißer.

Den Antennenmast hatte ich mit 36iger und 29iger Stapa Rohr gebaut. Gummiziegel gab es zu kaufen.

Das Westfernsehen in fast hundert Kilometer Luftlinie vom Funkturm Berlin entfernt war hart an der Grenze und verrückt. Überwiegend hatten wir viel Schnee und ein schwaches Bild mit gutem Ton. Daher war Fernsehen nur etwas ohne Tageslicht. Manchmal hatten auch wir ein Superbild und keinen Ton oder umgekehrt. Interessant war es bei besserem Empfang, wenn sich der Ton im Takt des sich verbessernden und dann wieder verschlechternden Bildes wie eine Dampfmaschine anhörte. Welch verrückte Zeit das doch war.

Es muss in meinen Ferien 1959 gewesen sein, da besuchte ich die Berliner in Weißensee. Mein Bruder wollte mir etwas zum Anziehen kaufen. Es ging mit der U-Bahn bis Gesundbrunnen. Die lange Treppe von der U-Bahn hinauf mit den treppenbreiten Werbeschriftzügen für die Schuhmarke „Leiser Leiser Leiser" an jeder Treppenstufe, sehe ich noch heute.

Gleich am Ausgang standen die Verkäufer und versuchten die Ostbesucher zum schnellen Kauf zu bewegen. Helmut sagte mir, wir kaufen hier nichts, wir gingen in die Stadt und ich bekam letztlich eine hellgraue, superleichte Jacke aus Shetland Wolle geschenkt.

Am folgenden Wochentag machte ich meine eigenständigen Erkundungen mittels S- und U-Bahn durch Westberlin. Westberlin war mir völlig unbekannt. Wahrscheinlich hat jeder den Jungen vom Osten erkannt. Aber ich fühlte mich als Berliner. In der S-Bahn stellte ich mich extra unterm Plan über der Tür und schielte heimlich zum nächsten Ausstieg. Dann tat ich alles, um mit dem Berliner Tempo der Fußgänger mitzuhalten, oder nach Möglichkeit noch Passanten zu überholen.

Erinnern kann ich mich nur noch an die damals noch intakte Kongresshalle. Wahrscheinlich nur deshalb, weil die Stahlblechdecke der „Schwangeren Auster" 1980 teilweise einstürzte.

Auch die seltsame Erfahrung an der Potsdamer Straße, wo man auf einer Seite im freien Westberlin und auf der anderen Straßenseite im ersten Arbeiter- und Bauernstaat war, hat sich mir eingeprägt.

Mit dem wenigen Ostgeld, das ich in Wechselstuben 1:3, manchmal bis 1:5, umtauschen konnte, kaufte ich mir auch bei weiteren Besuchen eine „Star Revue" und einmal ein Kartenspiel mit allen internationalen Schauspielern aus den 50er/ 60er Jahren. Darauf standen auf der Rückseite auch die üblichen Informationen der Idole.

Irgendwann erzählte ich das meinem Cousin Sigfried. Der wollte das unbedingt sehen. Meine Schätze habe ich auch auf Nachfrage nie zurückbekommen.

Mein Cousin war mit Frau abgehauen und hatte ein paar Jahre im Westen gelebt. Ganz überraschend kamen beide wieder zurück. Das verstehe ich bis heute nicht. Meine späteren Fragen wurden immer mit der Arbeitslosigkeit im goldenen Westen begründet.

Es war die Zeit als die sogenannte DDR jede Menge Propaganda mit Rückkehrern aus dem Ausbeuterstaat BRD machte.

In einem Garten unseres Miethauses baute man plötzlich eine Holzlaube. Man hörte, dass ein Rückkehrer aus der BRD kommen sollte. Der kam aber nie.

Wer weiß, welche Verpflichtungen mein Cousin einging, die Rückkehr war für ihn gewiss nicht folgenlos und sicher auch kein Segen. Nun arbeitete er als Anstreicher. Ich traf ihn einmal auf der Förderbrücke, wo er Geländer anpinselte.

Sigfried war ein künstlerisch begabter, gastfreundlicher, fröhlicher und fleißiger Mensch. Seine Begabung als künstlerischer Maler war sehr groß. Er hat viel gemalt. Nur ein Halb-Akt seiner Frau, das verschwand dann schnell wieder aus dem Wohnzimmer.

Über Politik hat mein Cousin nie ein Wort gesprochen. Irgendwie tat er mir immer leid, ich weiß nicht warum.

Als er starb war ich schon selbständig im Westen mit viel Arbeit. Darum fuhr ich gleich nach der Beerdigung wieder die fünfhundert Kilometer zurück. Aber wenigstens konnte ich noch einmal die mir bekannten, liebenswerten Menschen wiedersehen.

Viele Erinnerungen kann ich hier nicht aufschreiben. Nur soviel: Bis heute habe ich die ehrlichsten und dankbarsten Gefühle, wenn ich an die Frau meines Cousins und an ihre Tochter denke, die einmal von meinen Verwandten zu meinem Patenkind gemacht wurde.

Das war noch so ein Überbleibsel aus einer besseren Zeit. Ich kannte die üblichen Pflichten dieses Ehrentitels nicht und war als armer Tropf nie ein Patenonkel.

Nach dem Mauerbau – ich weiß nicht, ob es noch im Herbst 1961 gewesen ist – da war ich in Berlin und Helmut wollte mir etwas zeigen. Das hat mich geprägt.

Er fuhr mit mir irgendwo Richtung Westberliner Grenze. Natürlich kannte ich schon die Bilder von Flüchtenden beim und nach dem Mauerbau. Wir gingen ganz dicht ran, das konnte man da noch. Helmut erzählte mir, was hier schon alles passiert war. Er zeigte mir weinende Menschen, die winkten nach drüben, von wo zurück gewunken wurde.

Campingurlaub in Bansin

Es war in den Ferien vor oder während meiner Lehrzeit. Mit meinem Schulfreund hatten wir einen Zeltplatz an der Ostsee gebucht. Mit Zelt und Taschen bepackt ging es mit der Bahn über Wolgast zur Insel Usedom nach Bansin. Es gab damals überwiegend Camper an der Ostsee, die sehr naturverbunden den Urlaub verbrachten. Wir bauten unser Vier-Mann Zelt direkt an der Steilküste auf. Man konnte von oben auf den Strand schauen. Dann wurde daneben ein Loch ausgehoben, das als Kühlschrank diente. Wir suchten Äste und Bretter und bauten uns einen Tisch, das alles war schnell erledigt. Ich glaube, wir hatten einfache Klappsitze mit Stoff dabei.

Es war ein völlig verregneter Sommer. Irgendwann waren alle Klamotten in unserem Zelt klamm. Da half auch der Gaskocher nicht, mit dem wir versuchten, uns warmzuhalten.

Sobald sich einmal die Sonne blicken ließ, rutschten wir hinunter zur Ostsee. Ein mächtiger Baum wuchs schräg am Hang. Ganz stolz kletterte ich

rauf und konnte so meine warme, hellgraue Shetland Wolljacke aus Westberlin präsentieren.

Der Zeltplatz war groß und perfekt. Es gab ein Großzelt zur Versorgung
der unendlich vielen Campingfreunde. Dort konnte man essen und trinken.
Ein Zeltkino gab es auch. Ich erinnere mich an den Bericht des Augenzeugen, als Nikita Chruschtschow in der UNO-Vollversammlung 1960 lautstark mit seinem Schuh in der Hand gefuchtelt oder zugeschlagen hat. Das
Zelt bebte, das war aber in meiner Erinnerung keine Zustimmung für Nikita
Chruschtschow, sondern es waren Pfiffe. Alle wollten endlich den Film und
nicht den endlos langen Augenzeugen sehen.

Da es ständig regnete, gingen wir jeden Tag auf den Hauptplatz am Eingang zum Campingplatz, kauften ein oder saßen im Zelt, um etwas zu essen. So war es auch am 1. August 1961. Schon oft habe ich davon erzählt,
weil dieser Abend mein Bild über diesen Staat zerstörte. Plötzlich sah ich
einen brutalen Unrechtsstaat. So etwas konnte ich mir bis zu diesem Tag
einfach nicht vorstellen.

Das hat sich in meinem Gedächtnis eingeprägt.

Das genaue Datum weiß ich nur, weil man heute bei WIKIPEDIA fast alles
finden kann. Ich kann eigentlich zitieren, denn genauso habe ich es mit meinem Freund erlebt. Nur die Jahreszahl zweifle ich an, es sollte ein Jahr vor
dem Mauerbau gewesen sein.

Da steht: „Die folgende Darstellung beruht auf den Aussagen von Betroffenen und Zeugen, wie sie in den Jahren nach 1989 durch Nachforschungen
recherchiert wurden.

Diesen Angaben zufolge wurde am Abend des 1. August _1961 – und damit
wenige Tage vor dem Mauerbau_ – im Bierzelt des Zeltplatzes gefeiert. Unter
den Gästen waren fünf Jugendliche, die sich zum Teil nicht einmal kannten
und ohne tiefere Absicht oder politische Gründe Vollglatze trugen.

Vom Wirt wurde dies und die von den Jugendlichen gespielte Rock'n'Roll-
Musik jedoch als westliche Unkultur empfunden. Einige der Jugendlichen
wurden dann von der Volkspolizei verhaftet und abgeführt. Daraufhin um-

stellten mehrere hundert Camper die Baracke der Volkspolizei und äußerten neben Protest gegen die Verhaftungen auch ihren Unmut über die damals herrschende unbefriedigende Versorgungslage.

Nachdem sich die vor Ort anwesenden Polizisten bedroht fühlten und glaubten, dass die Situation außer Kontrolle geraten würde, wurden Einsatzkommandos alarmiert. Diese beendeten den Aufruhr, es kam zu weiteren Verhaftungen. Neunundsechzig der Verhafteten, bei denen es sich größtenteils um Jugendliche handelte, wurden nach einer Befragung am folgenden Tag wieder entlassen."

Soweit die Zeilen aus WIKIPEDIA.

Allerdings gab es nicht nur paar Verhaftungen, es war nicht so harmlos.

Wir saßen im Zelt am langen Tisch gleich in Nähe der paar sicher schon angetrunkenen Jungen mit Glatze. Einer hatte ein Kofferradio dabei, sie waren guter Laune und machten Musik. Sie bekamen nichts mehr zum Trinken. Dann wurden sie laut. Der Wirt hat sicher deshalb die Polizisten gerufen, weil er Feierabend hatte und die Jungs raushaben wollte.

Es kamen ein paar Volkspolizisten aus ihrem kleinen Holzhaus und holten die Jugendlichen mit Gewalt aus dem Zelt.

Deshalb eskalierte die Situation. Durch den Lärm der protestierenden Camper wurde der Platz brechend voll. Mein Schulfreund und ich waren praktisch von den Campern umringt. Wir und auch alle anderen um uns drängten aus Neugier zum Wachhäuschen. Alle empfanden die Polizeiaktion als unbegründet und ungerecht.

Plötzlich fuhr ein LKW mit Plane an der Zufahrt vor und kam nicht weiter. Die Polizisten sprangen runter und schlugen sich mit Gummiknüppeln den Weg frei Richtung Wachhäuschen.

Wenige Meter neben uns wurde ein für uns damals „älterer" Mann blutend zusammengeschlagen. Wir schrieen aus Wut, dass doch der Mann gar nichts getan hat.

Die Massen flüchteten auseinander, der Platz leerte sich.

Lehrzeit, Elektriker-Facharbeiter

Ich hatte die 10. Klasse ganz gut gemeistert. Was danach kommen musste, war schon vorgezeichnet. Mein Bruder war schon lange Elektroingenieur und bei uns drehte sich alles um die Elektrikerlehre in der Lehrwerkstatt, die nur wenige Meter von unserer Wohnung entfernt war.

Seit Jahren kannten wir die Trompetenmelodie, die den ganzen Ortsteil bestrahlte. Es musste in diesem Jahr viel Nachwuchs gegeben haben. Mit dem immer gleichen Lied auf der Trompete, marschierten Lehrlinge im weitläufigen Gelände der Lehrwerkstatt umher. Wenn ich die Augen schließe, höre ich noch heute die Melodie der Trompeten.

Unsere Elektriker-Lehrzeit wurde wegen unserer Mittleren Reife auf zweieinhalb Jahren verkürzt.

Diese aufmüpfigen Jugendjahre macht wohl jeder Junge durch, denke ich. Den ersten Aufstand im Essensaal der Lehrwerkstatt organisierten wir unter Leitung meines Nachbarjungen. Er war so ein Anführertyp – schon in meiner Kindheit, wenn er unsere Ringkämpfe begleitete und die Sieger bestimmte.

Unser Aufruhr war eigentlich verständlich, aber nicht nur die Lehrausbilder, auch die anderen Lehrlinge anderer Berufe, die Schlosser-, Schweißer-, Schmiede- und Dreher-Lehrlinge haben sich gewundert. Lag es daran, dass wir zwei Jahre älter waren und als erste von der Mittelschule kamen?

Wir streikten, weil wir zum Kartoffeleinsatz geschickt werden sollten. Wir wollten Elektriker werden und nicht die Zeit auf Feldern verplempern. Das hatte sicher Verständnis der Ausbilder hervorgerufen, es durfte nur keiner zugeben. Zum Einsatz mussten wir trotzdem.

Unsere Lehrausbildung war ganz vorbildlich. Die alten Gebäude mit allen Einrichtungen und Maschinen der Vorkriegszeit und auch unsere Ausbilder waren der Garant dafür. Jeder Lehrling durchlief alle Werkstätten.

Für Vergnügen sorgten die Unterhaltungen zwischen dem großen, schlaksigen Sohn eines Lehrausbilders und einem scheinbar in Liebesdingen erfahrenen Jungen aus Bückgen über den Feilbänken hinweg. Er ließ nicht locker, er wollte unbedingt wissen, wie er seine Tanzpartnerin am besten rumkriegen kann.

Wenn es zu laut wurde, dann öffnete sich oben das Fenster unseres Lehrobermeisters Pryzibilskie. Von dort oben wurde unser Fleiß an den Feilbänken aus mehreren Fenstern kontrolliert.

Es war auch der Lehrobermeisters Pryzibilskie, der bei einer Versammlung uns Lehrlingen etwas mit auf den Weg gab.

Er sagte sinngemäß, dass wir immer Kameraden sind und zusammenhalten müssen. Keiner darf den anderen verraten, betrügen oder gar bestehlen.

Das habe ich verinnerlicht, heute beim Aufschreiben frage ich mich, ob er bereits von der Staatssicherheit und den Langohren – heute bekannt als IM – wusste, und uns dies deshalb mit auf den Weg gab?

Pryzibilskie war auch aus Bückgen und hatte eine große Schildkröte, die er aus dem Krieg aus Mexiko mitgebracht haben soll. Jeder wusste das. Aber aus Mexiko? Schade, heute sind alle Verwandten gestorben, man kann nicht mehr nachfragen. Aber schließlich hatte der Verbrecher Hitler sogar den USA den Krieg erklärt, warum sollte das nicht stimmen.

Er kannte als alter Hase unsere ganze Elektriker-Korona Familie, also auch meinen Bruder. Das war nun wieder mein Problem.

Einer von der Elektriker Familie musste ja Bescheid wissen, wie man eine Handbohrmaschine repariert. Das sollte ich nun allen zeigen. Wer sollte mir schon etwas technisches als Kind beigebracht haben? Ich hatte doch niemand, der mir je etwas gezeigt hatte. Es ging dann auch voll in die Hose. Das Licht in der Werkstatt ging aus, als ich die Bohrmaschine einschaltete.

Von unserem Lehrobermeister Pryzibilskie gab es keine Reaktion, er ging einfach fort. Und ich habe angefangen zu überlegen, was ich da verschaltete, so hatte ich dann das Ding richtig in Gang gebracht. Das hat dann aber keinen mehr interessiert.

Aber einmal konnte er mich doch loben. Irgendwie muss er alles oder einiges von unserer Familie gewusst haben.

Die Schweißer unserer Lehrwerkstatt trugen auf abgefahrenen Kontakten Kupfer auf. Die waren dann fast kugelrund.

Meine zurechtgefeilten Kupfer Hammerkontakte für die Kontroller der E-Loks waren dann anscheinend die Besten.

Einen Paukenschlag gab es dann, als unser Anführertyp kurz vor Ende der Lehrzeit über Berlin nach den Westen „abgehauen" ist. Zwei seiner vier Brüder waren schon „drüben".

Im letzten Halbjahr da wurde es ungemütlich. Jeder einzelne Junge wurde zum freiwilligen Dienst in der Nationalen Volksarmee geworben. Das war eigentlich keine Werbung, sondern eher eine richtige Einschüchterung, denn wir standen kurz vor der Abschlussprüfung. Alle hatten sich daher für den dreijährigen, freiwilligen Dienst nach der Lehrzeit in der Nationalen Volksarmee verpflichtet.

Na, wer hat sich wohl nicht verpflichtet?

Ich war richtig sauer, als wenige Monate danach die Wehrpflicht in der sogenannten DDR eingeführt wurde. Alle freiwilligen Verpflichtungen wurden wieder einkassiert.

Da hatte ich dann aber wenigstens schon mal zeigen können, wer ich bin.

Dann war auch ich Elektriker

Alle männlichen Vorfahren meiner Sippe waren Elektriker, jedenfalls vom Großvater Friedrich an. Nun wuchs ich hinein in das Anna-Mathiltschner Umfeld

Mein Gott, erlebte ich von allen Vorfahren die ärmlichste Zeit? Ganz bestimmt. Aber wo man aufwächst, da ist eben Heimat. Und all die Unzulänglichkeiten gehören nun mal dazu. Man empfindet das nicht als ärmlich. Auch wenn rings um einen herum alles verfällt, man kennt es nicht anders.

Ich hatte ja schon darüber berichtet, wie Mutti uns Kinder dank ihrer Arbeit in der Werkküche durch diese Hungerzeit brachte. Sie hatte keinen Beruf und arbeitete dann später in der Ankerwickelei in der Elektrowerkstatt.

Das muss eine schlimme Zeit für sie gewesen sein. Unser früherer Nachbar mit seiner katholischen Frau aus dem Schwabenland hatte immer die längste Hakenkreuzfahne bis zum Hof herunterhängen, hörte ich als kleiner Junge.

Nun war er in der Werkstatt zuständig, um bei den Frauen der Ankerwickelei Normen einzuführen. Mit der Stoppuhr in der Hand ermittelte er, wer am schnellsten war. Nun, die Frauen waren sich ohnehin nicht „grün", nun entwickelten sich dann richtige Feindschaften, weil besonders eine Frau dauernd die Norm brach, um mehr Geld zu verdienen oder um als Aktivistin ausgezeichnet zu werden, denke ich.

Ich glaube fast, Frauen kann man leichter aufeinanderhetzen als Männer. Bald kannte ich alle Frauen vom Erzählen. Viele Namen habe ich vergessen, aber heute sehe ich ihre Gesichter noch fast vor mir, denn als Elektriker lernte ich später alle kennen.

Mutti erzählte täglich von den Gemeinheiten, die man ihr angetan hatte. Ich konnte das in meiner Erinnerung ganz genau einschätzen, denn was Mutti sagte, war nach meiner festen Überzeugung immer wahr.

Sie hatte es auch deshalb in ihrem Umfeld schwerer als ihre Arbeitskolleginnen, weil viele der Frauen nicht die Alleinverdiener ohne Ehemann waren. Mutti lernte in dieser schweren Zeit, wie man für sein Recht kämpfen und sich wehren muss.

Sie war ein ehrlicher Mensch, unterstützte, wenn es jemand nötig hatte, kämpfte stets für eigene Anerkennung, die man ihr im VEB immer verwehrte.

Eine Freundin hatte Mutti nie. Es hätte die Mutter meines Schulfreundes Walter sein können, aber leider war sie katholisch. Mutti war überzeugt, dass Katholiken falsch sind. Zumindest war sie überfreundlich und dann hintenrum doch nicht so richtig ehrlich.

Hob sich Walters Mutter wegen ihrer Sekretärin-Karriere als Flüchtlings-
frau beim Betriebsleiter langsam von den fleißigen Arbeitern ab? Sie musste
doch scheinbar loyal gegenüber dem Systemvertreter sein, auch wenn sie,
wie alle anderen auch, im Privaten ganz anders dachte und lebte.

Dazu passt ihr Besuch, quasi als winziges Beispiel einer Ost-West Begegnung.

Muttis Schwester Friedel mit Martin kamen öfter aus Wiesbaden zu Besuch.
Sie wohnten immer bei der Else, was schon jedes Mal zu Neid oder Streit
oder zumindest zu dummen Bemerkungen der Geschwister gegenüber unserer Mutti führte.

Mutti lud Walters Mutter zum Kaffee zu uns ein. Die Friedel und der cha-
rismatische Martin waren da. Unser Onkel Martin wusste, dass die Besu-
cherin die Sekretärin vom Betriebsleiter war. Sie könnte also eine überzeugte Kommunistin sein, dachte er bestimmt.

Sie fragte doch tatsächlich irgendwann: „Herr Malchow, welche Partei wählen Sie denn?" Er sagte: „Ich wähle gar nicht. Ich würde erst wählen gehen,
wenn die Gefahr bestünde, dass die Kommunisten an die Macht wollen."

Mutti kam immer völlig erschöpft von der Arbeit nach Hause, legte den
Kopf auf ihre verschränkten Hände auf den Küchentisch und schlief ein.
Bald sprang sie wieder auf und raste mit ihrem Fahrrad um die Ecke be-
stimmt drei Kilometer nach Bahnsdorf oder zwei Kilometer zum Friedhof.

Aber zum Glück hatte der Meister in der Werkstatt immer öfter eine Hilfe
im Meisterbüro gebraucht.

Facharbeiter die Drehstromabteilung

Anfang 1962 hatte ich die Elektriker-Lehre beendet. Mit meinem Schulfreund begannen wir als Facharbeiter in der Drehstromabteilung, das erste
Geld zu verdienten. Ob ich das selbst entschieden habe, weiß ich nicht
mehr. Jedenfalls arbeitete Mutti zu der Zeit bereits beim Meister im Büro.

Mutti verdiente jeden Monat etwas über 300 Mark. Wir Facharbeiter bekamen rund 500 Mark. Wir waren jung und aufmüpfig. Also es dauerte nur bis zur Ausgabe des ersten Lohnstreifens, da beschwerten wir uns sofort beim Betriebsleiter über den geringen Lohn. Dort war ja die Mutter meines Schulfreundes Sekretärin. Sie brachte ihr Wissen und Steno als Vertriebene aus den Ostgebieten mit.

Man hat uns vertröstet auf eine Lohnerhöhung, die dann auch irgendwann kam. Aber auch später waren es nie mehr als 650 Mark. Sogar später als fertiger Ingenieur betrug mein Anfangsgehalt auch nur so wenig.

Zuvor hatte ich im Abschnitt „Erinnerungsfetzen" schon die angenehme und offene Stimmung der vielen klugen Arbeiter in der Gleichstromabteilung und im Motorenbau beschrieben.

Es gab doch noch Männer in unserem Ort, die den Krieg überlebt hatten. Wie mein Vati mussten ein paar nicht an die Front, weil sie einfach zur Aufrechterhaltung der kriegswichtigen Braunkohlenproduktion notwendig waren.

In der Drehstromabteilung gab es recht unterschiedliche Charaktere. Einer war ein alter Fachmann aus Senftenberg.

Der alte Fachmann

Die Brikettfabrik gab es nicht mehr. Das Kraftwerk mit Kühlturm wurde mit der Vorkriegstechnik mehr recht als schlecht in Betrieb gehalten.

Ich weiß dies nur deshalb, weil ich als Elektrikerlehrling einmal unseren Spezialisten aus der Drehstromabteilung bei einer Störungsbeseitigung geholfen oder besser begleitet habe.

Er kannte meinen Vater nur vom Erzählen, sagte er einmal. Herr Sturm war Spezialist für alle alten Anlagen. Sein Spezialgebiet waren Grundreparaturen an Streckenvortriebsmaschinen, die konnte nur er reparieren.

Er ging schon etwas krumm und war auch ein stolzer Vater. Wir hörten uns oft an, wenn er von seiner Tochter berichtete. Ein Mann wollte sich ihr wohl einmal nähern, da hat sie ihn zurückgewiesen. Herr Sturm rief dann laut und ganz stolz die Worte in den Raum der Werkstatt: „Meine Tochter ist eine Hyäne."

Ich hatte vergeblich versucht, sie mir vorzustellen. Aber das Interesse war nun jedenfalls im Keim erloschen.

Der alte Fachmann war so ein alter, ehrlicher und freundlicher Arbeiter. Er zeigte mir die unverwüstliche alte Technik im Kraftwerk. Ein großes Öl-schütz war kaputt. Ersatz gab es nicht. Irgendwie hat er auch das repariert.

Damit man sich das vorstellen kann: Es gab nicht nur die E-Werkstatt, eine große Halle mit Laufkran. Die „Ilse Bergbau AG" hatte einen funktionie-renden Industrieort für etwa tausend Einwohner geschaffen. Dazu gehör-ten neben der Fabrik und dem Kraftwerk die vielen Werkstatthallen, der Kindergarten und eigentlich alles, was einen Ort ausmacht.

Die Russen haben dann viel demontiert, den Rest hat die sogenannte DDR übernommen und kaum etwas verändert oder erweitert. Bis 1988 war alles soweit verfallen, dass die Bagger dem Ort den Rest gaben.

Bevor auch noch der Fabrikschornstein gesprengt wurde, hat man den schon geräumten Ort mit den traurigen Häuserresten und dem unwirklich verwahrlostem Gelände noch für einen DEFA Film verwendet.

Werkwohnungen – Lebenserfahrung

So habe ich nach etwa sechs Monaten vom Meister der Werkstatt den Auf-trag erhalten, in den Werkwohnungen der umliegenden Bergbau-Ortschaf-ten, Reparaturen auszuführen. Jeder konnte in seiner Werkwohnung das beantragen, was repariert oder zusätzlich installiert werden sollte. So erhielt ich einen Zettelstapel und ein Fahrrad, das eigentlich für den chinesischen Klassenfreund gedacht war. Es hatte einen Doppelrahmen und einen riesigen Gepäckträger.

Das war toll! Plötzlich war ich ein freier Mann. Von der Materialausgabe holte ich alles, was ich so brauchte. Eigentlich recht unbürokratisch. Eine Unterschrift und mein Gepäckträger war voller Material und ich konnte losfahren.

Diese Ecken unserer Umgebung bis hin zur Brikettfabrik „Luxemburg" hatte ich noch nie gesehen. Der Braunkohlenstaub – wir sagten Braunkohlendreck – war ja besonders um die Brikettfabriken extrem.

Einmal suchte ich eine Wohnung und zusätzlich stürmte es. Inmitten dieser Dreckwirbel sah ich die weiße Wäsche auf einem Wäscheplatz hängen. Na, so war das eben im Bergbau, in der Niederlausitz.

Dann war es einmal eine Wohnung mit einer Katzenliebhaberin. Das war besonders extrem. Überall auf Schränken und Polstermöbeln saßen Katzen. Wirklich viele Katzen. Gibt es da Hierarchien? Sie saßen in verschiedenen Höhen gestaffelt. Was ich da reparieren musste, wurde in meinem Gedächtnis durch den Katzengeruch – besser Gestank – verdrängt. Der verfolgte mich bis nach Hause.

Dann machte ich meine frühe Erfahrung mit verschiedenen Menschentypen. Wenn man die Wohnung betrat, wusste man Bescheid. War es eine tolle Wohnung, dann war die Hilfe nichts wert. Danke gab es nicht, nur Vorwürfe, weil beim Schlitzstemmen der Dreck nach unten fiel. Es gab noch keine Schlitzfräsen mit Absaugung. Waren es „normalsterbliche" Bergarbeiter, dann war man freundlich, nett und dankbar.

Trinkgeld bekam ich immer nur von den ärmlichen Menschen!

Die Stasi will was wissen

Irgendwann hatte auch mein Jugendfreund seine Facharbeiterprüfung bestanden. Er war etwas jünger als ich. Viel später erzählte er mir, dass er nur durch meine Hilfe bestanden hatte. Er meinte, ich habe seine Arbeit doch so toll geschrieben, dass er eine eins bekam. Das wusste ich nicht mehr.

In der Mittagspause alberten wir in der Werkküche herum, als schon alle längst wieder bei der Arbeit waren. Es war ein bisschen laut und ein Aschenbecher ging zu Bruch. Wir dachten uns nichts dabei.

Nun hatte ich ja den Auftrag zur Reparatur und Neuinstallation in Werkwohnungen. Eines Tages gab mir der Werkstattmeister einen ganz bestimmten Auftrag mit Ort und Zeitangabe, wo ich mich in dem mir bekannten Haus über der früheren Gaststätte melden sollte. Das machte mich schon stutzig.

Die Inhaber der Gaststätte waren schon vor Jahren „nach dem Westen abgehauen". Nun gab es oben also eine Wohnung. Ein Mann öffnete und zeigte mir, wo ich eine neue Steckdose installieren sollte. Er saß an seinem Schreibtisch und plötzlich sprach er den Vorfall mit dem Aschenbecher in der Werkküche an. Ich erschrak, zum Glück stufte er es als Bagatelle ein.

Ich glaube am kommenden Tag, als ich fertig war, da fragte er für mich ganz überraschend, wie es mir denn in der Drehstromabteilung gefällt. Wie ich mich mit allen verstehe. Dann nannte er ganz gezielt einen Namen. Ich fand wirklich alle gut und sagte das auch. Dann fragte er so ganz freundlich, ob ich nicht öfter vorbeikommen will, um zu erzählen, was man sich so unterhält.

Da dachte ich spontan an unseren Lehrobermeister und sagte ihm, dass ich das nicht mache oder so ähnlich. Er sagte mir, ich darf über unser Gespräch nicht reden.

Dann bei Muttis Geburtstag habe ich das natürlich allen bis ins Detail doch erzählt. Das Fenster zum Garten hatte ich sicherheitshalber zugemacht. Das war meine einzige offizielle und persönliche Begegnung mit der Stasi.

Kulturhaus

Im Ort verfiel alles, aber ein Kulturhaus mit Tanzsaal und Gaststätte wurde gebaut.

Zu der Zeit arbeitete ich schon auf der Förderbrücke im Tagebau.

Nach der Arbeit hatte ich immer Mühe, meine dreckigen Hände sauber zu kriegen. Mit meinem Jugendfreund Reini traf ich mich fast jeden Abend im Kulturhaus. Wir spielten Billard oder Skat, tranken paar Biere und ich rauchte Orient-Zigaretten. Die waren relativ teuer, aber eben besonders. Heute sehe ich die Schachtel im Internet – gibt es eigentlich gar nichts mehr, worüber man nur allein berichten kann?

Unsere Wirtin Namens Herta war supernett, ihr Mann ein faules Schwein. Der holte sich öfter Geld und da Hertas Augen manchmal farbig waren, hassten wir diesen Arsch eigentlich alle und keiner sprach mit ihm, bis er wieder verschwand.

In der Kneipe gab es nur Stammgäste. So auch einen, der saß immer ganz allein am einem Tisch. Einige kannten und verarschten ihn ständig. So bekam auch ich mit, dass der für die Stasi arbeitete. Er hatte das dann auch zugegeben. Komisch, das war in meinen sechsundvierzig Jahren DDR-Zeit der Einzige – bis heute, außer Schnur – der freigiebig erzählte, dass er für die Stasi arbeitete. Na das war eben noch um 1962 rum. Ob er wohl noch lange Taschengeld als IM dazuverdienen konnte?

Vereinfachte Kurzbeschreibung Tagebau

Im Vorschnitt tragen Schaufelradbagger die erste Abraumschicht von der Rasensohle weit über zehn Meter ab. Die Sandmassen wurden zu meiner Zeit mit 6kV Gleichstrom-Grubenloks und hydraulisch kippbaren Abraumloren zu Absetzern transportiert. Absetzer waren Großgeräte mit einem Schaufelradbagger zum Aufnehmen des abgekippten Abraums. Der wurde dann über ein langes Band in die ausgekohlte Grube zum Auffüllen verkippt. Wenn das ausgekohlte Grubenloch – also die Bergbaukippe – fast

aufgefüllt war, dann überzog der Absetzer die Kippe mit besseren Boden-
schichten zur späteren Landschaftsgestaltung.

Heute ersetzen überwiegend Bandanlagen die Grubenloks mit den Ab-
raumwagen. Vor allem entstanden in den vergangenen fünfzig bis achtzig
Jahren riesige einzelne und zusammenhängende Grubenlöcher in den
Braunkohlenrevieren Ostdeutschlands, die entweder schon lange herrliche
Seen sind – beispielsweise der Knappensee – oder immer noch mit Wasser
aufgefüllt werden und über schiffbare Verbindungskanäle und Wasserstra-
ßentunnel einmal riesige Wasserflächen bilden werden.

Bevor es dazu aber kommt, muss erst einmal die Braunkohle gewonnen
werden. Die war in der sogenannten DDR der einzige eigene Rohstoff, den
es gab. Leider hat man das nach der Wende bis heute nicht eingestellt und
vielen Menschen damit die Heimat genommen.

Je nachdem wie tief das Kohleflöz liegt, gibt es nach dem Vorschnitt das
Brückenfeld. Eine Förderbrücke hat immer eine Bagger- und eine Haldenseite. Die Baggerseite als auch die Haldenseite einer Förderbrücke fährt auf
mehreren Schienentrassen. Im Lauchhammerwerk baute man in der sogenannten DDR-Einheitsförderbrücken. Im Tagebau Sedlitz wurde 1960 die
F34 aufgebaut. Die Nummer 34 bedeutet, dass man mittels Bagger eine Ab-
raum-Abtragehöhe von vierunddreißig Meter erreichen konnte.

Die Einspeisung mit 30 kV erfolgte über Trassenkabel auf der Haldenseite.
Das Kabel wurde in einem Trafowagen über eine riesige Rolle auf- und abgewickelt, wenn die Förderbrücke auf der Haldenseite fährt. Man erzeugte
dann alle Spannungsarten und Spannungsgrößen, die benötigt wurden,
über Transformatoren und Gleichrichter.

Auf der Baggerseite sind es zwei Eimerkettenbagger, die das Material vom
Hoch- und Tiefschnitt abzutragen haben. Es wird über zwei Querförderer,
Abstreifer und Schurren auf das Hauptband geworfen. Das Hauptband
überragt die eigentliche Grube, wo in der Tiefe die Braunkohle in ver-
schiedensten Arten abgebaut wird.

Das Hauptband endet auf der Haldenseite. Über Abstreifer und Schurren
wird das Material dann auf das Haldenband geworfen, welches es in einem
ansteigenden Winkel in die Tiefe wirft.

Damit die Schienentrassen der Haldenseite ständig in Richtung Baggerseite mittels Schienenrückmaschinen versetzt werden können, wird nach Bedarf das Material vom Hauptband über verstellbare senkrechte Fallschurren im freien Fall nach unten geworfen.

Auf der Baggerseite werden die Schienentrassen ebenfalls mittels Schienenrückmaschinen versetzt.

Bergbau und die Förderbrücke

In der Bundesrepublik war nach dem Krieg 1945 Heizöl das Produkt, mit dem man im Haushalt die Wohnung heizte. Auch wenn das Gasnetz vorhanden war, das Heizöl war jahrzehntelang so billig, dass man gern beim Öl blieb.

Das war in der sogenannten DDR natürlich nicht möglich. Hier wurde die allein vorhandenen Braunkohle abgebaggert und überwiegend als Briketts verbrannt.

Der wirtschaftlich wichtigere und an Bodenschätzen reichere Teil Deutschlands lag nun mal im Westen. Der Osten war dagegen arm. Die beiden Teile waren nach dem Hitlerkrieg nur für kurze Zeit deshalb ähnlich gleich, weil alles zerbombt war. So erzählte es mir ein Arbeitskollege sehr viel später.

Er hatte nach dem Krieg eine Freundin im Westen und eine in Mecklenburg, weil es überall gleich schlimm aussah, siegte bei ihm die Liebe und er ging nach Mecklenburg.

In der Niederlausitz gab es schon seit 1870 den Bergbau.

Schon 1931 wurde die erste Abraumförderbrücke in Betrieb genommen, die dann eine der vielen Reparationsleistungen der Russen wurde. Sogar komplette industrielle Anlagen – wie das Lauchhammerwerk – wurden in die Sowjetunion abtransportiert.

Nach dem Krieg wurde in der sowjetischen Besatzungszone der vorher private Bergbau 1946 verstaatlicht.

Die Siegermacht der „Roten Armee" machte aus den für den Braunkohlenabbau so wichtigen Werken für Bergbaumaschinen sowjetische Aktiengesellschaften. Diese Werke mussten bis 1952 überwiegend für die Sowjetunion produzieren.

Übrig blieben veraltete Großgeräte und Bergbaumaschinen unterschiedlichster Bauarten und Hersteller, die es nicht mehr gab. Die Mechanisierung im Bergbau war quasi zerschlagen. Man erledigte die meiste Arbeit wieder von Hand.

1960 wurde dann zwischen Sedlitz und Lieske eine Förderbrücke aufgebaut. Auf der Brücke habe ich dann später gearbeitet.

Die Stützweite zwischen Baggerfeld und Haldenseite war hundertachtzig Meter und der Haldenausleger war fünfundsiebzig Meter lang. Der Betrieb begann mit dem Eimerkettenbagger 640 und Querförderer.

Ziemlich am Ende meiner Lehrzeit wurde ich zur Förderbrücke abkommandiert. Dort stand schon das Skelett vom zweiten Querförderer. Die Aufgabe war die Kabelverlegung auf Leitertrassen in luftiger Höhe auf dem Stahlgerüst vom Querförderer.

Die Förderbrücke wurde Ende 1962 um den Eimerkettenbagger 622 für den Zweibaggerbetrieb erweitert.

Das war die Zeit, als auf der Förderbrücke ein zusätzlicher Elektriker gebraucht wurde. Ich hatte zugesagt. Das Brückenfeld kratzte zu der Zeit vom Ortsrand Sedlitz bis vor Sorno/Rosendorf. Von Anna-Mathilde war es mit dem Fahrrad nicht weit bis zur Tagebaukante in Sedlitz.

Der Drehpunkt war vor Sorno, daher gab es in Sedlitz nichts außer ein riesiges Loch. Die Tagebaukante veränderte sich ständig und wanderte ganz langsam Richtung Zentralschule Sedlitz und später natürlich noch weiter Richtung Bahnsdorf.

Immer, wenn ich dieses riesige Loch hinunterging oder rutschte – es gab nur ausgetretene Pfade im weichen Sand – dann roch ich den Braunkohlentagebau. Den Geruch habe ich auch nach Jahrzehnten noch in der Nase und rieche es, wenn ich die Niederlausitz besuche.

Da habe ich früher natürlich auch oft an meinen Vati gedacht, wie er im damaligen Grubenabschnitt Ilse-Ost tätig war. In unserem Schlafzimmerschrank mit großem Innenspiegel, lagen oben im Hutfach – gleich neben Vatis Klappzylinder – noch Schaltpläne von Tagebaugeräten und Baggern.

Zu meiner Zeit standen in der Grube nur noch alte, traurige, kleine Schaufelradbagger, die nicht von den Russen mitgenommen wurden.

Ich ließ also an der Tagebaukante das Fahrrad fallen und dann ging es die Kippen vom Vorschnitt und über das Vorfeld hinunter zum Brückenfeld. Die Brücke konnte nun auf den kilometer langen Schienentrassen überall stehen.

Ich weiß noch, wie ich meinen besonderen Einstand gab. Am ersten Tag muss ich wohl im Laufe des Tages den Marsch zur Förderbrücke erledigt haben.

Die Elektriker fand ich auf den Eimerkettenbagger 622. Ein Bagger ist ein schaukelnder Stahlkoloss. Da ist alles aus Stahl, die Eingangstür war so geschickt verklemmt montiert, dass man sie nur mit Kraft aufziehen konnte. Dadurch überstand sie alle Stöße und das ständige Schaukeln des Baggers, ohne aufzuspringen. Innen gab es gleich am Eingang ein Fenster und drinnen viel Licht.

Auf einer Holzbank saßen freundlich dreinschauende, rauchende Elektriker, die auf eine Störung warteten. Der Meister war gerade nicht da. Die Leute vom Störungsdienst unterhielten sich. Ich sollte Platz nehmen.

Irgendwann sagte einer zu mir: „Schmeiß doch mal den Aschenbecher raus." Auf dem Tisch war eine flache runde Fischdose voll mit Kippen. Ich nahm das Ding, öffnete das Fenster und musste weit werfen, damit sie nicht auf der unteren Etage des Baggers liegen blieb.

Ich schloss das Fenster und alle schauten mich mit geöffneten Mäulern an. Aber im gleichen Augenblick prusteten sie los. Ich verstand nicht gleich was sie wollten. „Das war doch unser Aschenbecher", lachten sie. Natürlich sollte ich nur die Kippen rauswerfern.

Elektriker gab es auf der Förderbrücke im Störungsdienst rund um die Uhr in drei Schichten und in Tagschicht. In der Tagschicht wurden alle Arbeiten erledigt, die entweder im Störungsdienst oder bei den turnusmäßigen Grundreparaturen aus Zeitgründen nicht repariert werden konnten.

Auf der Förderbrücke arbeitete ich bis 1965 überwiegend in Tagschicht. Dafür wurde ich sicher auch benötigt. Denn die Tagschicht war immer nur besetzt mit den zwei Mann vom Störungsdienst – die ja meist nur auf Störung warteten –, dem Meister Glau aus Hosena und dem dicken Kettenraucher Dressler aus Sedlitz.

Das starke Zwei-Mann-Team Felsch und Bischoff aus Senftenberg war geübt mit dem Verteilen von Spitznamen. Bei ihnen hieß der dicke Kettenraucher Pustemann. Er kam immer pustend die Stahltreppen des Baggers hinauf. Als erste Tat bei Arbeitsbeginn warf er seine Schachtel Real auf den Tisch und zündete sich prustend eine der billigen Zigaretten an – zwanzig Stück gab es für 1,60 Mark. Es gab ja nicht umsonst den Spruch: „Seht ihr die Gräber dort im Tal, es sind die Raucher von Real."

Der kleine NVA Mann Horst Tluste aus Anna-Mathilde musste streckenweise mit Pustemann Störungsdienst machen. Er wurde, glaube ich, von der NVA zum Unteroffizier degradiert. Das war schon ein sympathischer kleiner Spinner. Die Beiden waren wie Hund und Katze. Pustemann hatte wirklich wenig Ahnung vom Störungsdienst. Er rannte, wenn es eine Störung gab, immer mit seinem Notizbuch den Elektrikern hinterher und schrieb sich auf, welches Schütz nicht anzog, welche Sicherung auslöste und so weiter. Einen Stromlaufplan konnte er wahrscheinlich nicht lesen.

Wir Elektriker waren schon irgendwie ein eingeschworenes Team. Natürlich kannte jeder auch seinen Wert.

Mechanische Störungen zum Beispiel an den unzähligen Rollen der Förderbänder oder an den vielen Fahrwerken der Bagger und Querförderer, die kündigten sich mit lauten Geräuschen an. Deshalb musste die Brücke nicht stehenbleiben.

Aber wenn irgendwo ein Schütz oder ein Relais ausfiel oder Relaiskontakte die sehr umfangreichen Steuerungen unterbrach, dann stand alles still. Plötzlich war es gespenstisch ruhig. Der sonst ohrenbetäubende Lärm der Eimerketten wich dem zarten Klingeln der Telefone. Der Tagebauleiter gab seine Anweisungen weiter, die er zuvor vom Dispatcher erhalten hatte.

Nun hieß es für den Störungsdienst: Nur nicht aus der Ruhe bringen lassen beim Finden der Störung. Es war noch die Zeit, als die unzähligen Antriebe der Förderbrücke mittels konventioneller Technik also mit Kontakten gesteuert wurden. Elektronik gab es zum Beispiel an der Haldenbandspitze am Abwurf der Erdmassen. Mittels kapazitiver Messung sollte verhindert werden, dass sich diese zu hoch auftürmen und sich der Spitze des Haldenauslegers nähern.

Da diese elektronische Steuerung aber öfter das Haldenband zu früh abschaltete und dadurch alle zuführenden Bänder und die zwei Bagger außer Betrieb setzte, gab es oft ungewünschte Produktionsausfälle. Die Elektronik konnte den Unterschied zwischen Nebel, Regen und dem Nahen der feuchten Sandmassen nicht eindeutig unterscheiden. Das war dann ein Fall für einen Verbesserungsvorschlag eines sozialistischen Kollektivs.

Zwei lange, in allen Richtungen bewegliche Stahlstäbe mit obigen Endschaltern ersetzten dann eben auch hier die Elektronik im Bergbau.

Ich glaube, ich erinnere mich noch an alle Elektriker der Zeit um 1963/64 rum. Alle waren prima Kerle und aufrichtige Menschen. Nur einer von zwei Elektrikern aus Großräschen, der war anders. Ein Genosse, wohl aus Überzeugung, man sah sich vor. Die Unterhaltung änderte sich schlagartig, wenn er eintrat.

Das Komische war nur, dass er wirklich ein toller Elektriker mit umfangreichem Wissen war. Das nützte ihm aber wenig, er war nicht beliebt, obwohl er ständig Frohmut ausstrahlte. Er war mit einem extrem ruhigen Elektriker im Störungsdienst. Es war Herrmann, der zweite Elektriker aus Groß-räschen, er war zugleich ein Elektronikbastler. Irgendwann krächzte sein Einkreis Radio in einer Streichholzschachtel.

Der Meister der Elektroabteilung hatte – genau wie ich – immer Tagschicht. Er war aus Hosena. Ein stämmiger, freundlicher Mann, der mich sicher mochte, genau wie ich ihn.

Er gab mir Ratschläge, worauf ich achten sollte, wenn ich ein Mädchen kennenlerne. „Sie muss dicke Ohrläppchen haben", sagte er.

Er übertrug mir später Spezialaufträge. Die Einspeisekabel im Tagebau zu Großgeräten waren überwiegend 6kV Gummi-Trassenkabel. Die Verbindungen zwischen Teillängen wurden preisgünstig in einfachen Holzkästen mit beidseitigen Löchern realisiert.

Die beiden Kabel mussten natürlich im Holzkasten erst einmal von innen mit Gummiband so umwickelt werden, damit sie nicht versehentlich herausgezogen werden konnten. Im rauen Tagebau Bergbaubetrieb war es fast normal, dass die Planierraupen mit ihrem Schar auch mal Mittelspannungskabel erwischten.

Das hauchdünne Gummiband war für Mittelspannung geeignet. Das Kabel wurde abgesetzt und auf der Aderisolierung wurde ein dickes großflächiges Knöllchen gewickelt, damit die 6000V im feuchten Holzkasten nicht so leicht zwischen den elektrischen Leitern oder Phasen überschlagen konnten. Mein Meister zeigte mir die genaue Form, wie Knöllchen auszusehen haben und wie die Phasen zu isolieren sind.

Möchte nicht wissen, was heute für so ein Teil mit hoher Schutzart bezahlt wird.

Ich hatte ja schon die Schaltberechtigung für 30kV. So zog ich dann öfter los zu den Schaltkästen mit den Trassen-Leistungsschaltern, die im Tagebau auf Schlitten montiert waren, und sicherte alles ab. Trotzdem gab es nie ein gutes Gefühl bei der Arbeit. Die Schaltkästen, die nur mit speziellen Schlüsseln zu öffnen waren, standen meist weit weg und waren von mir selten einsehbar.

Den Spezialschlüssel hatten bestimmt einige Elektriker im Tagebau. Die brauchten nur die Schaltkästen verwechseln beim Zuschalten und ich hätte an 6kV gehangen.

So zog ich dann oft mit meinem Meister los zu den mir bekannten Materialausgaben in der E-Werkstatt und in der M der mechanischen Werkstatt.

Die Arbeit wurde dort überwiegend von Nachbarfrauen aus Anna-Mathilde erledigt. Die hatten mich heranwachsenden Bengel dann anscheinend akzeptiert.

Mein Meister besorgte immer reichlich Schütze, Relais, Aderleitung, Kabel, alle Arten von Schrauben und Klemmen – also auch viel auf Reserve.

So waren die Elektriker auf der Brücke immer reichlich versorgt. Da konnte man sich auch mal privat bedienen, das war ziemlich normal. Gewiss ein Zustand für die gesamte sogenannte DDR.

An Meister Glau habe ich dann noch eine meiner letzten Erinnerungen als Elektriker, als ich 1965 meine Einberufung zur „Nationalen Volksarmee" (NVA) hatte.

Wir liefen beide im Regen zur Brücke. Die einzige Möglichkeit zum Laufen boten die Holzschwellen der beiden Schienentrassen zur Brücke. Wir tippelten zwischen den kurzen Abständen der Schwellen.

Der Takt erinnerte mich an den Rhythmus des Liedes: „Schrumm, schrumm, schrumm, wer arbeitet ist dumm. Solange der Bauch in die Weste passt, wird keine Arbeit angefasst. Schrumm, schrumm, schrumm, wer arbeitet ist dumm."

Sogleich pfiff ich das Lied und mein Meister schaute mich irritiert und verwundert an. Das passte wohl doch nicht so recht zu mir.

Er fragte dann, was ich nach meinen achtzehn Monaten Armeezeit machen will. Ich glaube, ich sagte zu ihn, dass ich studieren will, weil ich abends immer so dreckige Hände habe.

Ich denke, er hat das verstanden.

Brücken Havarie

Um zu meiner Arbeitsstelle zu fahren, nahm ich den Bus nur dann, wenn die regelmäßigen Grundreparaturen anstanden. Dann stand die Brücke am Drehpunkt in Sorno. Der Weg von der Tagebaukante in Sedlitz bis zum Drehpunkt war mehrere Kilometer lang.

Meist benutzte ich mein Fahrrad. Oft hatte ich Glück, wenn die Brücke am Ende des Brückenfeldes bei Sedlitz stand, dann hatte ich einen kurzen Weg zur Arbeit.

Der Tag, den ich beschreiben will, begann wie jeder andere.

Allerdings war es so neblig, dass man die Hand kaum vor Augen sah. Es war am 18. März 1963. Die Brücke stand etwa mittig auf dem Brückenfeld. Die meisten Arbeiter kamen von umliegenden Städten und Dörfern und fuhren täglich mit dem Bus zur Arbeit und nach Hause.

Der Schichtwechsel mit Übergabe erfolgte auf den zwei Baggern und im Haldenfahrerstand. Aber wenn der Weg von der Förderbrücke zum Drehpunkt in Sorno weit war, dann schlich sich doch etwas Verbotenes ein.

Besonders weit war der Weg vom Haldenfahrerstand. So hatte es immer geklappt, der Haldenfahrer lief schon mal bei Schichtwechsel los und machte die Übergabe mit seinem Nachfolger quasi unterwegs.

Es lief an diesen Tag dann etwa so ab: Der Haldenfahrer stoppte die Fahrwerke auf der Haldenseite. Zuvor informierte er beide Baggerfahrer per Sprechfunk. Sie sollten nun beim Abbaggern immer nur hin und her fahren. Ansonsten hätten ja die Endlagenschalter die Brücke angehalten.

Nun lief der Haldenfahrer den weiten Weg Richtung Drehpunkt Sorno, um sich noch Duschen zu können und rechtzeitig den Bus zu erreichen.

Er durfte das nicht, aber es war schon Routine. Immer traf er bald den neuen Haldenfahrer unterwegs, der dann bald den Schichtdienst wieder aufnahm.

Die Spitze des Haldenbandes ragte in der Regel weit über das abgeworfene Erdmaterial hinaus. Die Erdmassen flogen meist über zehn Meter hinab. Durch das Hin- und Herfahren der Bagger bei stehendem Haldenausleger, wurde das Material auch noch seitlich ein wenig verteilt.

Es gab die zwei meterlangen, beweglichen Stangen an der Spitze des Haldenbandes, die bei Erdreichberührung über Endschalter das Haldenband und alle Zulieferbänder und Bagger stoppten.

Die Braunkohlenproduktion stand an erster Stelle und steuerte auch den Lohn der Arbeiter. Da die Brücke oft auch ohne Grund anhielt, war es fast üblich, Reparaturschlüsselschalter unrechtmäßig zu betätigen.

Wir Elektriker entfernten oft Schlüssel. Bandwärter nutzten gern die Überbrückung der Abschaltungen, die eigentlich die Bänder schützen sollten, wenn versehentlich metergroße Steinbrocken auf Bänder flogen, die große Schäden anrichten konnten.

So war es leider auch an diesem Morgen. An der Spitze des Haldenbandes waren beide Sicherheitsabschaltungen überbrückt und damit funktionslos.

Wahrscheinlich war es der Nebel, weshalb der Haldenfahrer den Abstand des Haldenbandes zum Erdreich gar nicht sah. Ich weiß nicht mehr genau, ob sich der neue Haldenfahrer nicht auch noch verspätete.

Jedenfalls war ich bereits am Arbeitsplatz, als es plötzlich einen Ruck gab und es nacheinander dauernd knallte, als ob geschossen wurde. Das waren die drei Zentimeter dicken Nieten, die aus der Haldenbandkonstruktion herausschossen.

Die Bagger wurden gestoppt, das Haldenband lag mit der Spitze auf dem Erdreich. Es war höchste Einsturzgefahr. Die Förderbrücke überspannte in circa fünfzig Metern Höhe das gesamte Grubenfeld, wo die Braunkohle abgebaggert wurde.

Mit Hydraulikpressen auf Bergen von Holzschwellen wurde die Stahlkonstruktion der Brücke von der Grube und von der Haldenseite stabilisiert.

Alle arbeiteten am Limit, es dauerte bis zum Mai 1963, erst dann war der Schaden behoben. In der Zeit gab es nur noch eine beschränkte Rohkohleförderung. Natürlich konnte man dann mal durch Überstunden mehr Geld verdienen.

Volkshochschule

Eigentlich wollte ich die Schul- und Lehrzeit nicht so ausführlich beschreiben. Aber es ist beim Nachdenken alles wieder da und es macht einfach Spaß, es – eigentlich mehr für mich – festzuhalten. Daher soll es so weitergehen.

So fällt mir ein, wie ich mich früher oft über mich selbst geärgert habe. An Reaktionen meines Umfeldes, glaubte ich, das festmachen zu können. In meinem ganzen Leben habe ich immer tiefgestapelt. Daher hatte ich es sicher auch nicht so leicht im Leben, denke ich heute manchmal. Aber kann ich in das Innere von Angebern schauen, die mich umgaben und umgeben? Wer weiß, vielleicht hadern oder leiden die viel mehr, gerade wenn trotz erfolgreicher Angeberei von außen nicht die erwartete Würdigung und Bestätigung erfolgt.

Es war Anfang 1962, da hatte ich meine Facharbeiterprüfung als Elektromonteur mit gut bestanden. Genau weiß ich die Arbeitszeiten nicht mehr. Es wurde 8,75 Stunden von 5:45 Uhr bis 14:30 Uhr gearbeitet. Mein Motorrad hatte ich 1962 noch nicht. Also was tun? Es ging eben zu Herta ins Kulturhaus, wie fast jeden Tag. Was schrubbte ich zuvor meine Hände, um die Finger vom dunklen Schmutz zu befreien. Der setzte sich besonders seitlich an den Fingern fest und so wollte ich mich nicht zeigen. Wie schon berichtet spielten wir Billard und Skat und ich rauchte meine Zigaretten in der gelben Schachtel mit dem orientalischen Tor. Die kosteten das Doppelte wie die üblichen F6, Club oder Kabinett.

Wir mochten unsere Herta. Oft hatte sie blaue Stellen im Gesicht. Wenn ihr fetter und brutaler Mann in der Kneipe erschien und mit seiner Frau rummeckerte, dann war das Echo aus der Kneipe eindeutig.

Ich hätte es nie geglaubt, aber mir fehlte plötzlich das Lernen. Ich las von der Volkshochschule. Ob man sich bewerben musste, das weiß ich nicht mehr. Es reichten, glaube ich, die Zeugnisse.

So fuhr ich also ab 1962 zunächst mit dem Fahrrad und 1963 mit dem Motorrad nach Senftenberg zu der mir bekannten Rathenauschule. Mein Reifezeugnis der zwölften Klasse bekam ich dann im Juni 1964, allerdings diesmal nur mit befriedigend bestanden.

Na, es war eben meine freie Entscheidung, mein Abitur nachzumachen. Es waren zwei tolle Jahre. Wir waren auch eine tolle Klasse. Ich erinnere mich unter anderem an einen Jungen, der mit seiner Schwester immer mit einem Motorrad zur Schule kam.

Sie waren aus Lauchhammer oder Lauta, mit denen sind wir oft nach dem Unterricht losgezogen. Der Junge hatte eine Sport AWO, eine 250cm³ Viertaktmaschine. Das war schon ein tolles Motorrad, aber mit der Anfangsbeschleunigung konnte die nicht mit meiner JAWA mithalten. Das wusste ich. Die Strecke vom Eingang der Rathenauschule bis zur Querstraße am Stadttheater Senftenberg vorbei war nicht lang. Wir wetteten, seine Schwester stieg auf den Sozius – damit das Hinterrad nicht durchdreht –, Vollgas. Ich war weg und musste schon kräftig bremsen. Die Sport AWO hatte mich schon fast eingeholt, aber das Bremsen der schweren AWO reichte nicht. Der Zaun vor dem Abhang auf der anderen Straßenseite forderte zum Halt. Wir waren schnell weg.

Und dann gab es meinen Banknachbar. Er wohnte im Rest des Ortes Kleinkoschen. Er war jünger als ich, ein schlanker, großer und hübscher Mann.

Wenn ich hintenrum – so sagten wir – nach Senftenberg über Reppist zur Schule fuhr, gab es eine Schranke. Einmal war sie wirklich unten und ich musste warten.

Meine Ausrede beim Eintreten in die Klasse veranlasste meinen Banknachbarn dann zum Ausruf: „Spät kommt Ihr, doch Ihr kommt! Der weite Weg entschuldigt Euer Säumen." Ja, so konnte ich den Satz aus Schillers Wallenstein mein ganzes Leben lang nicht vergessen und des Öfteren anwenden.

Außerdem erinnere ich mich, ein Mädchen hatte sich wohl mit ihrem engen Freund aus unserer Klasse total verkracht. Der hatte auch eine JAWA. Nun weiß ich nicht mehr genau, wie es kam, jedenfalls verabredeten wir uns zum Tanz im Hochhaus in Senftenberg.

Es war ein hübsches Mädchen, ich fuhr sie wieder nach Hause. Wir waren uns einig über den schönen Abend. Sie erklärte mir noch, dass ich ja langsam fahren soll, denn an der Kreuzung Richtung Reppist steht immer Polizei. Das tat ich wirklich und hatte Erfolg. Meine Fahrerlaubnis wäre sonst futsch gewesen.

Komisch, dies war und ist für mich nun schon mein ganzes Leben lang der Rat an jeden, wenn Alkohol getrunken wird. Auch wenn ich den Widerspruch bekomme, die Polizei würde bei langsam fahrenden Motorradfahrern erst recht misstrauisch werden.

Mein Motorrad

In lebhafter Erinnerung habe ich folgendes: Noch bevor ich zur Nationalen Volksarmee eingezogen wurde, da kaufte ich mir mein Motorrad. Es muss Anfang 1963 gewesen sein.

Mein Onkel aus Bahnsdorf konnte mir das Geld nicht geben. Er sagte: „Wir müssen uns eine Kuh kaufen und du kommst doch bald zur Armee. Wer weiß, ob du das Geld überhaupt zurückzahlen kannst." Das hatte mich schon stark getroffen. Aber ein Arbeitskollege borgte mir das Geld.

Später hatte ich dann einen Freund aus Bückgen. Irgendwie ähnelte er Frank Sinatra. Er hatte noch Vater und Mutter. Darum konnte sich Alan eine 350cm² JAVA mit einem wunderbaren Sound kaufen – zwei Zylinder Zwei-Takt Motor mit zwei Auspuffen –, aber leider gab es oft Kolbenfresser.

Von der 350 JAVA träumte ich auch schon lange. Leider hatte das Geschäft in Senftenberg diese Maschine nicht mehr und warten wollte ich nicht. Also kaufte ich die eigentlich fast gleich aussehende rote CZ 250 cm³ – ein Zylinder Zwei-Takt Motor mit einem Auspuff – mit nicht so gutem Sound, dafür aber eigentlich technisch besser. Aber wichtiger wäre mir der Sound gewesen.

Tanz in Bahnsdorf – Fahrerlaubnis

Inzwischen hatte ich oft nach meinem früheren Freund Alan gesucht. Er hatte später in Senftenberg Ökonomie studiert.

Das war die Fachrichtung, in der man lernt, wie man ökonomisch eine Glühbirne auswechselt. Man braucht nur fünf Mann. Einer stellt sich auf den Tisch und hält die Glühbirne, die anderen vier drehen den Tisch.

Na, jedenfalls hatten wir uns zur Fahrerlaubnis in Senftenberg angemeldet. Aber es dauerte 1963 eben noch ein wenig. Wir fuhren trotzdem durch die Gegend und dann auch nach Bahnsdorf zum Tanzen. Da kannte uns zum

Glück keiner, wie wir später merkten. War schwierig, weil die Bauernlümmel die Mädels als ihr Eigentum betrachteten. Irgendwann kam was kommen musste, es ging fluchtartig über den Tanzsaal hinaus und mit unseren Motorrädern Richtung Sedlitz. Aber wir wurden von der Polizei verfolgt. Es musste sein, über die Felder, über Stock und Stein rasten wir zurück. Ist gutgegangen!

So fuhren wir oft gemeinsam ohne Fahrerlaubnis. Aber irgendwann im Sommer 1966 war es soweit, wir hatten schon die Theorie bestanden und nun fehlte nur noch das praktische Hinterherfahren hinter unseren Fahrlehrer.

Also fuhren wir mit unseren Motorrädern nach Senftenberg und schoben unsere Motorräder ein paar hundert Meter bis zur Fahrschule. Der Fahrlehrer berührte die Zylinder und lächelte. Das Fahren war dann nur noch Spaß.

Motorraderlebnisse

Eines Tages kamen zwei junge Mädchen aus Westdeutschland. Mein Jugendfreund Reini hatte also Cousinen, das war mir neu. Erinnern kann ich mich nur noch an eine Fahrt zur Autobahnbrücke in Freienhufen. Wir lehnten uns auf das Geländer und mein Mädchen wunderte sich über die wenigen Autos. Ich fand das doof.

Sie gab mir die Anschrift einer Freundin aus ihrem Ort. Da hatte ich dann einige Zeit eine Brieffreundin. Sie war aus Varel-Oldenburg. Sie bekam irgendwann eine gehäkelt verzierte Kissenplatte von mir, die mir Mutti kaufte. Daraufhin erhielt ich eine Jeans, die zu unserer Zeit noch Niethose hieß.

Da ich von dem Mädchen bis heute nichts weiß, nehme ich an, sie träumte von einem großen Jungen oder war selbst sehr groß. Mutti hat von den Beinen der Jeans ein anständiges Stück abgeschnitten und ich hatte meine Niethose.

Daraufhin schrieb sie, dass sie mich besuchen will. Da bekam ich einen großen Schreck und der Briefverkehr war beendet.

Die Nylonkutte bekam ich von Tante Friedel. Es war ja eigentlich nur ein dunkelgrüner, langärmeliger Regenmantel. Bei uns waren alle scharf auf so ein Ding aus dem Westen.

Nie hatte ich um etwas gebeten und tat es einfach. Prompt kam die Nylonkutte. Aber meine liebe Tante machte deshalb einen mittleren Aufstand, weil es doch bei uns im Osten wirklich andere Probleme gab.

Recht hatte sie, aber ich hatte das Ding und war jetzt endlich richtig angezogen.

Nylonkutte, darunter das langärmelige Dederonhemd mit hochgekrempelten Ärmeln, die blauen Jeans mit Schlag, das Leben konnte beginnen. Dass man im Sommer, dann an den Armen schwitzt, wenn man mit der langärmeliges Kutte aus Nylon rumläuft, wen interessierte das schon?

Ärgerlich war nur, dass es keine Nylonhemden, sondern eben DDR-Ersatz gab. Die Dederonhemden erkannte man sofort, wenn man sich bewegte. Dann machten die Hemden Knittergeräusche so wie es sich beim Umblättern der Lausitzer Rundschau anhörte.

Alan hatte Arbeitskollegen mit Motorrad. Wir fuhren mit Gepäck und Zelten nach Kühlungsborn.

Unterwegs erkannten wir an einer Tankstelle auch gleich den Unterschied unserer Motorräderfabrikate. Meine CZ 250 cm³ schluckte am wenigsten.

Wir waren vier Mann und hatten drei Vier-Mann Zelte. Ein Zelt bauten wir mittig auf für unsere Klamotten, die für unsere Ausflüge griffbereit an den Zeltstangen hingen. Wir hatten alles dabei: Niethosen, natürlich LEWIS, Nylonkutten und Dederonhemden. Es war ein toller Urlaub, wir lagen am Strand in der Sonne, tobten im Wasser bis zum Abend.

Nun hieß es Kühlungsborn mit den Motorrädern kennenlernen. Das war damals schon ein Problem wegen der vielen Einbahnstraßen.

Wenn ich mich früher in der Sonne bräunen wollte, dann hatte ich immer fast einen Sonnenbrand. Die rötliche Haut wurde aber tatsächlich braun, Ostseebraun. Die Ostseebräune fiel zu Hause – besonders nackig im Badehaus – sofort auf. Da kam man sich schon toll vor. Vielleicht wurde man sogar beneidet. Leider überstand meine Haut es nicht lange. Ausgerechnet zu Hause, da lösten sich dann die mit viel Ausdauer erzeugten braunen Stellen und ich bekam wieder meine Naturfärbung mit Sommersprossen auf der Nase.

Meine Schwester Sigrid erzählte mir einmal, dass man die Haut auch ohne Sonne bräunen kann. Natürlich bat ich um dieses Wundermittel und nahm es heimlich mit nach Kühlungsborn.

Am Abend wollten wir dann los. Meiner Ansicht nach sahen meine Freunde brauner aus als ich. Nun half ich mit dem Mittelchen nach. Allerdings irgendwie falsch in der Eile. Eigentlich merkte ich an mir keine Veränderung. Darum gab es nochmal Nachschlag und wir zogen los. Hätte ich das bloß bleiben lassen. Als ich später in den Spiegel schaute erkannte ich mich kaum. Der Abend war für mich gelaufen. Meine scheckige Bräune behinderte mich wirklich. Es war sicher mehr eine psychische Behinderung, aber deshalb besonders ungünstig.

Alan war wie immer Hahn im Korbe. Wir anderen drei überließen ihn ein Zelt mit seiner Eroberung.

Motorradreparatur

Ich bin viel rumgefahren, jeden Tag, in jeder freien Minute. Irgendwann machte das Getriebe komische Geräusche. Natürlich hatte ich eine Vertragswerkstatt. Die war in Ruhland. Nach Süden Richtung Dresden war ich bisher noch nicht gefahren. Nun wunderte ich mich beim ersten Besuch der Stadt, dass es dort noch Privatgeschäfte gab.

Meine JAVA Vertragswerkstatt nahm Motorzylinder, die es nötig hatten, zum Ausschleifen an. Die neuen Zylinderringe konnte ich dort auch kaufen. Das Getriebe wollte ich mir selbst ansehen. Diese Reparatur war zu teuer für mich.

In unserer Gegend war die rote JAVA sehr beliebt. War es der Preis? Ich glaube eher das sportliche Aussehen mit den verchromten Teleskopfedern.

Es war schon ein schickes, kleines, rotes Motorrad. Besonders lässig war das Hochschalten der Gänge mit dem rechten Hacken ohne Kupplung.

So konnte ich mir vom großen Bruder eines Jungen aus der Grundschule Eigenbau Spezialwerkzeug ausborgen. Im Getriebe war eine Buchse aus Rotguss ausgeschlagen. Die stellte mir jemand in der Dreherei der Mechanischen Werkstatt neu her. Ich bekam wirklich alles wieder gut zusammen und vor allem war der Getriebeblock dicht. Die Anspannung war groß vor dem ersten Antreten.

Mein Faible galt der tschechischen JAVA, aber es gab zu meiner Zeit noch die Pannonia und Vorkriegsmodelle, aber dann produzierte man eigene Typen. Jeder kann ja heute im Internet nachlesen was in der sogenannten DDR zunächst für die Jugend produziert wurde.

Gewiss war es den Regierenden schnell klar, wie man dieses Interesse nutzen konnte. Es war kein Problem, die Fahrerlaubnis als Mitglied der GST zu machen. GST war die Gesellschaft für Sport und Technik, als vormilitärische Ausbildungsstätte in der zum Beispiel das Schießen und Tastfunken erlernt werden konnte.

Die RT 125 war das erste Motorrad, das nach Kriegsende als Weiterentwicklung des Vorkriegsmodels ab 1950 produziert wurde. Mein Vati hatte ja eine Zündapp, da kann ich nichts berichten, weil ich ja nur noch den Sozius auf unserem Dachboden kannte.

Der Großvater meiner Frau hatte als einer der wenigen Männer den Krieg überlebt. Ob er noch seine RT (Reichstyp) von früher hatte, das weiß ich nicht. Es war immer schön zu sehen, wie sich seine Frau an ihren Paul klammerte und sich in die Kurven schwang.

Leider hatte ich das so erst später gesehen. Deshalb war ich erschrocken, als ich die Frau einmal mit meiner JAVA ganz dringend irgendwohin fahren musste. Ich lehnte mich extra selbst in die Kurve, dann schmiss sich das kleine Frauchen auch noch hinein. Von meiner Mutti kannte ich das schon, nun wusste ich Bescheid, die Alten haben schon vor meiner Zeit viel erlebt.

Drei AWO-Modelle wurden ab 1950 gebaut, die AWO 425 bis 1955. Die Sport AWO stellte Simson im Jahr 1962 auf staatliche Weisung und zugunsten der Herstellung von DDR-Mopeds ein. Von meinem Erlebnis mit unserem Sport AWO Fahrer aus der Volkshochschule hatte ich berichtet.

Die BK 350 produzierte man ab 1952 bis 1958. BK waren Boxer-Kardan Motorräder. Also mit - Zwei-Zylinder – Zweitakt - Boxer Motoren, mit Kardanantrieb zum Hinterrad.

Das war der Traum für Jungs, die schon Geld verdienten. Was hat der stolze Besitzer von der Thälmannstraße an diesem Teil nicht rumpoliert. Dieses Schmuckstück hatte irgendwann einen glänzenden Aluminium Motorblock dank Elsterglanz.

Der wurde werkseitig eigentlich stumpf gelassen. So drehte er später seine Runden um eine Baracke im Volkspark in Bückgen, wo die vielen hübschen jungen Lehrerstudentinnen untergebracht waren.

Die ES 175 und MZ ES 250 gab es ab 1962 bis 1967. Darauf folgten noch viele weitere Modelle, die jedoch alle nicht an die roten und formschönen JAVA herankamen.

Sanitätsstelle und Skat

Reini hatte Kontakt zu einem Nachbarjungen. Der war ein Sitzenbleiber und ein furchtbarer Angeber. Eigentlich konnte ich ihn nicht leiden. Aber öfter sollte ich zum Skatspielen kommen. Das war die Zeit, als wir uns quasi selbst krankgeschrieben hatten, um Skat zu spielen.

In unserer Krankenstation im Badehaus gab es eine sogenannte Sanitätsstelle mit Arzt und Schwester. Ein großes farbiges Schild aus Pappe hing da an der Wand. Komisch, es war keine Huldigung der sozialistischen Gesundheitspolitik, sondern ein farbiges Bild mit einer Schwester im weißen Kittel. Darauf stand „kleine Wunden, gleich verbunden, Heilung verschafft, schützt Arbeitskraft."

Zur Grippezeit war der Warteraum immer proppenvoll. Der Platz vor der hohen Heizung war frei. Man bekam aus Zeitgründen von der Schwester draußen schon mal ein Fieberthermometer. Natürlich war das nun kein Problem, man musste nur unbemerkt das Thermometer weiter zur Heizung schieben. Aber es war plötzlich doch zu hoch, also musste man einen Fluch auf die Technik ausstoßen und noch einmal messen. Es hatte auch bei meinem Jugendfreund reibungslos geklappt. Wir kannten uns natürlich nicht im Warteraum.

Motorradfahrt zum Spreewald

Wie gesagt, Reini und der großkotzige Nachbarjunge kannten sich schon näher. Sie wollten zum Spreewald und ich sollte mit. Eigentlich wollte ich erst nicht. Unser Großkotz Kuschan hatte, wie fast alle Jungs, keinen Vater mehr nach dem Krieg. Zu seiner Mutter war er rotzfrech. Vor seinem Küchenfenster stand ein Schrott Mercedes – wahrscheinlich zum Angeben. Wollte ausgerechnet er den sanieren? Das tonnenschwere Ding stand Jahre da, die Reifen verschwanden irgendwann im Sandboden.

Wir trafen uns also zur Abfahrt. Der Spinner kam mit einem hübschen Mädchen angefahren. Die hatte eine blaue Nylonkutte an. Er fuhr vorweg. Die Kutte flatterte so stark im Fahrtwind, dass sie das kaum überstehen konnte bis Lübben.

Dann wunderte ich mich über einen dunklen Strich auf der Kutte. Irgendwann kamen wir an. Nun war alles klar: Der Nylonmantel war voller Öl und hing in Fetzen runter.

Der Spezialist hatte zuvor sein Motorrad repariert. Es war eine gebrauchte 175er JAVA. Ich hörte dann, er hatte ein Teil übrig nach seiner Reparatur. Typisch, ich hatte mich nicht getäuscht.

Der Großkotz war eben eine richtige Pflaume.

Meine Armeezeit in der NVA

1964 wurde ich achtzehn Monate zur NVA eingezogen. Meine Armeezeit mit meinen Erinnerungen weicht sicher von anderen ab. Allgemeingütig ist sie gewiss nicht.

Es fing schon mit der Musterung an. Beim Arzt gab es ein O. K., aber um mein Sehvermögen zu prüfen war die Dosis der Tropfen doch gewaltig. Ich sah jedenfalls alles verschwommen.

In diesem Zustand erfolgten die Befragungen ob Kontakte zum Klassenfeind bestehen – also zur Westverwandtschaft. Keine Ahnung hatte ich, was Onkel und Tante so im Westen machen, aber aufgeschnappt hatte ich schon, dass mein Onkel im Dyckerhoffwerk irgendetwas mit Rechtsdingen zu tun hatte. Dummerweise sagte ich, er sei Rechtsanwalt, ich wisse es aber nicht genau. Da schallten die Alarmglocken, ich musste lange warten. Ich glaube, man war dann sauer auf mich, weil man nichts über ihn fand. So tastete ich mich zu meinem Motorrad und fuhr nach Hause.

Der Wehrdienst aller Wehrpflichtigen erfolgte möglichst weit weg von zu Hause. So fuhr ich mit der Deutschen Reichsbahn bis Königswusterhausen und mit der S-Bahn im Ring um Westberlin nach Potsdam und mit dem Bus nach Eiche.

Dass diese Kaserne mehr einem Sanatorium glich, das habe ich erst später so erkannt. Auf und ab führende, kurvenreiche Straßen schlängelten sich um baumbewachsene Hügel. Man erzählte, dass dies einmal die Nachrichten Vorzeigekaserne von Hermann Göring war.

Es gab in der sogenannten DDR bis 1962 nur freiwillige Soldaten. Sobald man von einem hörte, der sich freiwillig gemeldet hatte, verband man dies mit seinem geistigen Horizont. Darum war auch die allgemeine Meinung der Bevölkerung entsprechend negativ. Mir war kein kluger Kopf bekannt, der sich für drei Jahre verpflichtete.

Aber man tat doch einiges für diese Kameraden. Diesem Umstand war es sicher geschuldet, dass es in der Nachrichtenkaserne Potsdam Eiche als Überbleibsel noch in meiner Wehrpflichtzeit eine Gaststätte, Friseur und eine kleine Verkaufsstelle gab, in der es militärische Dinge, Lebensmittel und sogar Alkohol zu kaufen gab.

So wurde ich Tastfunker mit einer gelben Schulterklappe. Die letzten hundert Tage der Wehrpflicht waren wir dann EK – also Entlassungskandidaten. Dann wurde das Maßband täglich Zentimeter für Zentimeter ganz feierlich bis zur Entlassung abgeschnitten.

Alle Soldaten wurden üblicherweise vor der Entlassung zum Gefreiten befördert, die Schulterklappe erhielt einen silbernen Streifen. Ich glaube, ich war der einzige Soldat, der bis zur Entlassung Funker blieb.

Darauf war und bin ich bis heute stolz. Wenn ich das dann im Beruf erzählte, dann konnte ich erkennen, wer mich umgibt. Beifall für meine Taten bekam ich nie, darum hatte ich auch nie echte Freunde in der sogenannten DDR.

Warum ich bei meinem Spieß so beliebt war, ist schnell erklärt. Oder soll ich ausholen? Ich glaube es lohnt sich.

Ich hatte keine Ahnung und auch kein Interesse an militärischen Dingen. Das erste halbe Jahr gab es kaum Ausgang und keine Heimfahrt. Diese Monate nannte man Grundwehrdienst. Da konnte sich unser Spieß an uns Funker so richtig austoben.

Es begann gleich am ersten Tag. Als wir nach unserem Essen zum Kasernengebäude zurückmarschierten, stand schon unser Spieß – ein Hauptfeldwebel – vor dem Eingang. Er schrie: „Links um!" und ich tat was alle taten. Dann rief er lautstark meinen Namen und Dienstgrad. Ich wunderte mich wirklich, warum er mich rief. Soll ich etwa belobigt werden? „Wofür?", schoss es durch meinen Kopf.

Ich stand dummerweise in der mittleren Reihe und drängelte mich nach vorn. Zackig vortreten, ich kannte das nicht! Er lief vor Wut rot an und schrie etwas Militärisches. Aus seiner Brusttasche holte er einen Brief hervor. Er war von meiner Verlobten. Sie schrieb gleich am ersten Tag einen Brief. Was ich gerade erlebte war die Postausgabe.

Von diesem Tag an hatte ich bei ihm – aber ich muss sagen auch er bei mir – verschissen. Im Spind hing das hübsche Bild mit der Aufschrift: „Dein Bumerang." Das sah sicher auch der Spieß neidisch, zumindest missmutig an, wenn er die Spinde kontrollierte und mit dem Finger über der oberen Ablage vom Spind strich, auf seine Hand blies, und schrie: „Funker, sehen Sie mich noch?"

Es ging dann oft um das beliebte Toiletten putzen. Die alten, doppelten Holzfenster wurden mit Spiritus und Zeitungen gereinigt.

Der lange Kasernenflur hatte Steinfußboden, er war stockdunkel, weil es keine Lampen gab. Natürlich mussten die Steinplatten jede Woche gebohnert werden. Das war dann eine Mordsgaudi. Die fünfzig Zentimeter hohe Bohnerwachsrolle stießen wir wie beim Curling – Eisstockschießen – nur ohne Eis von einem Flurende zum anderen. Unser Spieß kontrollierte dann das Bohnern. Im stockdunklen Flur blitzten helle Lichtstreifen Richtung Eingang auf. War das zu sehen, dann war der Spieß zufrieden.

In unseren Zimmern war tolles Holzparkett, es hieß, alle Spinde und Betten raus auf den Flur. Dann begann das wöchentliche Reinigen. Der Spieß war nie zufrieden, wir wiederholten oft die sinnlosen Arbeiten. Erst wenn sich sein Feierabend näherte, murrte er und ging missmutig mit dem Befehl, dass wir das besser machen müssen.

Hauptfeldwebel Mache, also unser Spieß ärgerte sich immer über abgegriffene Türklinken. Einmal kamen wir von einer Übung zurück. Da hatte er selbst Hand angelegt und alle Klinken gestrichen. Die richtige Farbe hatte er aber nicht, wir sahen es an unseren Händen. Keiner wunderte sich darüber. Sogar unser neuer, junger Kompaniechef schüttelte den Kopf.

Wir waren ja nun die neuen Funker. Plötzlich erschien der Spieß im Übungsraum. Er setzte sich hinten hin und blieb, als wir mit unseren Kopfhörern und Funkertasten die Morsezeichen übten.

In meinem Zimmer war ein Potsdamer. Er war schon EK und Spießschreiber. Er sagte: „Der Spieß versucht, bei allen neuen Funkern das Morsealphabet zu lernen."

Woher dieser unsympathische, dicke Sack kommt, das war allen bekannt. Er soll an der Grenze einen Fluchtversuch vereitelt haben. Jeder konnte sich das vorstellen. Solch würdige Soldaten wurden dann befördert, von ihrem Standort entfernt und bekamen neue, wichtige Aufgaben bei der NVA.

Dann hat mich doch tatsächlich Reini in Potsdam mit seinem Motorrad besucht. Dass er mit meiner Verlobten kam, das war eine Überraschung für mich. Er wollte sich verabschieden, bevor auch er zur NVA eingezogen wurde.

Irgendwann näherte sich das Ende des Grundwehrdiensts. Ich fragte den EK aus unserer Stube, ob er nicht jemand kennt, wo ich mein Motorrad unterstellen kann. Er gab mir den Tipp, ein paar Häuser weiter neben der Kaserne, da sollte ich fragen. Es waren freundliche Leute, sie zeigten mir den Platz in einem kleinen Holzschuppen.

Bald wurde die erste Heimreise genehmigt. Zurück ging es mit der JAVA in Zivil zum angemieteten Schuppen. Ein brauner Vulkanfiberkoffer beherbergte meine Tauschutensilien.

Wenn ich Ausgang von der Kompanie genehmigt bekam, dann war der übliche Weg der Soldaten entweder Richtung Sancoucie zum Tanz in die Weinbergterrassen oder Richtung Golm zu einer Kneipe. Dort gab es Bauernfrühstück. Ich hatte Hunger und bestellte eine große Portion. Der Wirt warnte mich, ich würde die nicht schaffen. Er hatte Recht.

Die Weinbergterrassen habe ich tatsächlich nur einmal besucht. Das war nichts für mich, da saßen auch die Unteroffiziere und ich ging beschwipst wieder nach Eiche.

Besoffen durch das Tor war normal. Wenn man nüchtern war, dann gab es eine gründliche Kontrolle.

Da ich nun das Motorrad hatte, nutzte ich Ausgänge zum Ersatzteilkauf in Potsdam, für Durchsichten und Kleinreparaturen. Bei der Wache musste ich dann immer den Alkoholisierten schauspielern.

Als wir dann das Tastfunken beherrschten, da wurden wir Funker in Gruppen auf offene Jeeps aufgeteilt. Mein Gruppenführer war Unteroffizier oder schon Unterfeldwebel. Mit ihm verstand ich mich gut. Wir unterhielten uns oft über die seltsame Führung in unserer Kompanie.

Da gab es den primitiven Spieß, der am Morgen die Kragenbinden auf Sauberkeit prüfte. Alle Funker verkniffen sich das Lachen und blickten nach unten wenn er wie immer schrie: „Das ist doch keine „Higenie in dieser Frage!" Vor dem Ausgang prüfte er über den Schuhen ob Unterhosen zu sehen waren.

Ich hatte mir meine Ausgangshosen schon beim Kasernenschneider enger nähen lassen. Das machten viele für einen kleinen Obolus. Für den Ausgang habe ich die abgeschnittenen Unterhosenbeine mit Sockenhaltern an der Wade befestigt.

Ein wunderbares Ereignis ließ die vielen Bösen in meiner Grundausbildung verblassen. Das Küchengebäude der Kaserne stand auf einen Hügel. Ein Soldat, der mit uns eingezogen wurde, hatte das Sagen in der Küche – besonders wenn es um Kartoffelschälen ging. Er war groß und dick und hatte öfter dicke Eier, sagte man. Die Kompanieärztin, die in Abständen auch unsere Genitalien kontrollierte, hieß nur Tripper Elli. Man erzählte, dass der Dicke aus der Küche öfter nach Hause musste wegen seiner dicken Eier.

In Abständen wurden auch Soldaten unserer Kompanie zum Kartoffelschälen abkommandiert. Es ging einmal schneller als gedacht. Wir marschierten nicht zurück, sondern „verpissten" uns, um den Feierabend der Offiziere und Unteroffiziere abzuwarten. Die wohnten alle irgendwo in Eiche in Kasernennähe.

Gleich am Küchengebäude angebaut war die Verkaufsstelle. Wir legten zusammen, holten eine Flasche Schnaps und versteckten uns in einer dichten Buschgruppe auf den Hügel. Von dort oben schaute man über eine große Wiese bis auf die Straße zum Kasernenausgang. Wir waren schon gut in Stimmung, da kamen unsere Herren Offiziere, die linke Hand im Rock an der Brust und die schwenkende Aktentasche in der rechten Hand.

Wir flüsterten, um nicht gesehen zu werden, einer rief den Namen vom Spieß. Er drehte sich blitzartig um, richtete seinen Blick nach oben zur Buschgruppe. Er machte Schritte in unserer Richtung, uns schlug das Herz bis zum Hals. Zum Glück aber lief er doch mit seinen Genossen weiter. Wir lachten laut und fühlten uns unsagbar gut. Die leere Schnapsflasche schleuderten wir dann fast bis zur Straße.

Außerdem gab es den in der Hierarchie höherstehenden Kompaniechef. Das war ein sympathischer, junger Mann, anscheinend frisch von der Offiziersschule. Der war damals zunächst noch Unterleutnant und kurze Zeit darauf Leutnant.

Wir beschwerten uns bei ihm einige Male, weil die Ausbildung mehr als Drill war. Da gab es nämlich einen recht unsympathischen Unteroffizier oder Unterfeldwebel, der uns das Verhalten bei Befehlen „Flieger von links", „Flieger von rechts" und so weiter beibringen wollte. Es hatte geregnet, die Flugzeuge kamen immer so angeflogen, dass wir uns in die Pfützen schmeißen mussten.

Der Kompaniechef hörte sich das in Ruhe an. Wir hatten zudem miterlebt, wie auch er vom Spieß ignoriert wurde. Er schüttelte oft im Beisein vom Spieß den Kopf. Die waren keine Freunde!

So kam es, dass ich mich mit meinem Gruppenführer unterhielt. Ihm gefiel es auch nicht in der Kompanie und so entschlossen wir uns, gemeinsam beim Kompaniechef um Versetzung zu bitten. Das war hart, wohl auch einmalig.

Meinen Gruppenführer habe ich nicht mehr wiedergesehen. Keine Ahnung, wohin er versetzt wurde. Ich musste jedenfalls die Kompanie verlassen und kam zum Stationären Dienst.

Das war eine persönliche Beförderung, wie ich bald merkte.

Im Stationären Dienst arbeiteten nur gute Funker immer in drei Schichten hintereinander. Spät, Früh und Nachtschicht. Dann hatte man zweieinhalb Tage frei. In einem kleineren Funknetz waren wir Hauptfunkstelle, in einem großen waren wir Unterfunkstelle. Die Hauptfunkstelle war Strausberg. An der Gegenseite waren extrem scharfe Gesellen, aber auch sehr gute Funker.

In einem separaten Gebäude, in der oberen Etage, da gab es die Diensträume vom Stationären Dienst. Das Gebäude grenzte am Grundstück der

Kaserne. In der gleichen Ebene arbeiteten und wohnten höhere Dienstgrade.

Da kann ich gleich einmal meine Erfahrung mit höheren Offizier Dienstgraden einflechten. Ab Oberst gab es nur vernünftige Offiziere. Da in unserer Nachrichtenkaserne öfter auch mal ein General angekündigt wurde, war dies für den Spieß ein Fest. Die Randsteine wurden geweißt, Herbstblätter wurden einzeln eingesammelt, überall wurde gefegt und in Mustern geharkt. Aber in meiner Zeit kam nie ein General.

Gleich neben unseren Diensträumen war der Fernsehraum. Wenn es etwas Interessantes gab, dann drehten wir unsere Empfänger der beiden Netze voll auf, öffneten die Glastür zum Flur und konnten so im Fernsehraum die Funksprüche mithören. Unsere Rufzeichen waren einem ja wie eingepflanzt, erst wenn wir gerufen wurden, ging es schnell zurück an die Funkertaste.

Ein großer, breitschultriger, junger Mann war schon beim stationären Dienst, als ich dahin abkommandiert oder versetzt wurde. Er spielte in Babelsberg Wasserball. Entsprechend groß war er, ich weiß seinen Namen nicht mehr und nenne ihn Bernd. Alle kannten ihn schon länger. Wenn er öfter mit unserer Kompanie zum Küchengebäude marschierte, war dies immer eine Mordsgaudi.

Da konnte ein Unteroffizier immer und immer wieder „links zwo, drei, vier" schreien, Bernd brachte unseren Trupp mit seinen langen Beinen ständig aus den Tritt. Bernd lief einfach so wie es ihm seine Beine vorgaben.

Er war ein guter Funker, wenn wir zusammen Schicht hatten, war ich zunächst am kleinen Funknetz und er am großen. In der Nachtschicht hatten wir ja keine Vorgesetzten mehr zu fürchten.

Eine raumhohe Stahlblechschrankwand mit allen möglichen technischen Klimbim trennte den großen Funkraum in die zwei Arbeitsbereiche der Funknetze.

Bernd holte seinen eingerollten Teppich hervor, der unsichtbar zwischen der Außenwand und der Schrankwand versteckt war und legte sich am Boden zum Schlafen nieder. Diesen Teppich hatte er schon von Vorgängern geerbt. Kein anderer durfte ihn benutzen.

Mein Schlafplatz war einmal mein Arbeitspult aus Stahlblech. Da war ich schon im großen Funknetz und ein Neuer bediente das kleine Netz. Übrigens hat mir dieser Neue Schach beigebracht. Das habe ich dann später meinen Kindern weitergeben können.

Wir hatten mehrere Empfänger mit allen Wellenlängen auf Rollwagen stehen. Ich stellte mir SFB oder RIAS ein, schob den Empfänger links neben das Pult, legte mich so auf die etwas schräge Pultplatte, damit ich die vielen Hebel-Kippschalter nicht berührte. Am Fußende rauschte laut die Kurzwelle. Ich horchte auf das Rufzeichen Sombrero und schlief ein.

Mein Kumpel vom Nachbarnetz hatte auch nichts gehört und schlief bei der lauten Musik vom Audioempfänger. Mit lautem „da da dit da, da dit da, da da dit dit", „dit dit da da dit dit", also mit QCZ? wurde ich geweckt. – das hieß „Sie verletzen die Regeln des Funkverkehrs, als Frage".

Ich sprang von meinem Pult auf und wollte mich mit dem Rufzeichen der Funkstelle melden. Meine Hand – ich glaube der ganze Arm – war eingeschlafen. Ich wollte morsen, aber es kam nur ein lautes „daaaaaaa"

Jetzt wurde der Funker in Stahnsdorf erst richtig wild. Er morste hintereinander „da da dit da, da dit dit da, da dit dit da", „dit dit da da dit dit"

QXX ? – das hieß „Verlassen Sie die Funkstation , als Frage".

QCZ bedeutete, dass man Ärger bekam, QXX war eigentlich das Schlimmste, was man mit dem Fragezeichen androhen konnte.

QXX ohne Fragezeichen bedeutete Knast und EX aus dem Netz.

Das Problem war die Funküberwachung, die nicht weit von uns saß und im Ernstfall auch reagierte.

Inzwischen war mein Arm fast wieder durchblutet. Als ich mich mit dem Rufzeichen „dit dit dit, da da da, da dit dit dit, dit da dit, dit, dit da dit, da da da" – also mit „Sombrero", unserer Station – zu erkennen geben wollte, da sprang lautstark unser Fernschreiber im Nebenraum an und ratterte los.

Am Fernschreiber war ich erst recht hilflos, denn Schreibmaschine schreiben, das konnte ich nur im Adler Suchsystem.

Der Mann in Stahnsdorf muss wirklich verzweifelt gewesen sein.

Ich erkläre das mal kurz:

Wenn er in seinem Netz Hauptfunkstelle ist, dann muss er eine Anzahl von Funksprüchen pro Schicht an all seine Unterfunkstellen absetzen. Dazu fragt er alle an, ob sie bereit sind. Die Funkstellen antworten dann in der Reihenfolge QRV – bin bereit, „da da dit da, dit da dit, dit dit dit da"

Da ich nun die Bereitschaft nicht gegeben hatte, konnte er sein Funkspruch nicht absetzen und tat das dann mit dem Fernschreiber.

Das Ganze hatte dann keine weiteren Konsequenzen. Das Spiel erlebten wir dann manchmal auch bei anderen müden Gesellen im Netz.

Die Soldaten des Stationären Dienstes waren weit, weit weg von den Kompanien untergebracht. Dafür gab es sicher gute Gründe. Wir lebten in relativer Freiheit ohne Kompaniedienst, Übungseinsätze, Wache stehen und Paraden.

Unsere Spinde und Betten standen in einem riesigen Raum. Jeder richtete sich irgendwie mit Schränken abgeschottet ein.

Unser Aufenthalts- und Schlafraum war in einem Gebäude mit Kinosaal, Bücherei und weiteren Lagern untergebracht. Das Kino besuchten wir in Pantoffeln und Trainingsanzug. Die Soldaten haben sich nur gewundert, dass es sowas in der Kaserne überhaupt gab.

Nun bleiben mir noch zwei Berichte, die ich nicht auslassen kann.

In meinem kleinen Jahreskalender hatte ich mir meine Heimfahrten eingetragen. Durch den Grundwehrdienst blieb er das erste halbe Jahr leer. Nun gab es im Stationären Dienst immer die zweieinhalb Tage frei. Zwar hatte ich mir Lehrbücher in der Bücherei besorgt – ich hatte mich während der Armeezeit schon zum Studium in Senftenberg beworben. Die Aufnahmeprüfung musste ich noch bestehen.

Aber trotzdem blieb massig Zeit und mein Motorrad wartete immer geduldig auf mich im kleinen Schuppen mit den Zivilklamotten.

Wie schon berichtet, stand unser Dienstgebäude maximal im zwei Meter Abstand zur Kasernen-Grundstücksgrenze. Wenn man aus dem Fenster schaute, sah man unten den Zaun mit Stacheldraht, der aber an einer Stelle ein großes Loch hatte. Der Sandweg zum und vom Loch in die Freiheit war ausgetreten.

Nun konnte man von uns oben leicht eruieren, ob scharfe Genossen einer Wachkompanie, oder unsere eigenen Leute den Weg am Zaun auf und ab liefen.

Am Ende unseres Spät-, Früh- und Nachtschicht-Dienstes brauchte ich nur schauen, ob einer auf seinem langen Weg gerade vorbeiging. Dann konnte ich bequem durch den Zaun schlüpfen, mein Motorrad in Zivil besteigen und am frühen Morgen Richtung Michendorf nach Hause fahren.

Nur einmal wurde ich in den zweieinhalb Tagen mal vermisst. Einer warnte mich. Man suchte mich. Aber zum Glück erst am letzten Tag. Dann hatte ich mich noch rechtzeitig wieder bemerkbar gemacht.

Eine besonders dreiste Urlaubsreise hat sich wirklich so zugetragen, wie ich sie hier beschreibe.

Unser Zugführer vom Stationären Dienst war – genau wie die zugehörigen Unteroffiziere – ein prima Kerl. Der Zugführer hatte immer Tagschicht. Wenn man offiziell Urlaub beantragte, holte er sich immer die Urlaubsscheine aus einem Holzschrank im Vorraum. Genau weiß ich das nicht mehr, ob man sich alte Urlaubsscheine behalten durfte. Ich hatte jedenfalls einen.

Nun wollte ich mal ganz offiziell nach draußen während der freien zweieinhalb Tage. In einer Nachtschicht öffnete ich teilweise irgendwie die Rückwand vom Schrank und sah die Urlaubsscheine drin liegen.

Ich arbeitete die ganze Nacht und hatte dann stolz einen fast echt aussehenden Stempel hinbekommen.

Es ging alles gut, am Ausgang wurde ich wie immer flüchtig kontrolliert und fuhr in Zivil nach Hause.

Als ich dann in der Nacht stocknüchtern und umgezogen mit Ausgangsuniform zum Wachhäuschen zurückkam, stand an der Wache kein Soldat, sondern tatsächlich der Kompaniechef der Motschützenkompanie. Er hatte einen entsprechenden Ruf. Am liebsten wär ich umgekehrt. Er sah mich durchdringend und misstrauisch an. Er studierte ganz genau meinen Schein. Ich zitterte innerlich. War er nur misstrauisch, weil ich nüchtern war?

Als er „Passieren!" sagte, wäre ich am liebsten losgerannt.

So hatte ich also ganz gewissenhaft in meinen kleinen Jahreskalender meine offiziellen und inoffiziellen Heimfahrten festgehalten. Am Ende meiner Wehrpflicht hatte ich die Lücke des ersten Halbjahres ohne Urlaub in der Weise ausgefüllt, dass ich im Schnitt alle vierzehn Tage zu Hause war.

Meine Motorradfahrten im Winter waren wenig erquickend. Einmal waren all meine Glieder steif gefroren, obwohl ich beide Beine hinter dem Zylinder auf den Motorblock hatte. Ich bockte mein Motorrad mitten auf der Autobahn-Fahrbahn auf und rannte immer hundert Meter vor und zurück, bis mir warm wurde. Das waren noch Zeiten auf den leeren DDR-Autobahnen.

Mutti berichtete mir dann besorgt: „Der Meister hat schon gefragt, ob du denn nicht mehr bei der Armee bist." Sie arbeitete ja schon stundenweise im Meisterbüro der E-Werkstatt, wo auch ich nach der Lehrzeit gearbeitet hatte.

Mich erinnern heute noch zwei Schuhkartons voll mit Briefen meiner Verlobten an die Zeit im Wehrdienst. Fast täglich bekam ich Post. Diese Briefe bauten mich ganz sicher auf und schweißten uns zusammen während dieser unbeliebten Armeezeit.

Meine Heirat in Potsdam

Zu meiner Armeezeit bei der NVA gehört noch ein weiterer Bericht der indirekt auch mit meiner Vermählung zusammenhing. Gemäß der zuvor geschilderten Ereignisse und meiner Aktivitäten versteht es sich von selbst, dass dieser Funker kein Aspirant für Auszeichnungen oder gar Sonderurlaube war.

Es muss am Ende unserer Grundausbildung – also im Spätsommer 1965 – gewesen sein, da war ich noch in der Kompanie.

Der Spieß war in Hochstimmung und lockte die Soldaten mit der Aussicht auf Sonderurlaub bei guten Schießleistungen. Mache drückte uns Kleinkalibergewehre in die Hand und ich war ganz überrascht: Ich traf. Na, so hatte ich ja auch schon die eine oder andere Blume auf Rummelplätzen erlegt.

Das war nun leider noch nicht alles. Es gab einen sehr wichtigen Schießwettbewerb zwischen den Kompanien oder so.

Es ging hinaus zum Schießplatz. Scheinbar wurden beste Schützen aufgerufen. Jemand schrie meinen Namen. Ich drehte mich um und sah hoffnungsfrohe Gesichtszüge beim Spieß.

Ich gab mir wirklich Mühe, schließlich wusste ich vom Westbesuch bei uns zu Hause. „Tante und Onkel sind zu Besuch, wenn ich Sonderurlaub kriege, dann kann ich sie sehen", schoss es durch meinen Kopf.

Mein erster Schuss ging am Ziel vorbei, ich habe ihn jedenfalls nicht gesehen. Das Ziel – ein großer Pappmensch mit Zielscheibe auf der Brust – blieb unverletzt.

Als dann der Befehl für den zweiten Schuss kam, da sah ich nur, wie der Sand vor der Scheibe hochflog. Der Spieß schrie mich von der Seite an und schubste mich aus meiner Schießmulde. Er riss mir die Kalaschnikow aus der Hand, ließ sich nach unten fallen und ballerte den dritten Schuss ins Ziel.

So wurde aus meinem Sonderurlaub nichts. Ganz im Gegenteil, für den Spieß war ich von da an ein Vaterlandsverräter, der diese Fehlschüsse mit Absicht abgab.

Nach meiner verbotenen Bitte um Versetzung mit meinem Gruppenführer, fand ich mich ja im stationären Dienst wieder und hatte viel Zeit zum Nachdenken. Es gab doch tatsächlich Sonderurlaub bei familiären Todesfällen, bei Geburten, aber auch für die eigene Hochzeit.

Da gab es für mich nicht viel zu überlegen. Unsere Tochter meldete sich schon im Bäuchlein meiner Verlobten. Auch in der sogenannten DDR waren die überlieferten Meinungen zu Schwangeren – und dann auch noch zu unverheirateten Frauen – für Betroffene schwer zu ertragen. Gerade die Trennung verband uns mehr als zuvor. Wir waren jung und verliebt. Von den Eltern war keine Unterstützung zu erwarten.

Bei den Gepflogenheiten mit der Aussteuer – also wer was zu bezahlen hat – habe ich mich gefragt, wie das gehen soll bei unseren beiden armen Familien. Niemand in unserer Umgebung hatte nach dem Krieg mehr als er monatlich zum Leben brauchte. Es war für uns nicht belastend, es war eben normal. Wie sollten die Eltern helfen, die hatten ja selbst nichts?

Was für Feste waren es doch bei meinen Geschwistern, bei denen ich als kleiner Junge teilnehmen musste. Sogar zu Helmuts Verlobung fuhren wir nach Chemnitz. Und die Hochzeiten erst, die waren schon etwas Besonderes. Für meine Schwester wurde extra in Berlin der kirchliche Akt organisiert mit nachfolgenden Stunden mit Unterhaltung und Dinieren in den für normale Bürger gewiss kaum erschwinglichen Bauresten des Berliner ADLON.

Diese Erinnerungen waren sicher entscheidend für meine eigene Entscheidung. Schon unsere Verlobung hatten wir auf der Straße bei einem Halt erledigt und sind mit Ringen weitergefahren, um spätere Reaktionen abzuwarten.

Nun, ich redete mir einfach ein, das passt nicht zu uns. Unsere Heirat muss einfach und bezahlbar sein.

Zudem konnte ich dem ungeliebten Zwangsdienst mittels Sonderurlaub sogar für zwei Tage entkommen.

So organisierte ich die standesamtliche Trauung. Am Alten Markt war das Standesamt Potsdam im alten Rathaus untergebracht. Ein Bau mit dem vergoldeten Atlas auf dem Dach. Es war daher leicht zu finden. Das Alte Rathaus war als einziges Gebäude ringsum durch Bombenangriffe nur leicht beschädigt worden. Die Russen gaben ihm dann den Rest. Ein Teil – wie die Fassaden mit Treppenhaus –, aber auch die Kuppel blieben als Teilruinen verletzt stehen. Rechtzeitig vor unserer Vermählung 1966 wurde es als Kulturhaus Hans Marchwitza eingeweiht und beherbergte das Standesamt.

Es ist auch heute noch das Rathaus oder Stadthaus Potsdam mit Standesamt.

Mit unserer Übernachtung war es ein Abenteuer. Ich besorgte in einem alten Gebäude in einer oberen Etage ein Zimmer, das war bezahlbar. Die Vermieterin freute sich später riesig auf uns Neuvermählte und konnte die Spitzen zur Hochzeitsnacht nicht lassen. Nicht nur die knarrenden Dielen im Treppenhaus, auch unser quietschendes Holzbett verhinderte alles, was wir uns so wünschten.

Ich glaube, wir kamen fast noch zu spät mit dem Taxi. Die Vermählung in dem schönen Potsdamer Gebäude lief wie ein Uhrwerk ab. Wir waren nicht die Einzigen, die am 30. September 1966 heiraten wollten.

Komisch, damals habe ich das alles so selbst organisiert aber auch alles als selbstverständlich hingenommen, wie es dann geschah. Heute denke ich darüber nach und wundere mich.

Kann ich mich nur nicht erinnern, oder habe ich wirklich nichts von meinen doch schon erwachsenen Geschwistern gehört, vor und nach meiner unkonventionellen Vermählung? War die wirklich so geheim? Das kann nicht sein. Ich bin mir ganz sicher, Mutti hat immer ihre Kinder gegenseitig über alles informiert. Ich meine, sie hat nie Äußerungen übereinander für sich behalten. Im Gegenteil, jeder von uns kannte daher auch die Meinung seiner Geschwister.

Ich fand und finde das auch noch heute als völlig normal, so wussten wir gegenseitig über uns das, was Mutti oft wahrheitsgetreu berichtete. Es waren ja immer die Tatsachenberichte, zum Beispiel wenn Mutti in Schwedt als Hilfe oft lange arbeitete und irgendwann völlig ausgelaugt wieder nach Hause kam, oder wenn sie beim Großen in Berlin von der Schwiegertochter zu spüren bekam, wie gewollt ihr Besuch ist.

Unsere Geschwister-Beziehung hat da nie drunter gelitten.

Nach unserer Hochzeit hat meine Schwiegermutter uns einen – für damalige und unsere Verhältnisse – teuren Staubsauger geschenkt. Mutti hat uns zu Hause mit einem fürstlichen Essen verwöhnt und uns alles Glück der Welt gewünscht.

Glückwünsche oder Geschenke meiner Geschwister gab es sicher, ich kann mich daran aber nicht erinnern.

Da ich fast jede Woche mit dem Motorrad von Potsdam nach Sedlitz fuhr, war das Ende meiner Armeezeit gar nicht so spannend. Natürlich schnippelte auch ich fleißig mein Maßband ab. Dann gab es zum Abschluss noch die üblichen Beförderungen der Soldaten zum Gefreiten, die an mir vorbeigingen.

Die Soldaten wurden ausgiebig hinsichtlich Alkoholgenuss bei der Fahrt mit der Deutschen Reichsbahn eingewiesen und gewarnt. Dann trollte ich mich nun in Zivil zu meinem Motorrad mit dem Vulkanfieberkoffer, der inzwischen mittig eine schwere Narbe vom Lederriemen trug, und fuhr diesmal offiziell in Zivil nach Hause.

Ein ärmliches Zuhause

Nun war ich also wieder zu Hause im ärmlichen Anna-Mathilde. Die Friedensstraße hieß inzwischen Ringstraße, aber es blieb ein Sandweg zwischen den verwohnten Klinkerbauhäusern.

Der Bergbau rückte meiner Heimat immer näher. Der alte Bergbauort war nun schon lange nur noch ein Schatten seiner selbst in der sogenannten DDR. Nur noch das Badehaus und der vereinsamt dastehende, stattliche, ehemals größte Schornstein der Niederlausitz aus gelben Klinkern trotzten dem Verfall. Ich erinnere mich, wie ich am mächtigen Fuß des Schornsteins einmal eine unten geschlossene Stahltür öffnen wollte. Der Kamineffekt war riesig. Ich hatte keine Chance. Eigentlich hätte man durch den Schornstein damals Flugblätter verteilen können, fällt mir heute ein.

Mein Gott war das eine ärmliche Zeit – ich nun schon dreiundzwanzig Jahre mittendrin – und nun auch noch mit Familie. Meine Mutti hatte für uns vollstes Verständnis. Ich glaube, Mutti hat sich gefreut, denn so blieb sie nicht allein in ihrer Wohnung.

Eigentlich ein starkes Stück

Schon bald wurde Mutti wieder einmal von Sigrid gebeten nach Schwedt zu kommen Alles um was ihre Kinder baten, tat Mutti, ohne dass ich mich jemals an Diskussion oder an Ablehnung erinnern kann. Diesmal war es kein kurzer Besuch, sondern Mutti wurde längere Zeit in Schwedt quasi auch zur Hilfe im Haushalt gerufen.

Die Bahnfahrt ging immer mit Umsteigen in Lübbenau nach Königswusterhausen, dann mit der S-Bahn nach Bernau, weiter mit der Bahn mit Umsteigen in Angermünde und dann nach Schwedt.

Ohne mit Mutti zu sprechen, baute ich unsere Wohnküche um. Den Schrank für Arbeitssachen verwendete ich als Raumteiler. Die entstandene Nische wurde mit einem Vorhang erweitert und umschlossen. Da hinein stellte ich Muttis Bett. Wir verwendeten für uns das zweite Bett und stellten es nach hinten. So hatte ich meine Mutter einfach in ihrer eigenen Wohnung umquartiert.

Als Mutti nach Wochen wieder nach Hause kam, da gab es keinen Protest, nein, sie akzeptierte einfach, dass nun die junge Familie ein eigenes Zimmer hatte.

Anders war es mit meinen Geschwistern. Nach meiner Erinnerung waren sie überrascht oder auch empört, was sich da ihr kleiner Bruder herausnimmt, ohne es auszusprechen. Aber eigentlich war es ihnen ganz bestimmt doch egal, sie hatten lange schon ein eigenes Leben weit weg vom Elend und der Armut in Anna-Mathilde.

Meine Studienzeit

Das Ende der Armeezeit war gleichzeitig der Anfang meines Studiums. Meine Klasse wurde gleich zu Beginn des Studienjahres zum Kartoffeleinsatz geschickt. So hatte ich also nichts versäumt. Noch einer kam von der Armee. Klaus hatte auch seine Zeit dort beendet und so wurden wir Banknachbarn.

Heute besuchen Studenten Vorlesungen oder auch nicht. Früher war das noch echter Unterricht im Hörsaal oder eben in einer Klasse. So studierte ich also im Fachgebiet Elektrotechnik.

Der Pauker, der uns am effektivsten beibrachte, dass nun ein anderer Wind weht, das war unser Chemielehrer. Damit wir uns daran gewöhnen, gab es gleich beim zweiten Kennenlernen eine Klassenarbeit. So hatten viele nach wenigen Tagen die erste Fünf. Nach weiteren Bestnoten drohte dann bereits die Exmatrikulation. Das hat einer unserer Klasse auch geschafft. Alle weiteren hatten den Schuss vor den Bug verstanden und waren ab sofort akzeptable Studenten.

Da ich es ja nicht weit bis nach Hause hatte, nahm ich mir keine Bleibe in den Internaten, sondern fuhr jeden Tag die paar Kilometer mit meinem Motorrad nach Hause.

Das war einerseits gut für mein Familienglück, andererseits aber auch schwer, weil ich ganz allein die Aufgaben und Probleme lösen musste. Daher blieb ich später dann manchmal doch noch im Internat und lernte so die verschiedenen Charaktere unserer Klasse kennen. Darauf will ich jetzt nicht im Einzelnen eingehen. Nur streifen möchte ich es schon, weil es ja auch mit dem sogenannten DDR-Staat, aber auch mit dem Erlernen von Lebenserfahrungen zu tun hat.

Da ich meine Klassenkameraden fast ausschließlich nur in der Ingenieurschule kennenlernen konnte, kann ich die Erinnerungen nur oberflächlich schildern.

Ganz überrascht war ich über zwei Kommilitonen, die als Parteimitglieder das Studium aufnahmen.

Der eine war ein Großmaul und Angeber und hatte deshalb sofort eine Freundin. Außer bei seinen Leistungen war er immer Größte.

Der andere war ein hübscher, freundlicher und kluger Kopf. Beim Kartoffeleinsatz hatte er bereits seine spätere Frau kennengelernt. Gewiss auch wegen seiner Parteizugehörigkeit wurde er später Abteilungsleiter in einem Elektro-Betrieb.

Außerdem hatten wir einen jungen Abiturienten im Studium. Der war besonders in Mathematik recht gelangweilt, weil er die Höhere Mathematik besser als die meisten beherrschte. Leider verlor er bald den Anschluss, das ist auch so eine Erfahrung, die man erst machen muss.

Und mein Banknachbar Klaus war eher langsamer als ruhig. Seine Fragen an den Pauker kurz vor Ende des Unterrichts waren wenig geschätzt. Obwohl, ich war mehrmals überrascht was aus dem kritischen Nachfragen so alles herauskam.

Ein besonders beliebtes Unterrichtsfach – vor allem für mich – war Russisch. Unser Pauker war ein echter Doktor, er hätte auch Professor sein können. Er hatte immer eine dicke Mappe mit losen Blättern unterm Arm. Einmal kam er mit zerzausten Haaren durch die Tür, die Mappe rutschte ihm aus den Arm und das Einsammeln seiner Werke brachte uns das Ende seiner Stunde näher. Als er dann fertig war, wendete er sich an uns zwei in der letzten Reihe. Als ich seine Frage nicht beantworten konnte, stellte er sie meinem Nachbarn.

Aber bevor er mit seiner störrischen Ruhe etwas sagen konnte, rief unser Doktor: „Entschuldigen Sie, Sie sind ja die Neuen." Alle lachten, denn wir waren schon im zweiten Semester. Das wir auch weiterhin die Neuen waren, das hat uns wirklich geholfen.

Wie hatten auch Hochspannungstechnik. Bei unserem Pauker fing die E-Technik erst bei 400.000 V an. Alles andere war Spielkram. Im Hochspannungslabor durften wir herrliche Blitze beim Durchschlagverhalten kennenlernen.

Die Automatisierungstechnik war deshalb schwierig, weil unser Doktor laut vortrug, dies mit der rechten Hand schrieb und gleichzeitig mit der linken Hand die Tafel für den Vortrag wieder abwischte. Leider gab es noch kein Internet und in unserer Bücherei konnte man nur ausleihen, was nicht gerade schon ausgeliehen war.

Gern erinnere ich mich natürlich an unseren Mathelehrer, aber auch an den alten Doktor aus Reppist, einem heute abgebaggerten Stadtteil. Unser Doktor kam in Abständen immer und immer wieder auf Grundlagen der E-Technik – deren Konstanten und Kennwerte – zurück, sodass auch ich dies noch Jahre danach intus hatte.

Meine Kommilitonen berichteten von unserem Pauker für Messtechnik. Seine Wege kreuzten sich scheinbar oft mit den durstigen Studenten. Damit die Dinge klargestellt wurden, gab es dann natürlich am kommenden Tag sofort eine Klassenarbeit. Das war schon ein Mann mit verschiedenen Gesichtern. Natürlich hörten wir gern seine oft in unserer Zeit noch unglaubwürdigen Geschichten vom Sprengen der Nierensteine oder wie jemand mit Hilfe eines Rosshaares am Vorhang – welches die Aluscheibe des Zählers abbremste – Strom geklaut hat. Aber dass er mit Zaubern sein Studium bezahlt hatte, das bewies er uns. Nur dass dann innerhalb weniger Minuten der Stoff von fast zwei Stunden erledigt wurde, das war nun wieder unfair, wenn es gleich darauf wieder hieß, Klassenarbeit.

So fuhr ich also jeden Tag die paar Kilometer mit meinem Motorrad zur Ingenieurschule.

Zu Hause büffelte ich nun täglich allein und ungestört.

Das Ergebnis war dann Leistungsstipendium im zweiten Studienjahr. Zum Grundstipendium von zweihundert Mark gab es dann noch sechzig Mark dazu.

Heidi arbeitete in der Kreditabteilung der Sparkasse für etwa fünfhundert Mark und Muttis Rente von circa dreihundertfünfzig Mark war wie üblich in der sogenannten DDR zum Sterben zu viel und zum Leben zu wenig.

Die Mindestrente betrug zweihundertachtzig Mark, dann gab es Steigerungsstufen von dreihundertzwanzig, dreihundertsiebzig bis vierhundertsiebzig Mark im Jahr 1989.

Unsere Tochter

Es war dann am Ende des ersten Semesters, da wurde unsere Katrin in Alt-döbern geboren. Plötzlich waren wir eine Familie und meine Mutti wurde wieder einmal Oma. Mit unserer Kleinen ging es dann bald jedes Wochen-ende zur Sedlitzer Oma. Es waren nicht nur Besuche, Schwiegermutter ta-felte stets kräftig auf. Es waren jedes Mal Feste. Sie arbeitete im Kraftwerk Sonne in der Küche, an der Kasse.

Gewiss war es nicht nur in diesem VEB so, dass man das Restessen der Kü-che nicht wegwarf, sondern verfütterte. Man hielt eigene Schweine. So kam es, dass ich damals die leckerste Leberwurst der Welt und leckere Zunge kennenlernte.

Zu der Zeit war die Schwiegermutter neu verheiratet. Jeder Besuch endete mit feucht fröhlichem Gesang. Unser Töchterchen war immer der Mittel-punkt. Abends ging es mit dem gebraucht gekauften, aber zeitgemäß mo-dernen Kinderwagen wieder nach Anna-Mathilde.

Die Zeit, die vergeht kann man ja am besten an den eigenen Kindern able-sen. Unser Kind war immer schlank und kerngesund und passte bald zwi-schen uns auf die Sitzbank der JAVA. Nun hatte uns die Welt wieder. Der Urlaub am Werbellinsee war so eins von den vielen schönen Erlebnissen. Normalerweise legte ich mich immer zum Einschlafen unserer Tochter mit ihr ins Kinderbett. Schon nach wenigen tiefen „golle, golle" schlief sie – und meist auch ich – ein. Nicht so in unserem Vier-Mann-Zelt. Da half nur un-sere JAVA. Tochter zwischen uns auf der Sitzbank, eine Runde um den Zelt-platz, und sie war nicht mehr wachzukriegen.

Wir schlichen uns oft leise fort zum Baden. Einmal wurden wir bei der Rückkehr begrüßt. Sie konnte gerade einmal über den halb geöffneten Reis-verschluss rüber schauen. Wir kamen näher, sie strampelte freudig und schwenkte uns die fast leere Schachtel HB entgegen, die ich wie meinen Augapfel hütete. Es war noch ein Rest vom Weihnachtspaket aus Wiesba-den. Jedes Jahr bekamen wir ein Paket mit Inhaltsverzeichnis „Geschenk-paket, keine Handelsware". Es war stets ein Fest und die Stollen konnten gebacken werden.

Uropa aus Schwarzheide

Wie war der Uropa stolz, dass seine Tochter einen Studenten zum Schwiegersohn hatte.

Der Uropa war ein Original, ein richtiger Arbeiter, klein und inzwischen als Rentner mit dickem Bauch.

Die Uroma war schlank mit einem zarten Gesicht. Beide scherzten miteinander. Es war immer schön zu sehen, wie sich die beiden Älteren gernhaben.

Der Uropa war ein echter, ehrlicher, alter Kommunist. Er erzählte von früher, von der schrecklichen Ausbeutung der Arbeiter im frühen Kapitalismus.

Alle Menschen in der sogenannten DDR durchlebten ja in allen Schulen und später auch am Arbeitsplatz die ständige Wiederholung der Geschichte von der Arbeiterbewegung in Deutschland. Es war eigentlich selbstverständlich, dass es früher zu Unruhen kommen musste, sich Parteien gründeten, die sich leider gegenseitig bekriegten, und die allen das Blaue vom Himmel versprachen, um gewählt zu werden.

Solche Menschen wie den Uropa meiner Kinder brauchte der Arbeiter- und Bauernstaat als Vorzeigeobjekt. So wurde er herumgereicht und gewürdigt.

Er war total von seinem Arbeiter- und Bauernstaat überzeugt und ließ sich lange nicht von seiner Überzeugung abbringen.

Bei Geburtstagsfeiern gab es immer zwei Kaninchen aus seiner Zucht, nach dem Essen entfachten die politischen Diskussionen am Tisch. Sein Sohn versuchte jedes Mal, seinem Vater die Augen zu öffnen. Alle Beispiele zum Unrecht und den tagtäglichen Lügen konnten den Uropa nicht umstimmen. Seine Gäste stimmten immer seinem Sohn zu. Der Uropa war letztendlich bei diesen Gesprächen mit seiner Meinung immer allein. Er lebte eben noch in der Vergangenheit und glaubte einfach der Seite 1 der „Lausitzer Rundschau".

Dann marschierte wieder eine Deutsche Armee – diesmal die Nationale Volksarmee der sogenannten DDR – in die Tschechoslowakei ein, um den „Prager Frühling" unter Alexander Dubček zu beseitigen. Das war ein Schlag für den Uropa. Da konnte er den offiziellen Verlautbarungen der Lügenpresse – so würde man heute sagen – nicht mehr zustimmen. Es gab einen richtigen Bruch in seinem Verhalten.

Dann kam noch der Betriebsunfall im Synthesewerk, wo nun jeder riechen und sehen konnte, was im Werk Schwarzheide für vermeintliche Freunde zur Waffenherstellung produziert wurde. Ab sofort durfte kein Obst und Gemüse mehr geerntet werden, da die ausgetretenen Herbizide alles vergiftet hatten. Hektisch installierte man Warnsirenen. Natürlich verbreitete ich diese Nachricht in meiner Verwandtschaft, denn sonst hätte man die nur im zehn Kilometer Umkreis erfahren.

Ja, so war das mit der Pressefreiheit in der sogenannten DDR.

Der Uropa war ein fleißiger Mann und produzierte sogar seinen Maschendrahtzaun selbst. Den gab es auch nicht zu kaufen, denke ich. Damit machte er übrigens seinen Namen alle Ehre, denn er hieß Paul Drahtschmidt.

Er war durch seinen Fleiß und Sparsamkeit nicht arm, aber gewiss auch nicht reich. Wir fuhren oft und schon lange vor meiner Armeezeit nach Schwarzheide.

Als unsere Katrin Leben in unsere Familie brachte, da hatten auch die Uroma und der Uropa sie ins Herz geschlossen.

Die Familienarbeit wurde nun neu organisiert. Heidi brachte Katrin morgens zur Kinderkrippe und fuhr dann mit dem Bus zur Arbeit. Nachmittags holte sie unsere Tochter wieder ab.

Damals gab es noch keine Auswahl an Babywindeln. Die dünnen Baumwollwindeln mussten ausgekocht und von Hand gewaschen werden.

Da beschlossen wir den Uropa zum ersten Mal um Geld für eine Waschmaschine zu bitten. Das gab er dann auch. Wir bezahlten es jeden Monat anteilig zurück.

Den WA66 Halbautomaten ohne Schleuder aus Schwarzenberg gab es nur auf Bestellung. Darüber hatte ich schon ausführlich geschrieben, auch wie unser streitsüchtiger Nachbar in der Wohnung über uns im Hausflur brüllte, weil eine Waschmaschine in der Wohnung für ihn nicht vorstellbar war. Uns hatte das nicht gekümmert.

Das zweite Mal baten wir den Uropa um Geld, als mein Studium beendet war. Da reichte unser Geld nicht für die nötigsten Wohnungseinrichtungen, die wir beim Umzug für unsere erste Neubauwohnung in Mecklenburg benötigten.

Ferienarbeit im Bergbau

Unser Geld reichte leider nicht. In den Semesterferien fragte ich im Bergbau an, ob ich in den Ferien Geld verdienen könnte. Nun, ich hatte das schon sehr oft in Schulferien getan. Inzwischen war ich ja bekannt durch meine frühere Arbeit auf der Förderbrücke.

Mir ist es so in Erinnerung, dass ich zweimal in den Ferien auf der Brücke gearbeitet habe. Das eine Mal wurde der Zweibrückenverband aufgelöst. Ein Bagger wurde entfernt.

Es war die Zeit, als der Ölpreis auf dem Weltmarkt nach unten ging. Der Heizölpreis in der Bundesrepublik bewegte sich von 1957 bis 1967 immer so um 0,22 DM pro Liter. Dann fiel er auf 0,17 DM pro Liter.

Ob es einen Zusammenhang mit der Ölpreisentwicklung gab oder ob man den Tagebau nur länger laufen lassen wollte, dass weiß ich nicht.

In Erinnerung habe ich jedenfalls, dass ein Bagger auf dem Niveau im Vorschnitt stand. Er wurde von Arbeitern mächtig ausgeschlachtet. Stahltüren und Stahlfenster waren das erste, was verschwand. Die Zugangstür zum eigentlichen Baggerführerstand in der oberen Ebene fehlte auch schon. Die Öffnung verschloss man dann mit Brettern, um ein weiteres Ausschlachten zu verhindern.

Unglück-Baggertransport

Als ich dann das zweite Mal in den Ferien gearbeitet habe, da wurde dieser Bagger dann wieder flott gemacht und ich war beim Transport hinunter zum Brückenfeld dabei.

Im Bergbau gab es viele mächtige Fahrzeuge, Planierraupen und Bagger aller Größen. Als ich dort arbeitete, gab es sogar ein Kipperfahrzeug mit riesigen Rädern und mächtigem Fassungsvolumen aus westlicher Produktion.

Daher war es kein Problem, in kürzester Zeit Bodenbewegungen zum Beispiel wie eine über hundert Meter lange schiefe Ebene vom Vorschnitt- zum Brückenniveau herzustellen.

Der Bagger musste hinunter zum Brückenfeld gefahren werden. Die dafür notwendigen vier Schienenstränge waren schon verlegt und endeten zunächst nur provisorisch in unterschiedlichen Längen auf der schiefen Ebene. Es war kalt und es nieselte. Mittelspannungs-Trassenkabel waren provisorisch zum Bagger verlegt. Der Baggerfahrer bekam seine Anweisung, ganz langsam anzufahren. Man hörte unten den Sprechfunk aus der Kabine des Baggerfahrers. Weil sich der Bagger wohl zu schnell bewegte, kam die Anweisung, das Tempo zu drosseln. Ob diese Steuerung über den Leonardsatz des Baggers nicht funktionierte? Jedenfalls senkten sich plötzlich die vielen Bremslüfter an den zwei Meter hohen Antriebsfahrwerken des Baggers. Die Mechanik betätigte die Trommelbremsen.

Alle Getriebemotoren der vielen Fahrwerke standen still.

Die Stahlräder der Fahrwerke drehten sich nicht mehr. Nur der Bagger blieb nicht stehen. Der rutschte auf den Schienen im gleichen Tempo einfach weiter die schiefe Ebene hinunter.

Reinis Vater war Meister der Gleiskolonne die trotz schwerster Arbeit aber nur aus Frauen bestand. Meister Rutschke schrie und viele Arbeiter versuchten mit Sand, das Rutschen zu verhindern. Als das nicht half, probierte man mit auf den Fahrwerken liegenden Kanthölzern, den Koloss zum Stehen zu bringen. Die vor die Räder geworfenen dicken Hölzer zerbarsten wie Bleistifte und der Bagger rutschte weiter.

Er näherte sich dem Ende der vier Schienenstränge, die mit unterschiedlichen Längen endeten.

Jetzt brach Panik aus. Es schoss sicher allen durch den Kopf, dass der Bagger umfallen könnte, wenn er einseitig von den Schienen rutschte und in den weichen Sandboden fuhr.

Es gab laute Schreie. Der Baggerfahrer flog praktisch die Treppe vom Baggerstand zur unteren Ebenen mit dem Drehkranz hinunter, sprang über den Handlauf die reichlichen fünf Meter hinunter in den Sand.

Alle rannten aus dem Gefahrenbereich. Es gab einen Ruck und der Bagger stand. Es war ganz leise. Man hörte Hammerschläge im Bagger. Ein Elektrikerlehrling schloss fleißig Kabelkanäle. Wahrscheinlich hörte er nur auf zu arbeiten, weil der sonst übliche Lärm im Bagger verstummte.

Der Lehrling stand plötzlich oben vor der Tür vom Baggerstand, alle lachten vor Freude, aber auch weil er so überrascht und fassungslos aussah.

Zum Glück waren die Fahrwerke an beiden Seiten unterschiedlich tief im Boden versunken. Der Bagger stand zwar schief, aber es war zum Glück nichts Schlimmes passiert.

Im Internet findet man heute viel über die Bergbaugeschichte in der Niederlausitz. Das was ich 1963 bei der Brücken Havarie und in meinen Semesterferien 1967/68 erlebt habe, davon konnte ich nun mal allein berichten.

Meine Familie wohnte schon lange in Mecklenburg, als 1977 zunächst ein Eimerkettenbagger vom Brückenverband nach Hörlitz umgesetzt wurde. Das war ein spektakuläres Ereignis. Dann gab es die F34 noch bis 1978. Sie wurde demontiert und im Tagebau Delitzsch-Südwest wieder aufgebaut. Sie hieß dann AFB F34-23. Diese beeindruckende Konstruktion ging Ende 1980 mit neuen Eimerkettenbaggern in den Probebetrieb.

Ob sie inzwischen verschrottet oder in andere Tagebaue umgesetzt wurde, konnte ich nicht herausfinden.

Meine Ingenieur-Abschlussarbeit

Zur Ingenieurschule kam am Ende des letzten Semesters der Kaderleiter einer E-Firma aus Mecklenburg und warb für die wunderbare Mecklenburger Seenplatte.

Er berichtete von einer rosigen Zukunft der Firma, die sich gerade erst aus vielen PGHs gegründet hatte. Der Betriebsleiter, alle Direktoren und Abteilungsleiter kamen aus sächsischen Betrieben und bauten diesen VEB Betrieb auf.

Da uns der Kaderleiter eine Neubauwohnung versprach, war für mich die Entscheidung leicht. Daher hatte ich das Thema meiner Ingenieurarbeit von diesem Betrieb bekommen.

Mein Gester-Schmidt und alle Fachbücher der Bibliothek ließen mich im Stich. Auch mein schulischer Begleiter konnte nicht helfen.

Internet gab's ja nicht.

Voller Hoffnung schrieb ich an meinen großen Bruder. Eigentlich war nicht zu erwarten, dass aus dem fernen Ägypten Hilfe kommen konnte.

Also fuhren wir mit meiner JAVA nach Norden. Natürlich hatten wir unterwegs eine Panne. Mit dreckigen Händen wollte ich nähere Auskünfte zum Thema erhalten. Aber man ließ mich einfach abblitzen. Es gab nicht den kleinsten Hinweis.

Ich wollte doch keine Technische Doktorarbeit schreiben. Was sollte ich tun? Anscheinend stimmte die Chemie nicht. Oder war es meine unsichere Erscheinung, weil ich ohne Pause nach einer langen Motorradfahrt mit dreckigen Händen ankam? Zeit, uns in der Gegend umzuschauen, hatten wir nicht, ich war fix und alle. Also ging es über zweihundert Kilometer im Regen wieder zurück.

Ich suchte in der Bücherei der Ingenieurschule weiter, aber das Thema war DDR praxisorientiert, mit so etwas kannte sich auch kein Pauker aus. Später war mir klar, dass es aus einer Projektlösung der Mittelspannungs- Energieversorgung aus dem Großstadt Neubau einer Oststadt entnommen wurde.

Was geschah, es kam ein ganz dicker Brief mit Skizzen und Erklärungen. Das war die Hilfe meines Bruders aus Ägypten. Nur so konnte ich meine Arbeit mit gutem Abschluss beenden.

Der Bagger kommt

Die Ortschaften unserer Umgebung waren lange abgebaggert. Der Abbau des Braunkohlentagebaus kam nun auch meinem Heimatort immer näher. Zunächst mussten die Bewohner meist in Neubauwohnungen nach Groß-räschen umgesiedelt werden.

Der Umzug war für Mutti schwer. Das Grab unseres Vaters konnte nicht bestehen bleiben, weil der gesamte Friedhof in Sedlitz bereits vor Jahren eingeebnet wurde.

Nun blieb auch noch der Marmorgrabstein im Keller liegen. Wir haben beim Umzug natürlich möglichst viel aus der alten Wohnung mitgenommen und es in ähnlicher Art wieder in der Neubauwohnung platziert.

Zu der Zeit war meine Familie nach meinem Studium bereits in Mecklenburg.

Aber bei Besuchen sahen wir, wie traurig es ist, wenn einem die Heimat genommen wird. Da kann es dort noch so ärmlich gewesen sein, weil die sogenannte DDR einfach alles verfallen ließ, was einmal von der „Ilse Bergbau AG" aufgebaut wurde.

Es zerriss einem das Herz, wenn wir – natürlich heimlich und ohne Mutter – in den Heimatort fuhren und den Abriss ansehen mussten.

So viele Erinnerungen gab es. An den Volkspark in Bückgen, mit Tanz an Wochenenden, an den idyllischen Teich mit Liebesinsel, den wir als Elektriker Lehrlinge noch mit romantischer Beleuchtung ausrüsteten.

Die Förderbrücke F34 im Tagebau Sedlitz hatte inzwischen ein riesiges Loch von Sedlitz bis vor Lieske freigelegt.

Im März 1978 fuhr sie in ihre Endstellung kurz vor Lieske. Die Rohkohleproduktion endete 1980. Das große Loch wird bis heute geflutet und ist nun der Sedlitzer See.

Im Jahr 1986 kam auch zu meinem Heimatort eine Förderbrücke und fraß sich nach dem Vorschnitt tief hinunter zum Kohleflöz.

Im riesigen Loch liegt mein Heimatort Anna-Mathilde unter Wasser. Das große Loch wird nun der Großräschener See.

Eigentlich sollte er Ilse See heißen. Denn alles, was dort einmal stand und auch noch heute nicht abgebaggert wurde, erbaute vor hundert Jahren die „Ilse Bergbau AG".

Heute erinnert an der Grubenkante ein großer Findling-Gedenkstein westlich der Bahnlinie im Dorf Sedlitz an meinen Heimatort.

In einem kleinen Büchlein „Abschied ohne Wiederkehr" hat im Jahr 1997 Herr Stach aus Sedlitz den Menschen eine sehr schöne Erinnerung hinterlassen.

In den umliegenden Ortschaften haben viele Menschen ihre Heimat verloren. Am Nordende des abgebaggerten Ortes Reppist wird an den Bergbau der Gegend erinnert und deren Folgelandschaften und Seen erklärt.

Wir Geschwister haben diese Freilandausstellung 2009 besucht. Mein Bruder konnte viel erklären! Ein Erinnerungspfahl und viele Steine erinnern an Ortschaften, Brikettfabriken und Tagebaue!

Rauno
1416-1982
397 Einwohner
1,3 km
Bückgen
1551-1992   3,0 km
3228 Einwohner
Sedlitz West
Anna Mathilde
1897-1987   2,6 km
602 Einwohner
Sauo
1474-1971
803 Einwohner
3,9 km
Reppist
1490-1986
582 Einwohner

1991
1945
ANNA
MATHILDE

Lebensabschnitt in Mecklenburg

Beginn im Norden

Als ich im VEB E-Technik in Mecklenburg begann, war die für uns zugesagte Neubauwohnung noch nicht bezugsfertig. Daher schickte man mich zu einem Meisterbereich einer ehemaligen PGH. Zu erzählen wäre von der Zeit viel, aber dann komme ich niemals an ein Ende.

Es gab eigentlich nur einen lohnenden Einsatz für mich, als Kabeltrommeln mit 240 mm² Aluminium-Kabel geliefert wurden. Es gab aber noch keinen Kabelgraben und der Meister war nicht da.

Nun hieß es improvisieren. Die Zielpunkte der Versorgung muss ich gekannt haben. Die Trommeln hatten wir so abgeladen, dass man später die schweren Kabelzugarbeiten optimal erledigen konnte.

Ansonsten holte der Meister vom Haff seine Aale und ich vom Schlachthof Freibankfleisch, das ich dann mit meinem Betriebsmotorrad nach Hause brachte.

Bei einer interessanten Wartburgfahrt mit einem Meister auf der Asphaltstraße bei Friedland war mehr als dichter Nebel. Der Meister erzählte seine Geschichten als U-Boot Soldat. Der Asphalt bestand viele Kilometer aus hohen sanften Wellen. Die weiche Sitzfederung des PKW Wartburg kam zur Geltung. Der Fahrer fuhr bei offenem Fenster, um seitlich rauszuschauen. Nur so konnte er noch etwas sehen. Bald fuhr ein schleichender PKW vor uns. Das war die Rettung. Irgendwann bog er ab und wir hinterher, denn die Straße war nicht zu sehen. Als er bremste, bremste unser Fahrer auch.

Wir standen vor seiner Garage und haben uns fast totgelacht.

Umzug

Ich bekam den Wohnungsschlüssel und die Nachricht, dass wir die Neubauwohnung beziehen können. Ein Umzugsunternehmen für unsere paar Sachen erschien uns nicht als notwendig und auch zu teuer. Ein Bekannter war LKW-Kraftfahrer. Er fuhr einen W50 mit Plane. Also war das Fahrzeugproblem schon gelöst.

Am Wochenende kam der LKW, allerdings mit einem anderen Fahrer, den zumindest ich nicht kannte.

Da wir künftig auch Kohleheizung hatten, packte ich viele Holzkisten voll Braunkohlen-Briketts. Das war ja das Einzige, was wir reichlich hatten.

Da uns der Uropa Geld geborgt hatte, konnten wir uns ein Schlafzimmer mit weißer Sprelacart Oberfläche von Hellerau kaufen. Erst heute weiß ich, woher der Name kommt. Spre-mberg, La-minat und Cart-on.

Zwei wunderschöne Schalen-Drehsessel bezogen mit rotem Velourstoff waren ja gerade schick. Die waren sehr anfällig gegen kleinste Glutpartikel der Raucher. Aber die Versicherung kannte das Problem und bezahlte prompt, aber nur beim ersten Schaden.

An deren Ende diente das stabile Drehgestell noch als Fuß für unsere Feuerschale, die uns Jahre später Freude bereitete. Die Schale war eine fünfzig Zentimeter große gewölbte Scheibe von einer ausrangierten LPG Telleregge.

Ich glaube der Planenwagen hatte eine Hubladebühne, sonst hätten wir meine JAVA nicht rauf- und runterbekommen.

Unser Schlafzimmer und die Sessel wurden original verpackt aufgeladen. Unsere Aussteuer und die Textilien nahmen nicht viel Platz weg. Zum Schluss kamen die übereinander gestapelten Kohlekisten. Es war schon Abend als meine Mutti uns mit Tränen in den Augen verabschiedete.

Heidi setzte sich vorn zum Fahrer und für mich blieb hinten ein enger Platz neben den Kohlekisten. Die Fahrt vergesse ich nicht. In jeder Kurve und bei jedem Huckel konnte ich die Kisten kaum halten. Das ging nun stundenlang auf der Autobahn bis Berlin, auf den Berliner Ring und dann noch auf der F96.

Wir kamen gegen Mitternacht an. Im Jahr 1969 wurden vor dem Bau der Häuser noch keine Straßen gebaut. Die Baustellen der Neubauten waren weder gesichert oder eingezäunt. Es gab nur Sand und unseren langen Plattenbaublock mit acht Aufgängen.

Der LKW hatte Mühe, die lange Sandstraße hoch zum letzten Block zu kommen. Mit letzter Anstrengung konnte ich die nachrückende Beladung festhalten. Nun hieß es abladen. Es war kalt. Der Fahrer half nicht mit, er musste ja sofort wieder zurückfahren.

Bis auf einige Teile vom Schlafzimmer schaffte ich es, alles in den zweiten Stock zu tragen. Dann konnte ich nicht mehr.

Wir waren nun stolze Besitzer einer zwei Zimmer Neubauwohnung mit Balkon.

Im ersten Winter glitzerte unsere Außenwand in der Küche. Anders als im Wohnzimmer war es im Winter eigentlich in allen Räumen kalt. Man benutzte die Gas-Wandheizer im WC und in der Küche nicht durchgehend. Die Häuser wurden erst Jahre später außen isoliert.

Aber ich möchte nicht noch mehr kritisieren, wir waren stolz und glücklich über unsere eigene Wohnung. Da es niemals irgendwelche Vorgaben, Einschränkungen oder Rückfragen der Wohnungsbauverwaltung gab, konnte man sich wirklich wie in seiner eigenen Wohnung fühlen.

Nun gab es viel zu verbessern und zu optimieren, um es noch wohnlicher zu gestalten. Aber es gab auch bald die Frage, ob man wirklich zu viel in Umbauten reinstecken soll. Die Wohnung gehörte uns ja nicht.

Schwerer Beginn

Zunächst musste ich meine Frau wirklich überreden, dass sie ihre Facharbeiterausbildung nachholt. Wegen eines Unfalls in der Artistenschule in Berlin konnte sie keine Abschlüsse nachweisen.

Meine Frau war klug, aber ohne eine ordentliche Ausbildung kann man bis heute nichts erreichen. Ich glaube, es war eine Abendschule, in der sie dann den Abschluss bekam. So konnte sie in der Lohnbuchhaltung ein paar Kröten mehr verdienen.

Sie war immer meine große Liebe. Leider hatten wir bereits beim Kennenlernen ein Problem. Es fehlte einfach an Ehrlichkeit. Daher war ich immer unsicher und bestimmt auch oft eifersüchtig. Die Minirockmode war für meine junge hübsche Frau mit langen Beinen wie gemacht. Ich bin ja schließlich nur so eine Wurzel und nur wenig größer als meine Frau, aber kleiner wollte ich auch nicht sein. So begann es bei uns früh zu krieseln. Das war Heidi egal, es mussten die höchsten Absätze sein. Es kam bald eins zum anderen. Heute lache ich darüber, aber damals führten viele Kleinigkeiten zum täglichen Streit. Wie aber in allen Familien üblich tut man alles, damit es kein Außenstehender merkt. So blieben wir lange eine perfekte Familie.

Zunächst wurde alles durch unseren extrem schweren Beginn überdeckt. Unsere Tochter konnten wir schon immer zum Kindergarten bringen. Der lag auf dem Weg zur Arbeit. Das erledigten wir im Sommer mit unserem Motorrad. Aber unser Sohn war kein Kind für eine große Gemeinschaft. Er weinte und wollte nur immer nach Hause. Da wir unbedingt beide Geld verdienen mussten, blieb nur eine private Unterkunft. Jetzt war der Tagesablauf noch enger. Am frühen Morgen brachte einer von uns den Jungen zu seinen Pflegeeltern und der andere die Tochter in den Kindergarten. Am Abend dann retour das Gleiche. Wir lebten quasi nur, um zu arbeiten. Es begann morgens gegen 5:30 Uhr und endete mit gemeinsamen Einkauf in der Kaufhalle immer so gegen 19 Uhr.

So ging es mehrere Jahre. Das Geld reichte immer genau bis zum neuen Gehalt.

Aber ich glaubte an meine Familie. Ich hätte mein Leben dafür gegeben. So habe ich es wirklich auch schon früher gedacht und schreibe es hier genauso auf. Aber im Leben ändert sich eben viel.

In der Projektierung gab es viele junge Mädchen als Lehrlinge für Technisches Zeichnen. Einige studierten später im Fern- oder Abendstudium. Irgendwie muss es den Mädchen aufgefallen sein, wie ich mich immer pünktlich mit meiner Frau zu Mittag traf und wir Hand in Hand durch die Stadt liefen.

Eines Tages war meine braune Jacke weg. Ich hatte nur die braune Jacke, darum weiß ich das so genau. Es war kalt, ich suchte lange, bis ich sie hoch oben – ich glaube von einer Lampe – runterholen musste. Nun, für unsere Zeichnerinnen war es gewiss nur ein Spaß, aber irgendwie wachte ich auf. Wollte man mir damit etwas sagen?

Unser Sohn

Die Entbindungsstation war in einem ehemaligen Nebengebäude des zerstörten Schlosses eingerichtet.

Dorthin brachte ich Heidi als die Entbindung nahte. Irgendwie dauerte es mir zu lange. Auskünfte per Telefon befriedigten mich nicht.

Die schlauen Ermahnungen des jungen Vaters belustigten scheinbar das gesamte Personal der Station, sagte man mir später.

Unser Stammhalter wurde geboren..

Das war eine Freude. Wir hatten jetzt einen echten Fischkopf.

Die Wohnung war dann trotz Eigenbau-Klapp-Doppelstockbett zu klein. Der geschaffene Platz des Kinder-Spielbereiches im Schlafzimmer war einfach zu kalt.

Der einzige Kohleofen der Wohnung im Wohnzimmer sollte das Schlafzimmer durch Öffnungen temperieren. Das war eine Fehlplanung.

Wir waren nun eine vierköpfige Familie und ich nahm Kontakt nach Schwedt auf. Es gab ein Vorstellungsgespräch im PCK Schwedt, wir wollten umziehen, aber plötzlich bot man uns einen Tausch – zwei Zimmer gegen zweieinhalb Zimmer Wohnung im gleichen Aufgang – an. Es waren nette Menschen, die auch aus dem Süden der sogenannten DDR importiert wurden. Ihr Enkelkind wohnte mit in der Wohnung, was nun nicht mehr ging nach dem Tausch. Die Familie hatte dies gewiss unter Druck machen müssen, anscheinend brauchte man mich in der Firma.

Es gibt so viele schöne Erinnerungen. Unsere Kinder hatten ideale Spielbedingungen, da ja nichts abgezäunt war. Ganze Kinderscharen rannten um Blöcke herum und überholten bald unseren kleineren Sohn, der nicht aufgab. Es war immer schön anzusehen, wie die vielen Kinder miteinander tobten.

Die Hose unserer Tochter hing oft herunter, weil sie stets viele schöne Steine sammelte. Wie beide zusammenhielten und spielten, das war eine Freude!

Privatbetriebe und PGH

Meine Arbeit als Elektroingenieur begann in einem VEB Betrieb mit eigener Projektierung. Bevor ich von dieser Firma berichte, sollen ein paar allgemeine Dinge gespickt mit meiner persönlichen Meinung festgehalten werden. Es geht um bekannte Aussagen zur Entwicklung der Arten und Formen von Betrieben in der sogenannten DDR.

Nach Gründung des Staates gab es folgende Entwicklung, in die auch ich hineinwuchs. Die Inhaber von Privatbetrieben wurden zur Aufgabe ihres Betriebes mit allen Tricks gezwungen oder flüchteten in den Westen. Es gab noch ein paar tausend private und halbstaatliche Familienbetriebe, die notwendige Nischenprodukte herstellten.

Die wurden dann durch Nötigung und Zwang verstaatlicht zu den sozialistischen Produktionsgenossenschaften des Handwerks – kurz PGH. Die PGH wurden anfangs von Steuerzahlungen befreit, dafür wurden die Steuern für noch bestehende Privatbetriebe erhöht.

Daraufhin gaben fast alle Privatbetriebe auf und es gab eine Vielzahl von Beitritten in die PGH Anfang der 60er Jahre. Dann erfolgte eine Beschränkung der Steuerbefreiungen der PGH auf zwei Jahre nach Gründung. Trotzdem gab es einen Aufschwung in den PGH mit mehr Urlaub bei geringerer Arbeitszeit und sogar höheren Löhnen als in den VEB.

Man sollte denken, das ist positiv, aber das war so nicht gewollt. Für die alleinigen Medien der Partei- und Staatsorgane waren dies ungerechtfertigte Entwicklungen der Bereicherung. Die PGH wurden dann in die Zentrale Planwirtschaft eingebunden, verloren die Privilegien, die Lohnsteuern der Beschäftigten wurden auf das Mehrfache von Industriearbeitern erhöht. Die PGHs bluteten aus.

In der sogenannten DDR wurden dann die PGH Betriebe aufgelöst und zusammengefasst. Daraus entstanden dann die Volkseigenen Betriebe verschiedener Branchen.

Volkseigener Betrieb (VEB)

Es ist wohl bekannt, aber ich muss es kurz erwähnen.

Da es Mangel nicht nur bei der Versorgung der Bevölkerung gab, sondern auch in der Industrie, war jeder kleine oder mittlere VEB aufgefordert oder gezwungen, möglichst unabhängig zu bleiben – zumindest bei allem was er für sich selbst erschaffen, organisieren, reparieren und benutzen konnte.

Aus dieser Mangelsituation heraus hatte jeder VEB gemäß seiner Notwendigkeiten beispielsweise eine Schlosserei mit Schmiede und Schweißer, einen Tischler oder gleich eine Schreinerei, natürlich eine Kfz-Werkstatt – da ja auch ein Fuhrpark gebraucht wurde –, ein Heizhaus und natürlich alle Bereiche und Abteilungen vom Lager über Verwaltung, Buchhaltung, Materialwirtschaft, Technologieabteilung und so weiter. An der Spitze standen natürlich die Betriebsleitung mit dem Parteisekretär und der Kaderleitung.

Dass dieser immense Aufwand sich nicht rechnen kann, dürfte man verstehen. Das Einzige, was man damit erreichte, war, dass es keine Arbeitslosen gab. Der VEB musste jeden einstellen, auch wenn es ein vorbestrafter Krimineller war.

Es hatte noch einen weiteren Vorteil. Es gab genügend leitende Stellen für zum Beispiel verdiente Genossen der NVA, wenn diese ihre Zeit abgedient hatten oder sie an der Grenze erfolgreich jemand an der Flucht gehindert oder erschossen hatten.

Eigentlich müsste ich jetzt auch noch mit der verlogenen Bezeichnung VEB aufräumen und ab jetzt sogenannte VEB schreiben. Dass es in Wahrheit keine volkseigenen Betriebe gab, das hat sich ja nun nach 1989 für das Volk der sogenannten DDR gezeigt.

Politisch sah man nach der Wende die Zukunft in der Privatisierung aller VEB Betriebe. Das Interesse der starken bundesdeutschen Wirtschaft war logischerweise, sich Konkurrenz vom Halse zu halten. Also wurden auch wirtschaftliche Betriebe privatisiert also aufgekauft, Arbeitsplätze reduziert, nicht investiert, sondern oft ausgeplündert oder Stück für Stück verhökert (siehe den Fernsehbericht Wärmeanlagenbau Berlin).

Das wurde von politischer Seite ohne Einflussnahme so auch akzeptiert. Die Treuhand handelte ehrenhaft und kriminell, ohne Rücksicht auf die ehemals Beschäftigten und zerschlug bewusst auch das was eventuell Konkurrenz hätte sein können.

Heute – nach dreißig Jahren – ist das Ergebnis leider sichtbar. Nun hat nicht nur die bundesdeutsche Wirtschaft, sondern auch noch die Handvoll bundesdeutscher rechter Socken die ahnungslosen Ostdeutschen erobert.

Arbeit im VEB Elektrobetrieb in Mecklenburg

Mein beruflicher Beginn war in einem VEB, der natürlich dem Wirtschaftsrat unterstellt war.

Marktwirtschaft wurde im Sozialismus abgeschafft. Für die eigene Produktion gab es eben auch eigene Projektierungsabteilungen. All das, was der Betrieb baute, wurde durch uns Ingenieure ausführungsreif projektiert.

Die Ingenieure und ihre Arbeit wurden nicht gewürdigt, die hohen erwirtschafteten Projektierungssummen für den VEB erwähnte man einfach nicht. Wurden Hilfskräfte auf LPGs gebraucht, dann war die Ingenieurleistung Nebensache. Wir lebten ja im Arbeiter- und Bauernstaat.

Der Bauablauf vor Ort wurde von uns Projektanten nur gesehen, wenn es Probleme gab. Dann waren die Ingenieure gerade mal gut um „die Kohlen aus dem Feuer zu holen."

Mit dem Niederschreiben meiner Erinnerungen wird es nun kompliziert. Leider muss ich mir eigene Fesseln anlegen. Ich hoffe nur, dass der Gesamteindruck aus dieser Zeit trotzdem verständlich dargestellt wird.

Dabei meine ich auch, es ist einfach unmöglich in die Details der Arbeit einzusteigen. Deshalb werden nur wenige Ereignisse und Geschichten festgehalten, die hoffentlich für ein Gesamtbild geeignet sind. Verzichtet wird auf korrekte Bezeichnungen sowie auf alle Namensnennungen.

Für mich gab es im Laufe der Jahre unterschiedliche Aufgaben. Alle Arbeiten wurden aufgabenspezifisch aufgeteilt.

In Projektierungsgruppen wurde die technische Lösung auf Grundlage der zu lösenden Aufgabe erarbeitet. Die einzelnen Arbeitsschritte sind heute ähnlich, und sollen hier aber nicht konkret beschrieben werden. Heute ist diese Arbeit mittels PC und CAD-Technik viel effektiver.

Da es nur staatlich gelenkte Festpreise gab, diente die Projektpreisbildung nicht dem kostengünstigen Bauen, sondern nur der zentral geleiteten Planwirtschaft. Die selbst ermittelten Preise schrieb man natürlich gleich in die eigene Ausschreibung. Der VEB bildete sich seinen Herstellungspreis ohne Konkurrenz selbst.

In Folgegruppen wurde alles so auf Papier oder auf Transparent konkretisiert, damit in Werkstätten und auf der Baustelle alles montiert und installiert werden konnte. Das waren dann die Ausführungsunterlagen.

Sicher heute nicht mehr so bekannt ist die DDR-Preisanordnung PR113 für Informationsanlage mit der Pb 90/3. Sie galt für Ausführungsunterlagen der Elektroprojektierung.

Im Vorspann waren die allgemeinen Regeln festgehalten. Ein Auftraggeber musste eine sehr detaillierte Aufgabenstellung vorgeben. Eine sinnvolle Forderung die auch heute noch gelten sollte. Aber auch früher stand das nur auf dem Papier.

Die Preisbildung für Projektierungsleistung war recht abenteuerlich. Es gab keine Kostenberechnung, Ausschreibung, Vergabe und Abrechnung. Daher hatte der Preis der Projektierung nichts mit dem zu tun, was gebaut wurde.

Der Gruppenleiter ermittelte die Projektierungskosten des Bauvorhabens zum Beispiel gemäß geplanter Anzahl von Motoren und deren Schaltung sowie der Anzahl von Steckdosen, Leuchten oder Schaltung und Verknüpfungsgrad von Steuerungen sowie Höhe der Beleuchtungsstärken und so weiter auf Grundlage vorgegebener Tabellen.

Zu erwähnen ist natürlich auch das Ungetüm ZAK.

Es gab in allen VEB den ZAK – den „Zentralen Artikelkatalog der Volkswirtschaft der DDR". Für alle Industriezweige und Fachrichtungen waren diese durchnummeriert. Für uns waren es meterweise meist blaue A5 Kataloge für Elektronik, Messtechnik und für alle Richtungen der Elektroindustrie.

Man konnte nur das planen, was im ZAK zu finden war. Mit etwas Ausdauer fand man es, mit Bleistift wurden die langen Texte und Nummern für das Schreibbüro festgehalten. Normal war, dass es dann die Artikel nicht gab. Das Ergebnis waren Rückfragen und Provisorien.

Es war die Zeit, als man Technische Zeichner noch an ihrer Arbeit erkennen konnte. In ganz Deutschland zeichnete man noch mit Tusche auf Transparentpapier, was von Ingenieuren mit Bleistift vorgezeichnet wurde. Jeder Strich, einfach alles, wurde meist maßstäblich vorgegeben.

Groß gepriesen wurde natürlich das Neuererwesen. Was eigentlich selbstverständlich sein müsste, waren wieder Meilensteine auf den Weg zum Sozialismus. Da konnte dann mindestens ein Hauptamtlicher recht unwirtschaftliche Bürokratiearbeit leisten. Es gab viel Kurioses, aber das ist gottlob Geschichte.

Aber es gab einen wunderbaren Typ, der mit Familie aus Dresden kam und einen richtigen Fischkopf, die sich tatsächlich etwas Sinnvolles zur Arbeitserleichterung ausdachten.

Um den Aufwand für den Projektanten, Zeichner und für Werkstätten zu vereinfachen, wurde ein Katalog mit Aufbauvarianten von Betriebsmitteln auf Montageblechen erstellt.

Später wurde dies noch perfektioniert, indem die Aufbauten mittels Magnetgummi auf einen aufgezeichneten Schaltschrank Rahmen im Fotolabor abfotografiert wurden.

Unser Fischkopf ersetzte elektrische Verdrahtungs- und Anschlusspläne durch DIN A4 Blätter.

Jeder versuchte, seine Arbeit irgendwie zu vereinfachen. Das ging hauptsächlich nur mit Klebetechnik, weil Kopierer eben eine Gefahr für den Sozialismus darstellten. Im Westen gab es den Pritt Stift ab 1969 – in der sogenannten DDR war es der Kittfix, der so gut an den Fingern hielt. Der Computer kam erst viel später.

Zur damaligen Zeit wurde alles noch mit konventioneller Elektrotechnik gesteuert und geschaltet.

Eine funktionierende analoge Steuerung zu entwerfen war einfach wunderbar. Das ließ einem auch nach der Arbeit nicht los. Die beste Idee kam oft unverhofft im Halbschlaf, ich meine wirklich zu Hause.

Damals notwendig war das Schreibbüro. Viele Frauen saßen in Räumen und tippten lange auf mechanischen Schreibmaschinen.

Handgeschriebene Konzepte mit Preisen tippte man auf Transparent, um Fehler mit Rasierklingen auszubessern.

Es gab ansonsten zur Vervielfältigung lange nur Ormig Drucker, die im Umdruck Verfahren wie folgt funktionierten.

Mit Schreibmaschine wurde der Text mittels Durchschlagspapier geschrieben, das mit spezieller Druckfarbe versehen war. Auch das Papier war besonders beschichtet. Wir nannten es Eiweißpapier. So gab es ein farbintensives Negativ.

Im Drucker mit Walzen wurde nun diese Matrize gegen mit Spiritus befeuchtetes Papier gedrückt. Dadurch löste sich die Farbe und übertrug sich auf die Kopie. Die Kopie Anzahl war beschränkt. Die Geräte unterlagen natürlich genau wie die späteren Thermo-Papierdrucker der strengen Überwachung.

Als ich 1989 ein Flugblatt vom „Neuen Forum" ergatterte, versuchte ich, dieses Verfahren in der Garage am Schraubstock nachzubilden. Nachdem mein Spiritus alle war, gab ich auf.

Papier-Kopierer waren sicher ein kritisches Gerät im Sozialismus. Er hätte eigentlich zum effektiven Arbeiten in jedes Büro gehört, es gab aber später nur ein Gerät in der Pauserei. Das durfte nur eine „vertrauenswürdige" Person bedienen. Verfehlungen gab es sicher nicht, wenn doch, dann wurde dies zu einer uns damals wirklich nur begrifflich bekannten Behörde gemeldet.

Eine nennenswerte Geschichte ergab sich, in einer Grippe-Periode. Im Flur hing ein Pappschild mit zwei ineinander verschränkten Händen. Es war der bekannte symbolische Händedruck von der Zwangsvereinigung von SPD und KPD zur SED. Der Grund für die Zwangsvereinigung war die mangelnde Zustimmung zur KPD in der Sowjetischen Besatzungszone.

Eigentlich war doch nichts Schlimmes dabei. Wir sollten uns nur nicht mehr mit Händeruck begrüßen und gegenseitig anstecken.

Man hatte mich irgendwann zum Gruppenleiter gemacht. Meine beste Zeichnerin Änne erhielt das Pappschild mit dem Händedruck. Sie zauberte eine gleiche Zeichnungskopie und ersetzte die Aufschrift „Sozialistische

Einheitspartei Deutschlands" durch „VORSICHT INFLUENZA". Das sah man dann natürlich von weitem. Das Ergebnis war ein Aufschrei am nächsten Morgen.

Zumindest in meiner Gruppe war es so, dass es Geheimaufträge gab, in die ich als Gruppenleiter nicht involviert war.

Da ging es um Raststätten an Ost-West Autobahnen, deren vorgegebene FM-Leitungen in Aufenthaltsräumen, WCs und Zimmern an einer Stelle fixiert ohne Anschluss endeten.

Oder es waren Jagdgebäude mit Westausstattung für hochrangige Persönlichkeiten. Da waren dann die ohnehin bekannten Pappnasen des Regimes erkennbar.

Keine elektrische Anlage wird ohne Verteilungen in Betrieb gehen. Dies sind dann oft Schaltschränke, deren Bau hier auch kurz dargestellt werden soll.

Weil es beim Bau von allen Arten der Elektroverteilungen Jahrzehnte lang kaum Neuentwicklungen gab, konnte man nur Stahlblechkästen und Stahl-Leerschränke bestellen. Die Leerschränke, die als Verteilungen ausgebaut wurden, waren komplett verrostet. Also hieß es entrosten, schweißen, hämmern, bohren, lackieren, Gewinde schneiden und verdrahten. Auf abgewinkelten Montageblechen wurden Geräte mit Schraubtechnik befestigt Die Aderleitungen wurden zur Verdrahtung gebündelt und durch Gummileisten zwischen den Blechen geführt.

So arbeitete man wie vor dem Weltkrieg bis zum Ende der sogenannten DDR. Daran änderten auch die späteren Baukastenlösungen nicht viel.

Fast alles, was in den Jahren vor dem Ende der sogenannten DDR noch geplant und gebaut wurde, hatte keine lange Lebenserwartung mehr. Halbfertige Bauten und Anlagen wurden samt aller Technik ein Wendeopfer.

Die Leitung

Verschiedene Einheiten verschwanden oder wurden neu aufgebaut. Ein sympathischer Abteilungsleiter steuerte das Schiff nach den möglichen Gegebenheiten. Ich bin sicher, er wurde von allen geschätzt. Neben der Arbeit war er gleichzeitig Initiator für viele vernünftige Dinge, die uns ein Gemeinschaftsgefühl gaben. Er organisierte den Fasching, Freiwillige trugen auch kritische Dinge selbstverständlich ohne Zensur vor, es gab Weihnachtsfeiern, er war lange Jahre immer der Weihnachtsmann. Einige seiner witzigen Sprüche waren bald Allgemeingut in der Abteilung.

Er sorgte dafür, dass seine Mitarbeiter auch vernünftig arbeiteten. Es gab Kollegen, die sich gern für den heroischen Aufbau des Sozialismus aufopferten. Da waren ihm die Hände gebunden, wenn als Begründung für den Ausgang der Ruf der Partei oder der FDJ akzeptiert werden musste.

 Er stemmte sich viele Jahre gegen den Parteieintritt.

In meiner Erinnerung war er irgendwann nicht mehr so frei, auch seine früheren Gemeinschaftsaktivitäten hörten auf. Jetzt kämpften und feierten die Projektierungsgruppen unterm lähmenden Zwang in sozialistischen Kollektiven.

Nur einmal wurde ich von seinen Schimpfworten überrascht. Es war 1980, die Zeit des Lech Walesa, als er mit seiner Solidarność in Polen für den politischen Wandel kämpfte.

Für mich war dies ein Hoffnungsschimmer genau wie 1968 als Alexander Dubček im „Prager Frühling" den Sozialismus menschlicher machen wollte.

War dies schon dem Druck auf seine Leitungsfunktion ohne Parteizugehörigkeit geschuldet?

Komisch, einige eigentlich jahrelang vernünftige Kollegen sympathisierten immer mehr mit der vorgegebenen Meinung der Partei und Werkleitung. Das waren dann natürlich die Parteimitglieder, die wurden wöchentlich bestrahlt, das wirkte sich anscheinend aus. Macher tat es direkt und laut, andere heimlich und hinterrücks. Es gab damals die Namensgebungen wie den „Roten Siegfried" oder „die Roten Socken" und den „Bieber". Wir lachten darüber, mehr konnten wir nicht tun, so war das Leben eben in der sogenannten DDR.

Dass unser Chef in den letzten Jahren der sogenannten DDR auch noch in die Partei eintreten musste, das war gewiss diesen Helden geschuldet.

Nachfeierabendarbeit

Unser Geld mit zwei Verdienern reichte immer von einer Gehaltszahlung zur anderen. Mir liegen meine Lohnstreifen vor. Mein Anfangs-Bruttolohn 1969 als Ingenieur war gleich mit dem als Elektriker, also rund 650 Mark. Bis 1982 gab es dann sehr langsame Steigerungen. Mein Bruttolohn betrug dann 1.253,20 Mark. Mehr als rund 1.300 Mark konnte man als Ingenieur nicht verdienen.

Später wurden oft Überstunden notwendig, da in Mecklenburg ein paar Industriebauvorhaben angesiedelt wurden. In der Zeit gab es für mich manchmal einen Zuverdienst. Als Beispiele waren es Netto im Januar 1972 726,01 Mark und im Dezember 1983 1.007,20 Mark.

Unser sportinteressierter Technischer Direktor aus dem Süden wurde bei internationalen Sportereignissen immer krank, sagte man. Ihm folgte ein oft bärtiger und sehr wendiger Nachfolger. Ich mochte ihn. Wenn er seinen Bart abnahm, erkannte man, wie jung er doch war. Er war Dampf in allen Gassen. Beim Zelten erklärte uns seine hübsche Frau, dass er ohne eine Führungsposition nicht leben kann. Das merkte man auch. Er versuchte immer neue Dinge, um für seinen VEB oder für seine DDR etwas zu schaffen. Er war Weichensteller, die Arbeit mussten dann schon andere erledigen. Das war nicht einfach, wenn Dinge eingerührt wurden, deren Lösung unklar war. Gemäß seiner Flexibilität scheute er sich auch nicht, praktische Arbeiten zu übernehmen. Da immer Mangel an Elektrikern im Verteilerbau war, hatte er sich im Keller eine Werkstatt eingerichtet. Er fragte ob ich Lust hätte, bisschen Geld zu verdienen. So verdrahteten wir bei ihm Elektroverteilungen für Baustellen.

War er es, der mich ansprach, ob ich nicht auch Elektro-Installationsarbeiten erledigen möchte? Das weiß ich nicht mehr. Vielleicht hatte ich von meiner früheren Arbeit als Elektriker erzählt. Es gab aber nur für Monteure Genehmigungen für zusätzliche Nachfeierabendarbeit. Die bekam ich trotzdem. So konnte ich die Elektroinstallation eines Hauses gegenüber vom Glambecker See komplett sanieren. Es war die Fördereinrichtung für behinderte Kinder. Das war für eine Person zu viel. Ich fand schnell Unterstützung. Mit drei Mann hatten wir viel zu tun. Kindersicherungen an Steckdosen gab es nicht. So plante und baute ich eine Zentralsteuerung. Da die Messung und Steuerung in einem Schaltschrank einzubauen war, konnten nun auch noch Kollegen der Verdrahtung dazuverdienen.

Unbekannte Monteure anderer Gewerke sanierten die Sanitär und Heizungsanlagen nach dem damals möglichen Standard. Bezahlt wurde alles von der Stadt, glaube ich. Dann gab es Auszeichnungen. Unser Technischer Direktor verteilte Prämien. Zu mir sagte er: „Du hast genug verdient." Er hatte Recht!

Wohnungstausch

Die Kinder wuchsen heran. Unsere Wohnung wurde mit zwei Kindern zu klein. Wir hatten im gleichen Aufgang die Wohnungen mit Funktionärsträgern des Betriebes getauscht. Das geschah für diese Familie sicher unter Druck. Es war nicht so, dass ich mich nun als wichtig fühlte. Im Gegenteil, ich hatte fast ein schlechtes Gewissen, weil unsere Tauschnachbarn nun in eine kältere Außenwohnung mit kleinerem Wohnzimmer ziehen mussten. Aber es war nicht so. Wir kauften ihr dreihundert Liter Aquarium – aus englischem Spiegelglas mit einen großen, verglasten Aufbau mit Schiebetüren – ab. Das Aquarium diente uns als Raumteiler. Lange haben wir abends davorgesessen und das Fernsehen vergessen.

So wurde ich Aquarianer mit bescheidenem Wissen über einige Zierfischarten, bis zu unserem prachtvollen Pärchen Purpurprachtbarsche Pelvicachromis pulcher, das sogar in einer Kokosnussschale gelaicht hatte.

Eines Morgens war mein Motorrad weg. Peter vom Obergeschoss war ein schlanker, kräftiger Maurer und half. Ich mochte ihn.

Meine JAVA bekam man seit kurzem nur mit einer bestimmten Variation zwischen Zündung, Kickstarter und Tippanzahl am Vergaser, in Betrieb.

Vor unserem Block gab es eine Parallelstraße mit einer Lücke zwischen zwei Häuserblocks. Bald gesellte sich der Vater der Familie im Erdgeschoss

dazu. Er war bei der Kriminalpolizei beschäftigt, sagte er, allerdings tauchte er in meinen Akten der Staatsicherheit auch auf.

Das Motorrad hatte ich schon abgeschrieben, da rannte oben einer keuchend neben einem roten Motorrad auf der Straße.

Peter war nicht zu halten, er zog den Dieb samt Motorrad zu uns. Als ich ihn zur Rede stellen wollte, schnappte er sich den jungen Burschen und hörte nicht auf, ihn so harte Arschtritte zu verpassen, dass Peter nachher humpelte.

Die Reaktion vom Nachbarn aus dem Erdgeschoss war für mich überraschend. Er sagte nur, so ist das richtig, wir dürfen solche Typen ja sonst nicht anfassen.

Mein Garten

Jeden Tag saß ich nur am Schreibtisch und wollte unbedingt etwas für meine Familie erschaffen. Meine damalige Devise hieß: „Sport ist Mord". Man soll lieber etwas Vernünftiges tun, um den Körper zu ertüchtigen, ohne dafür Geld auszugeben.

Es gab in meinem Wohnort ein verwahrlostes Eckgrundstück. Um den Weg zur Stadt abzukürzen, latschten viele quer durch den zaunlosen ehemaligen Garten in Richtung Schranke zum Reichsbahngleis. Die Erlaubnis zu erhalten, das verwahrloste Stück urbar zu machen, war kein Problem. Es war schon lange als Garten abgeschrieben.

Es war Schwerstarbeit, aber bald waren Wege mit senkrecht eingegrabenem Abfall - Wellasbestplatten vom Betrieb und bestellte Beete entstanden. Nun hatte ich mir in den Kopf gesetzt, auch noch drei Schützengräben für Spargelbeete auszuheben.

Peter – unser kräftiger Maurer – hatte scheinbar auch mit der Landwirtschaft zu tun und half. An einem Wochenende brachte er gleich einen ganzen Hänger voll Mist. Kurz und gut, das zweite Jahr ließ ich die Pflanzen noch rauswachsen.

Lange lag draußen ein Haufen alter getränkter Holzschwellen der Deutschen Reichsbahn herum. Irgendwann entschloss ich mich, die langen Schwellen als Zaunpfähle einzugraben.

Es war wieder Wochenende, als Transportmittel diente mein Diamant Sport-Fahrrad. Eigentlich schob nicht ich das Fahrrad, sondern die schweren Schwellen dirigierten den Weg. Die dreißig Meter bewältigte ich mehrmals. Mit meiner Lehrlingserfahrung beim Holzmaststellen im Bergbau stellte ich allein die Zaun- und Eingangspfähle für mein Eigenbau-Gartentor. Glücklich und zufrieden war ich, als am Wochenende drauf nun auch noch der Garten eingezäunt war.

Nachdem mein Garten im zweiten Jahr erntereif war, meldete sich der Vorstand der Kleingartenanlage. Mir wurde mitgeteilt, die von mir verwendeten Schwellen vor der Kleingartenanlage wurden unrechtmäßig entwendet.

Das war berechnend und schäbig. Der Vorstand wollte entscheiden, ob man mir den Garten kündigt. Das ging dann ganz schnell. Ein neuer Pächter stand schon bereit. Man nahm mir den Garten mit den tollen Spargelbeeten einfach weg.

Kämpfen wollte ich nicht, weil schon die nächste Baustelle wartete. Von unseren Lieben aus Wiesbaden war ja bereits der GENEX Wartburg für meinen Bruder geordert. Der Berliner Trabant stand also bald zur Abholung bereit.

Dank an unsere Friedel und Martin

Warum flechte ich hier eine Familiengeschichte ein? Der Grund ist einfach. Nur so kann ich meine weiteren privaten und beruflichen Aktivitäten erzählen.

Meine Geschwister waren ja älter, hatten gutbezahlte Berufe und einen viel höheren Lebensstandard. Beide fuhren schon lange Autos und hatten sogar einen Telefonanschluss zu Hause.

Es gab alle paar Jahre Besuche unserer Verwandten aus Wiesbaden Biebrich. Mutti hatte meist die größten Schwierigkeiten mit den Einreiseformalitäten. Trotz aller Repressalien bei der Einreise und eigener Gebrechen kamen unsere Tante und Onkel oft zu ihren Geschwistern und zu ihrem Neffen nach Berlin und zur Nichte nach Schwedt.

So gab es Familienfeiern wie hier auf Sigrids Bungalow - Grundstück in Servest mit Autowäsche.

Besuche aus Wiesbaden waren absolute Höhepunkte in meinem Leben. Für mich war es nicht nur ein Besuch, man hatte dadurch einen menschlichen Kontakt zum anderen so fremden Teil Deutschlands, den man sonst nur vom Radio und Fernsehen kannte.

Nun war es noch dazu unser Glück, dass Tante Friedel und Onkel Martin beide besondere Persönlichkeiten waren.

Unser großgewachsener, liebenswerter Martin hatte trotz Prothese und steifem Bein eine Ausstrahlungskraft, der man sich nicht entziehen konnte.

Wir besaßen unsere JAVA, die nun ab 1970 mit vier Personen nicht mehr gemeinsam genutzt werden konnte. Später besuchte meine Tante auch uns.

Das waren besondere Tage in der Wohnung und im Sommer im Gartengrundstück mit Bungalow.

Seine große Liebe, die Friedel an seiner Seite, besaß bis ins hohe Alter den Charme einer feinen Dame mit Liebenswürdigkeit und festen Grundsätzen.

Einmal gab es eine besondere Überraschung in Schwedt. Meine Schwester erzählte, wie der Onkel Martin im Bett Geld ausgebreitet hatte. Er unterhielt sich mit ihrem Mann, wie er seinen Neffen aus Mecklenburg mit einem PKW über GENEX helfen kann.

Wir konnten mit unseren Kindern natürlich nur noch mit Bahn und Bus fahren. Die Nord-Süd Verbindungen waren mit der Bahn vorhanden, die West-Ost Verbindungen gab es nur mit dem Bus.

Eine Bestellung für einen PKW Trabant hatten wir auch im vierten Jahr meiner Tätigkeit nicht ausgelöst. Man hatte ja die Wartezeit von acht Jahren vor sich. Aber unser Geld reichte nie zum Sparen. Daher waren auch die acht Jahre für mich keine Hoffnung auf Änderung unserer finanziellen Lage.

Das Ergebnis des Besuches aus Wiesbaden war, das wir nun kein GENEX Auto bekamen. Mein Bruder hatte den Onkel in unserem Beisein davon überzeugt, dass man über GENEX aus Kostengründen keinen Trabant, sondern eher einen Wartburg verschenkt. Der ist nur wenig teurer und er würde ihn gern nehmen und seinem Bruder dafür den Trabant geben. Wir hörten erstaunt zu. Auf die Reaktion war ich gespannt.

Ich schämte mich für meinen Bruder. Wenn jemand etwas schenken will, dann verlangt man doch nicht noch mehr?

Aber der großzügige Onkel Martin hörte den Wunsch des ältesten Sohnes und folgte den früheren Ordnungsregeln der Erbfolge aber gewiss auch, weil Helmut so viel für die Familie getan hatte.

Da machte ich noch schnell die PKW-Fahrerlaubnis. Da ich bei allen Prüfungen trotz weniger Theorie- und Praxisstunden erfolgreich war, ging es wirklich sehr schnell.

Fahrerlaubnis hieß der Führerschein in der sog. DDR ab 1957.

Die ältere Bezeichnung „Führerschein" wurde wegen der möglichen Assoziation zum „Führer" vermieden, liest man. Da habe ich eine ganz andere Überzeugung. Man wollte sich auch da vom anderen Teil Deutschlands mit dieser Lappalie absetzen. Man versuchte immer eine Trennung zwischen den deutschen Menschen in Ost und West zu schaffen. Kein sogenannter DDR-Bürger sollte sich als einer wie im Westen fühlen dürfen. Dafür gab es unzählige Beispiele. Ganz perfide und durchsichtig wurde es am Ende der sogenannten DDR. Mit geschenktem oder umgetauschtem Westgeld durfte ein sogenannter DDR-Bürger im Intershop nicht bezahlen. Er stand neben seinem deutschen Bruder aus dem Westen. Seine D-Mark musste er zuvor gegen sogenannte Forum Checks umtauschen. Nur damit durfte er dann – im gleichen Wert der D-Mark – bezahlen. So erniedrigte man ihn.

Mit dieser leidvollen Erfahrung einer persönlichen Erniedrigung lebten die sogenannten DDR-Bürger allerdings über vierzig Jahre lang auch im Urlaub, sogar im sozialistischen Ausland. Die Gäste mit D-Mark saßen an Tischen mit schwarz-rot-goldenen Fähnchen, an die sich der Ostdeutsche nicht setzen durfte. Der Hilfsarbeiter aus dem Westen zeigte den Ostlern aller Coleur die lange Nase.

Wie schon berichtet nahm man mir den gerade erntereifen Garten weg und ich baute bald meine erste Garage.

Da ich nun Aussicht auf ein Auto hatte, sah die Welt auch finanziell anders aus. Ich konnte endlich eine Trabant-Bestellung abgeben.

Für diesen Trabanten nach acht Jahren Wartezeit hatte ich dann den Gebrauchten zur Bezahlung. So war das damals:

Ein gut erhaltener Gebrauchter war oft teurer als ein Neuer. Wer Geld besaß wollte nicht so lange warten und bezahlte gern mehr..

Meine Garage

Bei uns standen in einer abgelegenen Straße schon einige fünfzig Meter lange Reihen mit Garagen, die natürlich in Handarbeit von jedem Einzelnen errichtet wurden.

Mit weiteren zwei Beschäftigten der Firma bekamen wir drei Plätze zugewiesen. Das komische war nur, dass man nicht nacheinander anbaute. Da jeder seinen Platz eingemessen bekam, fing jeder auch gleich an.

Hatte sich da ein ganz Schlauer Genosse vom Wirtschaftsrat verrechnet? Viele in der langen Garagenreihe versuchten die Bautoleranz ein kleines bisschen größer auszulegen, um die eigene Garagenbreite zu optimieren. Als sich nun die fleißigen Garagenbauer von links und von rechts der Garage unseres Genossen näherten, da lachten wir uns halb tot.

Ein Glück, dass der Trabant so schmal war, er ging hinein in die Garage, aber unser hochgewachsener Genosse hatte Schwierigkeiten auszusteigen.

Wir drei waren ein gutes Team. Vom Mauern verstand nur einer von uns etwas. Er arbeitete einmal als Student in einem kleinen Baubetrieb als Maurer und konnte uns das beibringen, was ich dann ausgiebig bis heute weitergeben und nutzen konnte.

In der Stadt wurde ein kleines, altes, baufälliges Kirchengebäude neben einem Gemüsepavillon abgerissen. Dort arbeitete eine Nachbarin, daher hatten wir manchmal Glück beim Erwerb von Bückware.

Am Wochenende war der Platz voller Menschen, die unter unglaublichen Bedingungen die Wände zum Einsturz brachten. Verletzt wurde niemand. Gleich vor Ort wurde der Mörtel abgeschlagen. So hatten wir also Steine und ich lernte verschiedene Steinformate kennen.

So richtig kompliziert war es jedoch, die Kanthölzer für das Pultdach mit Wellasbestplatten zu bekommen. Es gab zum Glück noch einen Holzhandel. Es kursierte die Nachricht, dass es am Sonnabend Holz geben soll. Es war bitterkalt. Zum Glück hatte ich noch eine Wattejacke und Stiefel aus meiner Zeit im Bergbau.

Um Kanthölzer für unsere Garagen zu kaufen verabredeten wir uns für drei Uhr morgens also vier Stunden vor Öffnung des Holzlagers. Vor uns stand aber schon eine lange Schlange.

Dann gab es natürlich noch den Baustoffhandel. Da hieß es, immer freundlich sein, um Termine für Zementlieferung und für den Kauf der Wellasbestplatten zu bekommen, die damals natürlich krebserregend waren. Das erfuhr man später nur vom Westfernsehen.

Kies zum Mauern war eigentlich nie ein Problem. Da fuhren ja ständig LKWs herum. Den Fahrer brauchte man nicht kennen, man nannte nur die Stelle zum Abkippen, bezahlte, und schon war es erledigt.

Der Garagenbau war meine erste Bauerfahrung. An jedem Wochenende mauerten wir unsere drei Garagen gemeinsam. Das Verputzen war dann die nächste Herausforderung.

Was für ein tolles Material gibt es heute, wir hatten nur Sand und gelöschten Kalk mit ein wenig Zement.

Den richtigen Schwung habe ich nie hinbekommen. Zum Verputzen holte ich mir später immer Peter. Es war wie ein Zauber, wenn er die Mischung an die Wand warf. Bei uns drei Garagenbauern fiel meist die Hälfte auf ein Auffangbrett.

Trotzdem muss ich mich schon auch loben. Das Verlegen der Wellasbest-platten oder das Mauern der Ecken für die üblichen Holztore, da konnte ich dann sogar bei meinen zwei nächsten Garagen anderen helfen.

Eigenbau PKW-Hänger

Für unseren Bungalowbau brauchten wir unbedingt einen PKW-Anhänger. Zu kaufen gab es keine. Der Eigenbau war damals nichts Besonderes, die Materialbeschaffung schon.

In der Firma machten Studierende ihr Praktikum und auch neue Ingenieure wurden eingestellt. So fing ein ruhiger und kluger Projektant in einer Gruppe an. Sein Vater hatte auf dem Land einen flexiblen und wichtigen Job. Über ihn konnte ich einige Probleme lösen.

Zunächst war es eine Trabant Achse mit Blattfeder, die ich für meinen Ei-genbau Hänger benötigte. Später war es eine stabile Plane aus dem Mate-rial, aus denen Traglufthallen aus Kunststoff mit beschichtetem Chemiege-webe hergestellt wurden, die mit geringen Überdruck im Halleninneren sturmsicher auf LPG Flächen als Lagerhallen dienten. Dann war es eine große Scheibe einer Telleregge für unsere Eigenbau Feuerschale sowie ein Ersatzmotor für einen Schaden am ausgeborgten Kompressor. Dies veran-lasste mich dann später zum Bau eines eigenen Kompressors.

Für meinen Hänger-Eigenbau besorgte ich mir Unterlagen von einem be-reits abgenommenen Exemplar. Aus der Skizze zeichnete ich mir einen ver-nünftigen Plan mit allen Ansichten und natürlich mit den Berechnungen. Alle Pläne, Berechnungen, Kassenzettel und Rechnungen wurden für die Abnahme durch das Amt für Technische Überwachung vorbereitet.

Die Schweißarbeiten der Hängerkonstruktion musste ich in Auftrag geben. Dafür gab es eine Werkstatt der Technischen Überwachung. Der Holzauf-bau war eine Kleinigkeit. Nur der Kauf der Hängerkupplung im Fahrzeug-laden ist mir als sehr schwierig in Erinnerung geblieben.

Nach der Abnahme ließ ich mir bei einer Maschinenschlosserei noch eine Verlängerung der Zugstange bauen. Die brauchte ich unbedingt für Langholztransporte aber auch zum leichteren Rückwärtsfahren meines Hängers. Das gelingt mir übrigens bis heute kaum.

Unser Bungalow

Schon berichtet wurde über unsere fortschrittliche Familie im Haus, die mit den drei Söhnen unten links die größte – also eine drei Raum Wohnung – hatte. Eines Tages fragte uns die Nachbarin, ob wir uns einen Bungalow bauen wollen. Wir sollten doch einen Antrag stellen.

Darüber habe ich mich zwar gewundert, aber vor allem gefreut. Mit dem Motorrad fuhren wir zur Stadtverwaltung, gaben den Antrag ab und besichtigten die ehemalige Gartenanlage, in der bereits ein paar Holzhäuschen vor der alten Havel standen.

Mir war nicht klar, was für Aufgaben da auf mich zukamen, denn die ehemalige, große, aufgegebene Gartenanlage war nur eine feuchte Wildnis mit altem Baumbestand.

Diese Straße fuhren wir zum ersten Mal. Daran kann ich mich so gut erinnern. Uns war klar, wenn wir uns dort etwas bauen, dann wird diese Strecke bald zu unserem Alltag gehören.

Wir bekamen eine Wildnisfläche zugesprochen und wurden Mitglieder einer Kleingartenanlage, die von einem großmäuligen Vorstandsvorsitzenden geleitet wurde.

Für mich begann jetzt ein völlig neuer Lebensabschnitt mit unendlich viel und anstrengender Arbeit.

Als erstes konnte ich erfahren, wo man den Bungalowtyp HW22 bestellen kann. Das war der erste Schritt.

Es war Sommer, wir machten Camping am Drewensee. Gleich nach dem Frühstück fuhr ich trotzdem jeden Tag mit dem Motorrad zu unserem Bungalowplatz.

Die Streifenfundamente wurden gleich in Breite und Länge modifiziert. Ringsherum war alles meterhoch eingewachsen. Aus dem Urwald ragte nur der wunderbare Boskoop hervor.

Der Sommer war herrlich warm, aber es regnete andauernd. Schutz gab mir ein gebastelter Bretterverschlag unter einem Baum. Eigentlich war ich immer allein draußen. So schaffte ich auch nach unserem Campingurlaub an jedem Wochenende.

Im Herbst kam dann ganz überraschend unser Fertigteil Bungalow HW22 an.

Unser Drei-Kammer Abwasser-Auffangbecken war notwendig, da es dort keinen Kanalisationsanschluss gab.

Bald wurden wir stolze Besitzer des gebrauchten Trabant meines Bruders. Die vielen Säcke Zement – eigentlich alles Baumaterial – wurden im Trabant transportiert. Irgendwann war alles isoliert und vorbereitet für das Aufstellen der isolierten Wände und der Deckenplatten.

Nach Monaten an einem Wochenende im Sommer sagte mir mein Nachbar: „Heute Nachmittag mauern wir den Anbau hoch, hast du alles?"

Das Fundament und die Bodenplatte hatte ich ja um ein Element vergrö-
ßert. Die Ziegel, Fenster- und Türsturz waren schon lange in meinem kleinen Schuppen aus Paletten eingelagert. Mein Nachbar über uns war nicht
nur Lagerchef in einem K-Bau Betrieb, sondern ein sehr geschickter und
schneller Maurer. Ich kam mit dem Herstellen der Maurermischung in meinem Mischer kaum hinterher, so schnell wuchs mein späterer Dusch- und
Lageranbau.

Irgendwer muss unseren hochgewachsenen Vorstandsvorsitzenden alarmiert haben. Er war noch nie in unserer Ecke, in der alle Bungalowbesitzer
nicht nur gut zusammenhielten und feierten, sondern auch gemeinsam eine
ordentlich mit Schotter befestigte Zufahrt mit Eingangstor selbst gebaut
hatten.

Am Himmel zogen schwarze Wolken auf, als unser Vorstand erschien und
losschrie: „Stell sofort die Arbeit ein, der Anbau ist nicht genehmigt!" Mein
Nachbar war verschwunden und ich saß auf dem Dach, um unser Werk
abzudecken. Da schrie ich etwas lauter zurück: „Sei endlich still, es fängt
gleich an zu regnen, ich muss hier oben alles abdichten damit es nicht rein-
regnet. Außerdem habt ihr doch an der Havel auch größer gebaut!" Es fing
wirklich an stark zu regnen und er verschwand. Zum Glück gab es dann
keine weiteren Probleme.

Die nächste Aktion war das Verlegen von Terrazzo Bruchplatten, die ich im
Betrieb billig kaufen konnte.

Dummerweise habe ich zum ersten Mal zwei Maurer „unseres Betriebes" –
wie wir immer sagten –gebeten, ob sie das gegen Bezahlung erledigen. Das
war mal wieder eine Lebenserfahrung für mich. Blöd wie ich war, servierte
ich Bier und Schnaps und holte auch noch Broiler.

Hatten die zwei das aus Versehen oder mit Absicht getan? Das Gefälle war
falsch. Ich habe diese Idioten nicht mehr angesprochen und eine sehr große
Stufe vor der Eingangstür draufgesetzt. Später wurde die wunderbar große
Terrasse überdacht. Daher fiel das falsche Gefälle nicht mehr ins Gewicht.

Seitlich gab es noch einen Bogen aus Klinker zur Südterrasse und eine filig-
rane Rangkonstruktion.

Auf der anderen Seite entstand ein geputzter Wandsockel mit oberer Glasverkleidung bis zur Überdachung.

Eine Vormauerung vor den Platten auf der Südseite und eine nierenförmige Terrasse musste sein. Ebenso ein nierenförmiger aus Beton gegossener Gartenteich mit Ab- und Zufluss sowie ein Springbrunnen mit Frosch.

Über all meine Nachbarn um uns herum, gäbe es noch einige lustige Geschichten zu erzählen.

So staunte ich nicht schlecht, als mein rechter Nachbar Zement für unsere gemeinsame Auffahrt mit einem LKW anbrachte. Als ich beim Abladen helfen wollte, da zog er mich zurück. Er hatte ein paar Russen mitgebracht, die fleißig anpackten.

Dass die stolzen Kriegssieger fast kurz vor Ende der sogenannten DDR ihre Soldaten in den Betrieben für Deutsche arbeiten lassen müssen, das war schon irgendwie komisch und auch traurig.

Traurig, weil es sich um rechtlose, geschundene und ausgehungerte, armselige Soldaten handelte, die von ihren Vorgesetzten wie Dreck behandelt wurden.

Es fällt einem beim Schreiben so viel ein, was ich erzählen, aber auch was ich nicht öffentlich machen möchte. Auch die schönen Feste mit Nachbarn wie das Straßenbaurichtfest mit Wildschwein am Spieß und über unsere zahme Elster, deren Krächzen ich mit Medizin behandelte. Sie flog übrigens danach aufgeregt mit ihrem stolzen weißen Federkleid mit roten Flecken davon, als wäre sie gerade dem Schlächter entkommen.

Dann lernte ich einen Hausmeister einer Ingenieurschule kennen. Er war als Brunnenbauspezialist bekannt und hat mir eigentlich auch alles bis zum Gewindeschneiden und Abdichten bei der Sanitärinstallation beigebracht. Damals gab es nur verzinktes Material aus Stahl und Gusseisen.

So suchten wir an den tiefsten Stellen in der Anlage Wasser. Einmal war ich nicht dabei, da hat mein Nachbar über uns sogar mitten auf unserer Zufahrt die Böcke aufgestellt und zum Glück kein Wasser gefunden.

Neben unserem Schotterweg auf dem Nachbargrundstück wurden wir fündig. Obwohl nun der Brunnen und das anzubindende Brunnenhäuschen mit der Verbindungs-Rohrleitung unser Grundstück um Meter vergrößerte, sagte unser Nachbar trotzdem zu. So einfach war es damals. Wir setzten unsere Thuja Hecke auf den frischen Graben und unser Nachbar freute sich, weil ihm damit viel Arbeit erspart blieb.

Bald gab es dann das ausgeartete Wasserfest. Ich glaube, schon bald reichten wir unseren Ausreiseantrag ein und die gemeinsamen Feste ließen nach. Trotzdem blieb unser Bungalow in der Kleingartenanlage unser sommerliches Domizil bis zum April 1989. Da verkauften wir alles gemäß Schätzung, komplett mit Einrichtung, Geräte, Zelt und Faltboot. So sicher war ich Ahnungsloser, dass wir bald die sogenannte DDR gegen ein Leben in Freiheit tauschen werden.

Veränderung im VEB

Wie schon formuliert, das Schiff der VEB Projektierung wurde den Gegebenheiten und Notwendigkeiten angepasst. So verschwanden Einheiten und andere wurden neu geschaffen.

So änderten sich auch meine Aufgaben. Die Arbeit war dann leider keine echte Ingenieurtätigkeit, sie hat mir nicht gefallen. Ein Anlaufpunkt für Auftraggeber und ein Bürokratiemonster für den Projektanten. Man hätte sich wohlfühlen können. Eine höhere Hierarchiestufe ohne Verantwortung. Mein Kollege war ein anderer Typ. Ich glaube er fühlte sich in der Position pudelwohl. Das war nichts für mich. Interessant waren aber Begegnungen mit Menschen anderer Firmen. Da konnte man sein Weltbild ein wenig erweitern.

Nachfolgende Zeilen gehörten eigentlich in eine Rubrik „Seltsame Zeitgenossen", aber es muss hier geschildert werden. Ein besonderes Exemplar war ein „mit allen Wassern gewaschener", kluger, hilfsbereiter, sympathischer und für mich immer undurchschaubarer Zeitgenosse der VEB Haustechnik in Mecklenburg. Er war mehr als clever und er verstand es, knifflige

Situationen beim Auftraggeber durch Witz und Charme zu meistern. Wahrscheinlich nutzte er gleich nach Erscheinen des Gesetzblattes Teil I Nr. 35 vom 9. September 1975 alle Möglichkeiten der Nachfeierabend Projektierung.

Sein Fleiß war sicher groß. Man erzählte, dass seine Beziehungen bis in höhere Kreise hineinreichten und bei Partys sogar die Polizei anwesend war. Dieser zwiespältige Sachverhalt war der Grund, weshalb er für mich immer eine rätselhafte Person geblieben ist. Trotzdem mochte ich ihn.

Immerhin hatte er sich ein Haus am See mit Swimmingpool gebaut. Natürlich nicht nur mit Fußboden, sondern auch noch mit Wandheizung. Dann baute er mit seinem Freund einen alten Käfer aus dem Westen auf. Sie machten aus dem schon neueren Modell mit größerem Heckfenster wieder das alte Original.

Keine Ahnung, woher, wofür und für wen die Arbeit war.

Einer seiner Freunde war ein früherer Monteur, der ein praxiserfahrener Technologe war. Aber auch ein aktiver Gegner des Regimes. Ich vergesse das Theater nicht, als er im Wartburg mit dem Aufkleber „Schwerter zu Flugscharen" herumfuhr.

Irgendwann war der clevere Zeitgenosse Stammgast bei uns, weil er eine hübsche junge Frau erobern wollte. Sie hatte sich dann auch scheiden lassen.

Der Abteilungsleiter konnte unseren Stammgast nicht ausstehen. Er hatte erfahren, dass unser ständiger Gast sich nun auch noch ein Pferd anschaffen will. Wie hatte er darüber gelacht. Er wollte nur mal wissen, wie lange es dauert, bis diese Geschichte in unserer Firma ankommt.

Berichte über hohe Steuernachzahlungen waren bestimmt auch nur ein Test, denn nach dem Gesetzblatt 35 musste der Auftraggeber die Steuern an den Staat zahlen.

Aber dies überzeugte nun auch noch den Letzten, dass er sich finanziell in höheren Sphären bewegen musste.

Nachfeierabendarbeit nach Gesetzblatt

Auf Grundlage Gbl. Nr. 35 vom 9. September 1975 wurden für zulässige Baumaßnahmen auch Projektierungsleistungen möglich. So konnte auch ich meiner Familie viele Jahre lang ein besseres Leben ermöglichen.

Es gab weitere Gesetzblätter mit Honorarverordnungen für verschiedene Berufe und Leistungen. Auch damit konnte ich zusätzlich ein wenig zuverdienen.

Dies zeigt, woran dieses Wirtschaftssystem oder besser der Überwachungsstaat krankte. Für die eigentlich notwendige Arbeit fehlten einfach die Menschen.

Es gab die hauptamtlich Beschäftigten des Staatsapparates. Aber zusätzlich waren die unzähligen Langohren wohl notwendig, von denen man heute auch weiß, wie sie genannt wurden. Es waren die Inoffiziellen Mitarbeiter (IM) vom Ministerium für Staatssicherheit (MFS). Heute allen bekannt als Stasi – das war die interne Bezeichnung für Arschlöcher, die dem MFS freiwillig oder erzwungen, schriftliche oder mündliche Informationen der Schnüffeleien übergaben. Natürlich waren diese Verräter auch willfährige Werkzeuge, um aktiv auf Ereignisse und auf Personen geschickt Einfluss zu nehmen.

Die IM gab es landauf, landab. Das waren zum Beispiel die Werktätigen, die eigentlich arbeiten sollten aber lieber für ein paar Mark ihre ganze Kraft zur Überwachung und Bespitzelung ihrer Mitmenschen einbrachten.

Damit aber nicht genug. Wie viele übernahmen gern „gesellschaftliche Aufgaben" innerhalb der Arbeitszeit in Hoffnung auf eigene Vorteile. Ich kenne das nur aus zwei Betrieben. Erzählungen darüber würden diesen Rahmen sprengen. Aber so war es ganz sicher in allen 8.500 VEB der sogenannten DDR.

Was aber auch nicht zu vergessen ist, ist der wahnsinnige Aufwand der Grenzsicherungen. Nicht etwa zur Sicherung gegen den Klassenfeind von außen, nein, nur zur Sicherung gegen das eigene Volk, gegen den Grenzübertritt in die Freiheit.

Die innerdeutsche Grenze war 1.400 Kilometer lang und wurde von 26.000 Soldaten bewacht.

So kam es, dass kleine Einrichtungen, Schulen, Sportstätten oder Krankenhäuser händeringend Ingenieure und Monteure suchten, um den Verfall zu verhindern, oder um Umbauten, Sanierungen und Modernisierungen durchführen zu können.

Es war die Zeit, als meine Aufgaben geändert wurden und mein Kollege mein Chef wurde. Er hatte sich als Einziger von allen Projektanten schon den Polski Fiat kaufen können, der in Polen nach neuem Lizenzabkommen mit Fiat gebaut wurde.

Inzwischen hatte meine Familie den geschenkten Trabant und konnte auch leichter reisen. Mein neuer Chef sprach mich auf meinen Trabant an, ob ich auch weiter entfernt Arbeiten in Nachfeierabendtätigkeit annehmen würde. Dem konnte ich natürlich nur zustimmen. Wo und woher er einen Auftrag hatte, blieb mir unbekannt. Es war mir auch egal und passte irgendwie auch zum extravaganten Verhalten meines Chefs.

Die vom Betrieb ausgestellte Erlaubnis für Monteure wurde für Projektierungsleistungen bedingungslos akzeptiert.

So waren unsere Familien über längere Zeit über die Arbeit verbunden. Wir teilten uns die Aufgaben und die Frauen hämmerten alles in die Schreibmaschinen. Da ich einmal ein altes Zeichenbrett kaufen konnte, zeichnete ich immer im Wohnzimmer. Meist vor der Arbeit ab 3 Uhr morgens.

Am Wochenende fuhren wir weite Strecken auch bei Eis und Schnee zu Abstimmungen. Wir haben uns das Geld immer ganz gerecht geteilt und wären fast Freunde geworden. Aber immer stand etwas Unbekanntes zwischen uns.

Bezeichnend und erwähnenswert war, wie wir uns freuten und feierten, als die erste Summe verdient war. Leider haben wir uns dann schnell an zusätzliches Geld gewöhnt. Es gab ohne jeden Grund keine zweite Freudenfeier.

Die gemeinsamen Aufträge waren irgendwann nur noch Restarbeiten und ließen nach. Das war mir eigentlich recht, denn nun konnte ich allein arbeiten. Es waren wie früher Sanierungen und Erweiterungen für Krankenhäuser, Alten- und Pflegeheime. Die Zeichner- und Schreibarbeiten habe ich dann später meist an Bekannte vergeben und nach Stundenaufwand bezahlt.

So kam es, dass meine Familie zum Leben und ich für den Kauf von Baumaterial immer ausreichend Geld zur Verfügung hatten.

Nur dadurch konnte ich unseren Bungalow und später sogar unser Bootshaus bauen.

Mein erster Viertakt-PKW

Durch meine Nachfeierabendarbeit hatten wir irgendwann ausreichend Geld. In der Zeitung fand ich eine kleine Anzeige, da wollte jemand einen LADA verkaufen. Wir hatten ja unseren Trabant. Den konnten wir zu Geld machen. Außerdem hatte ich noch Geld von meiner Zusatzarbeit.

Wie alles zeitlich ablief, ist mir entfallen. Unser Trabant war schnell und gut verkauft.

Also fuhr ich nach Berlin. Am Abend kam ich an. Ein Tierarzt zeigte mir seinen blauen Lada. Der Boden war original wärmeisoliert und darüber mit Gummiverkleidung ausgelegt.

Verhandlungsgeschick und Ahnung, was man beim PKW-Kauf beachten muss, hatte ich nicht. Ich war nur „hin und weg".

Zu Hause und in der Garage am „Schwarzen Weg" angekommen öffnete ich den Motorraum und hörte den wunderbaren Klang des Viertaktmotors. Dieser PKW war noch ein Original FIAT ohne russische „Verbesserungen".

Am nächsten Tag sah ich, dass der Boden auf der Fahrerseite irgendwie nass war. Die Bodenverkleidung konnte man nicht einfach aufnehmen. Ich schraubte alle Befestigungen ab und sah die Bescherung. Die Wärmeisolierung verdeckte ein großes Loch im Bodenblech. Beide vorderen Türen waren auch ziemlich rostig. Wir fuhren natürlich trotzdem stolz mit unserem Auto, bis wir beim VEB KFZ Instandsetzungsbetrieb einen Termin bekamen.

Der Lada wurde karosseriemäßig komplett überholt und Mexikorot gespritzt. Von der Farbe hatte ich bisher nichts gehört. Aber unser Auto war dann ein wirkliches Prachtstück.

Meine Frau arbeitete im Büro in einem VEB Holzverarbeitung.

Ein Arbeiter wollte unbedingt unseren roten Lada haben. Dafür konnte ich dann ausreichend gespundete Bretter sogar für meinen Bruder aus Berlin kaufen.

Mit unserem Holz habe ich dann in unserer Wohnung den Flur und die Essecke im Wohnzimmer sowie den Bungalow bis zur Decke verkleidet. Es sah dann mit einer neuen Schrankwand mit Holzfurnier in unserem Wohnzimmer noch wohnlicher aus.

Mein neuer LADA

Wenn ich das alles so schreibe merke ich, wie viel in der bewegten Zeit passiert ist. Nur dank unserer Lieben aus Wiesbaden wurden für mich Aktivitäten möglich, die sonst unmöglich gewesen wären.

Um an ein neues Auto zu kommen, hatten wir folgendes getan. Mir liegt heute noch die Eidesstattliche Erklärung vor.

Darin wird die Übertragung einer PKW-Anmeldung für eine festgelegte Summe an uns niedergeschrieben. So kauften wir uns also bald unser erstes fabrikneues Auto.

Dies war nun aber wieder eine komische Erfahrung. Im Autohaus waren wir nicht etwa als Kunden König. Man behandelte uns so richtig schäbig und herablassend, keine Ahnung warum. Waren die Verkäufer vielleicht gewohnt, besonders behandelt zu werden? Das kam für uns nicht in Frage.

Mein ganzes Leben – wirklich bis heute – hat mir noch niemals jemand Geld geschenkt. Alles habe ich mit viel Fleiß selbst verdient.

Kündigung im Sozialismus

Ist mein Tatsachenbericht eine Ausnahme?

So habe ich es im Jahr 1983 erlebt, auf alle Fälle wirft meine Erfahrung ein Licht darauf, welchem Terror man ausgesetzt werden konnte, wenn man normale Rechte – wie einen Betriebswechsel – in Anspruch nehmen wollte.

Wie bereits erzählt, wir hatten im Betrieb einen Stammgast. Es machte Freude ihn zu erleben. Natürlich kam er nur wegen unserer Schreibkraft. Er fragte mich, ob ich mir vorstellen könnte, in einem VEB Haustechnik zu arbeiten. Man sucht schon lange einen Elektroprojektanten. Als ich das bejahte, wollte er mit seinem Abteilungsleiter sprechen.

Ich wusste nicht, was auf mich zukommt, aber das war mir auch egal, weil ich gern wieder als Projektant arbeiten wollte.

Eigentlich lief alles so wie ich mir eine Kündigung vorgestellt hatte. Mein Vorstellungsgespräch war erfolgreich. Ich sollte nur die Kündigungsfrist abwarten und dann könnte ich sofort anfangen.

Meine Kündigung erklärte ich unserem Abteilungsleiter. Er bedauerte meine Entscheidung, aber letztendlich war er damit einverstanden. Also gab ich meine Kündigung ab.

Als meine Kündigungsfrist fast abgelaufen war, wurde ich zur neuen Firma zitiert. Ich glaube, da saßen der Betriebsleiter, der Parteisekretär und die Kaderleiterin.

Man teilte mir mit, dass meine Einstellung nicht genehmigt ist. Man kann mich nicht einstellen, weil ich keine Beurteilung vorgelegt habe. Auf diese Beurteilung habe ich dann lange gewartet und immer wieder nachgefragt, ohne sie zu bekommen. Dann war es am Ende der Kündigungsfrist, da sprach mich mein Abteilungsleiter an und sagte mir sinngemäß, dass es jetzt reiche, er schreibe mir die Beurteilung, ich könne sie abholen. Also stand er die ganze Zeit unter Druck das nicht zu tun.

Das liest sich so als wär es Spaß gewesen, aber das war es nicht. Man hat mich mit dieser gemeinen Tour fertig gemacht. Ich war das erste Mal in meinem Leben ziemlich am Ende.

Jetzt wurde mir auch klar, warum es so gelaufen ist. Gewiss mussten alle Parteisekretäre, Kaderleiter und Betriebsleiter der VEB bei den SED Parteileitungen der Kreise und Bezirke zur regelmäßigen Rotlichtbestrahlung antanzen. Daher kannten sie sich auch alle gut, tauschten sich aus und besprachen dabei sicher auch meinen Fall. Mit diesen neuesten Weisungen trommelten dann wöchentlich die Parteisekretäre die Genossen Parteimitglieder zusammen, um ihr Wissen weiterzugeben.

Als ich meine Beurteilung abgab, war man sichtlich überrascht. Tags darauf bekam ich einen Anruf, dass ich nun eingestellt werde. Nach wie vor bin ich überzeugt, dass mein Abteilungsleiter das Ende der Quälerei auf seine Kappe nahm.

Arbeit im VEB Gebäudetechnik in Mecklenburg

Mein Beginn war ernüchternd. War ich früher von freundlichen Ingenieuren und Technischen Zeichnern umgeben, mit denen ich dreizehn Jahre gemeinsam älter geworden bin, empfingen mich hier junge, lautstarke und mehr als selbstbewusste Gänse als Technische Zeichnerinnen und überwiegend junge Ingenieure der Fachgebiete Heizung, Lüftung, Sanitär – HLS.

Besonders mein Geburtstag war für mich gar nicht schön. Im alten VEB war man mit mir alt geworden. Nun saß ich da mit vierzig Jahren und wollte Geburtstag feiern. Vor mir saßen fremde, überwiegend zehn bis fünfundzwanzig Jahre jüngere Männer und Frauen. Bestimmt habe ich mich immer um guten Kontakt bemüht. Das gelang mir im neuen Betrieb nicht bei allen Kollegen. In den sechs Jahren bis 1989 war man freundlich zu mir, aber ein Gefühl der Zugehörigkeit fehlte. Vielleicht lag es auch daran, dass ich als Elektroprojektant der „Einäugige unter den Blinden" war.

Die Zusammenarbeit der Mannschaft in der Abteilung Technik habe ich nie richtig verstanden. Es gab sehr freie Arbeitsgruppen, die eigenständig und führungslos Aufgaben lösten.

So bildete der junge Abteilungsleiter mit einem männlichen und einer weiblichen Ingenieurin samt Zeichnerin eine ganz besondere, separate Gruppe, die sicher nicht nur beruflich verbunden waren.

Zeichnerinnen traf ich oft in Gruppen beim Austausch wichtiger Neuigkeiten an. Mir kam es so vor, als hätten sie einen besonderen Status. Einige schienen HLS Ingenieuren fest zugeordnet zu sein.

So ging es eben weiter bis zu den Technologen, die man beleidigte, wenn man arbeiten wollte. Mir erschien es so, dass nicht nur in der Projektierung, sondern in allen Abteilungen jeder machen konnte, was er wollte.

Kann es sein, dass man daher am Eingang ein willfähriges Wachmannehepaar stationiert hatte, der mit seiner Frau eine für mich undurchsichtige Aufgabe hatte?

Ein mir besonders sympathischer Ingenieur war vom Charakter irgendwie nicht von dieser DDR-Welt. Er war in meinem Alter, immer freundlich, niemals laut, stets höflich und zurückhaltend. Meist war er im Büro bei der Arbeit anzutreffen. Er war anders als die meisten jungen Hüpfer mit der Angeber-Mentalität.

Gerade bei diesem ruhigen Mann gab es einmal bis zur Handgreiflichkeit Probleme mit dem Wachmann, der seinen Ausgang verhindern wollte.

Nun, ich habe mich da schnell angepasst und den Freiraum dann auch ausgiebig genutzt. Komisch, ich lächelte den Wachmann immer freundlich an und kann mich nicht an Probleme erinnern, wenn ich das Haus privat oder dienstlich verließ.

Es gab einige Genossen, die sich aber anscheinend fast für ihre Parteizugehörigkeit schämten. Ein junger Ingenieur meines Nachbarbüros trat als Einziger als aufrechter Parteigenosse auf.

Sehr oft suchte er das Gespräch mit mir und berichtete von den neuesten Anweisungen aus den wöchentlichen Parteiversammlungen.

Einmal berichtete er, der Parteisekretär hat allen Genossen mitgeteilt, dass jetzt für die DDR das Wirtschaftswachstum vor dem Umweltschutz steht. Luft- und Umweltverschmutzung durch die Industrie werden erst wieder zum Thema gemacht, wenn der Sozialismus gesiegt hat.

Es muss die Zeit gewesen sein, als meine Tochter mit anderen jungen Menschen in der evangelischen Kirche aktiv war. Sie bekamen die Erlaubnis, Fotos und Berichte der Umweltsünden des Staates im Kircheneingang anzubringen.

Wie eigentlich die meisten Ingenieure und Technologen kam auch mein Büronachbar oft in mein Büro mit dem schrägen Dachfenster. Mit meiner Meinung hielt ich lange Zeit auch vor ihm „nicht hinterm Berg". Allerdings nutzte ich schon meine Sicherheitsabschaltung unterm Schreibtisch. Das war ein Fußschalter für mein Kofferradio. Schließlich unterhielt mich der Sender SFB durchweg bei der Arbeit.

Der Ingenieur von nebenan war mir wirklich Langezeit sympathisch.

Dass ich ihn mit meiner kritischen Meinung nicht umbiegen konnte, merkte ich auf einer Dienstreise. Wir waren in Nordhausen, da gab es eine Besprechung wegen einer größeren Baumaßnahme mit Stationen zur Wärmeübertragung. Es war auf der Rückfahrt. Wie immer kam unser Gespräch schnell auf kritische Themen, denen der normale und aufrechte Bürger leider tagtäglich hilflos gegenüberstand. Im Abteil saß ein dritter Reisender. War das der Grund, warum mein Kollege vehement Unrecht und Lügen lautstark verteidigte, bis ich ihm ins Wort fiel und sinngemäß sagte: „Ich verstehe dich nicht, warum verteidigst du das, was tagtäglich verbreitet wird und keiner glaubt. Damit bist du einer der aktiv unser Unrechtsregime unterstützt. Ich bin zwar kein Freiheitskämpfer, der aktiv für Freiheit und Recht eintritt, aber zumindest sage ich stets offen meine Meinung, und ich unterstütze damit nicht Unrecht und Lügen, so wie du es tust."

Dabei war ich ziemlich aufgebracht, nur daher kann ich mich noch so daran erinnern. Trotzdem mochte ich meinen Kollegen. War es deshalb, weil er von einigen gemieden wurde? Er war auch ein stolzer Familienvater mit einer kleinen, ruhigen Frau, die er bestimmt im Studium kennengelernt hat.

Warum berichte ich so viel über ihn? Obwohl ich glaube, dass viele damaligen Menschen sich nur aus taktischen Gründen und zum eigenen Vorteil auf die Seite des Unrechts geschlagen haben, befürchte ich, dass er aktiv tätig war. Dabei macht gerade er es mir bis heute schwer, ein Urteil über ihn abzugeben. Seine Telefonnummer und sonstige Daten sind im Internet nicht zu finden. In meinen Stasi Akten taucht sein Klarname nicht auf. War er nicht nur ein aktiver Genosse, sondern einer der IM, deren Klarnamen in meinen Akten nicht aufgedeckt werden?

Meine Schilderungen sollen einfach einmal zeigen, was dieses DDR-Regime mit der Implementierung von IM in den Reihen der Stasi so angerichtet hat. Die IM schrieben nicht nur Berichte, von denen der Bürger nichts wusste. Nein, die Bürger waren ja nicht blöd. Man war hilflos, den IM vermutete man schon, ohne es beweisen zu können. In diesem Fall mit meinem Büronachbarn war es einfach so, dass sich im Laufe der sechs Jahre einige Ungereimtheiten aneinandergereiht haben.

Seine sympathische Offenheit kann taktisch gewesen sein, um mein Vertrauen zu bekommen. Als ich daher - ab einer bestimmten Zeit - zu Ihm nur noch dienstliches besprach, da sagte er: „warum erzählst du nichts mehr?". Das machte mich erst recht stutzig.

Er lud mich einmal zu einem Getränkegelage mit einer polnischen Delegation ein. Naiv wie ich bin, versuchte ich einen Polen am Tisch von der Solidarność-Bewegung in Polen zu überzeugen. Der Pole war ein kräftiger Schläger und drohte mir. Woher hatte er diesen Kontakt zu parteitreuen, kommunistischen Polen und aus welchem Grund sollte ich dabei sein?

Unsere Bootshausbesichtigung am Vormittag endete mit dem gemeinsamen Baden nach kräftigem Alkoholgenuss. Mit dem Boot fuhr ich in die Bucht. Meinen Flitzer hatte ich gerade technisch verbessert. Das scharfkantige Edelstahlprofil für den umlaufenden Kantenschutz fehlte noch. Ich wollte aus dem Wasser auf den sehr niedrigen Bug des Bootes gleiten, hatte aber wegen des scharfkantigen Profils einfach Angst, mich zu verletzen. Unter Alkohol Einfluss ließ meine Kraft irgendwann nach.

Es geht mir nicht aus dem Sinn. War es nur das Nahen des Fischers, dass mein Kollege plötzlich zu meinem Lebensretter wurde? Lange habe ich überlegt ob ich das aufschreiben soll. Aber auch diese vielleicht falsche Erinnerung zeigt, was dieses Regime aus einem machen konnte.

Aber dann kam noch etwas, weshalb ich bis heute über ihn nachdenke.

Was sollte sein Theater als scheinbar Angetrunkener am Abend mit den Kampfgruppen Mitgliedern? Weil ich seine Stimme erkannte, lief ich zu ihm und wollte helfen, damit er keine Probleme bekommt. Er sollte doch aufhören mit dem Grölen um nicht bestraft zu werden. Meine Versuche fruchteten nicht. Aber das Ziel war ganz sicher nur, eine Begründung für meinen Rauswurf aus den Kampfgruppen zu finden. Denn genau so wurde sie begründet. Meines Erachtens tat er das im Auftrag seines Parteisekretärs, denn angetrunken sieht anders aus. Dafür war ich ihm nachträglich zwar dankbar. Gleichzeitig hat auch dies erneut mein Bild über Ihn geprägt.

Zu gern würde ich ihn heute zur Rede stellen.

Gleichzeitig verhielten er und auch andere Kollegen sich mir gegenüber immer freundlich und hilfsbereit. Später halfen sie sogar bei meinem schwierigen Bootstransport. Es war die Fahrt mit dem zu kleinen Bootstrailer zwischen weit entfernten Seen während der Arbeitszeit.

Dann gab es noch den fleißigen Ingenieur, der sich ein Haus gebaut hatte und mir den Schrottplatz der Russen zeigte. Dort lagen Gas- und Sauerstoffflaschen mit allem Zubehör sowie LKW-Ausrüstungen herum.

Dieser Platz war dann noch öfter für mich und meinen Sohn eine Fundgrube, wenn wir Teile für den Eigenbau von Geräten, für die Garage und für den Garten brauchten.

Gut, dass ich diesen Betriebswechsel durchgestanden habe.

Nur dadurch bekam ich von einem Technologen den Tipp, wie man zur Genehmigung einer Nachtspeicherheizung kommt. Es hatte wirklich geklappt. Mein Schwindel mit Arbeit im Schichtsystem hatte funktioniert. Auch das verstehe ich bis heute nicht.

Ich baute mir die notwendige Elektroschaltung selbst in der Flurverteilung ein und das Kohleschleppen hatte ein Ende.

Später erweiterte ich die Ofensteuerung noch mit einem Eigenbau Ofen für den Flur, der nur in diesen Abmessungen eingebaut werden konnte.

Im neuen VEB Betrieb begann ich zunächst mit der Beschaffung der Technischen Unterlagen. Bald war mein Stahlschrank mit den Planungsordnern des VEB Geräte- und Reglerwerk Teltow (GRW) und den wichtigsten ZAK Ordnern gefüllt.

Dieser VEB Betrieb gehörte zum Kombinat mit Hauptsitz in Leipzig. Die großen Betriebe des Kombinates hatten eigene Elektroabteilungen mit Projektierungsgruppen. Reihum erfolgten turnusmäßige Tagungen in den Städten dieser Betriebe meist in Interhotels.

Da ich Einzelkämpfer war, gab man mir die Möglichkeit, an diesen Tagungen teilzunehmen. Es war jedes Mal sehr interessant und auch lehrreich, diese sympathischen und klugen Menschen kennenzulernen. Sie kannten sich schon lange und ich durfte nicht nur die Städte kennenlernen, sondern auch verschiedene Höhepunkte erleben.

So tagten wir in Dresden mit Besuch der Semper Oper inmitten der Sanierungsarbeiten, in Weißenfels, in Wittenberg mit Besuch der außen gegen sauren Regen gerade sanierten Schlosskirche, in Eberswalde, in Magdeburg und in Gera.

Mehrmals fuhr ich mit zum Kombinats Hauptbetrieb nach Leipzig oder auch nach Weißenfels und Wittenberg und lernte so die speziellen Steuerungen der Ausrüstungen kennen.

Neben Projektierungsaufgaben für Betriebserweiterungen, Kran- und Farbspritzanlagen und Wärmeüberträgerstationen mit allen E-Anlagen, war es einmal eine größere Aufgabe einschließlich umfangreicher Steuerung. Da ich inzwischen die Chefs der Projektierungsabteilungen kannte, erfuhr ich folgendes. Man hatte mein Projekt mit allen Zeichnungen zur Prüfung an einen anderen Kombinatsbetrieb gegeben. Der Kommentar war dann etwa so: „Das hätte ich auch so gemacht und projektiert."

So unsicher war man anscheinend mit mir. War es die Kontrolle meiner fachlichen Leistung, oder vermutete man einen Staatsfeind in mir?

Zwar habe ich alle Lügen, Fehler und Unrecht des DDR-Systems immer offen kritisiert, aber bei meiner fachlichen Arbeit war ich immer korrekt und Kollegen und Vorgesetzten gegenüber loyal glaube ich.

War es nach der Kontrolle meiner Arbeit, als mich einmal sogar der Betriebsleiter mit nach Leipzig nahm?

Es war interessant, weil er mich zu den Besprechungen mitnahm, und als Höhepunkt wurde uns dann noch ein Stiftplotter vorgeführt. Kurios war nur, dass am Plotter bei der Vorführung die Stifte fehlten. Aber man hatte rumprobiert. Aus irgendwelchen Quellen hatte man die heutigen Stabilo point Stifte. Die wurden eingespannt.

Dem Betriebsleiter war es unangenehm zu hören, dass nur diese Stifte funktionierten und nur eine bestimmte Zeit hielten. Er wollte sich doch eigentlich im Kombinatsbetrieb über den technischen Fortschritt informieren.

Alter Bootsschuppen

Es war noch zu der Zeit, als ich im vorigen Elektrobetrieb gearbeitet habe. In der Zeitung las ich eine winzige Anzeige, dass aus Altersgründen ein kleiner Schuppen mit Boot verkauft wird. Ein alter Herr öffnete uns in einem noch älteren Häuschen. Wir gingen zum baufälligen sehr niedrigen Schuppen durch ein Stahltor und über ein gepflegtes Grundstück, auf dem zwei Finnhütten standen.

Im niedrigen Bootsschuppen gab es zwei Liegeplätze. Im rechten lag ein kleines Boot. Den zweiten Besitzer hatte unser alter Herr nie gesehen. So wurden wir stolze Besitzer unseres ersten Bootsschuppens mit Boot. Das Boot bestückten wir mit einem Außenbordmotor Forelle mit sechs PS.

War das Wetter gut, fuhren wir an Wochenenden für ein paar Stunden vom Bungalow zu unserem Boot und lernten die herrliche Seenplatte kennen. Der hochfrequente Forellenmotor kündigte uns lange vor einem Ziel geräuschvoll an. Aber es gab eben nur zwei DDR-Außenbordmotore – den Tümmler und die Forelle.

Es muss im Winter 1982 gewesen sein. Wir fuhren am Wochenende zu unserem See, er war zugefroren. Wir liefen vom Bootsschuppen über den See. Plötzlich hörten wir dumpfe Stoßgeräusche. Das musste ich unbedingt erkunden. Wir sahen schon von weitem am Seeufer zwei kräftige große Männer. Sie hielten ein dickes Stahlrohr an angeschweißten Seitenstangen fest. Damit schlugen sie mit Kraft einen Baumstamm senkrecht durch ein Eisloch in den Seeboden. Für ein Bootshaus waren mindestens fünfzehn Pfähle – also Baumstämme –notwendig. Sollte das die einzige Technologie für den Bau eines Bootshauses sein?

Im Frühjahr fuhr ich, wie schon oft, zum baufälligen Bootsschuppen. Ich wollte ihn irgendwie sanieren. Mit dem Schlüssel meines Verkäufers lief ich wie stets über das Grundstück, da wurde ich barsch von einem Herrn angegangen. Ich sollte verschwinden, er wollte den Schlüssel von mir haben.

Erst jetzt erfuhr ich die Zusammenhänge. Das Grundstück mit den zwei Finnhütten wurde von hochrangigen Genossen – man sagte mir später von Stasileuten – als Wochenendgrundstück genutzt. Die Anlage gehörte zu einem Staatsreservelager.

In der Bundesarchivakte KD NZ/67 findet man Informationen zu „Abwehrmäßige Sicherung, Berichte Inoffizieller Mitarbeiter (IM) zum Staatsreservelager Zirtow und Wesenberg".

Man hatte offensichtlich gedacht, dass der alte Herr irgendwann stirbt, der Schuppen zusammenfällt und das Gelände bis zum Kanal vor dem Drewensee aus biologischen Gründen vom alten Besitzer befreit wird. Nun komme ich, kaufe einen Schuppenteil und will etwas erneuern – das musste verhindert werden.

Zunächst hatten wir schon lange die Wasserstraßen mit unserem kleinen Boot erkundet. Da brauchte ich keinen Bootsführerschein.

Ein Kollege meines neuen Betriebes bot mir sein Boot zum Kauf an. Es war ein roter Flitzer mit eingebautem Wartburgmotor. Ich war so begeistert, dass ich dafür unseren weißen Lada verkaufte. Meiner Heidi hat das überhaupt nicht gefallen. Er war schließlich noch fast neu und auch unser ganzer Stolz.

Das Boot war schon toll. Es war ein sportlicher roter Plastikkörper, der sich nach vorn auf siebzig Zentimeter verjüngte. Man raste wie im Auto nur übers Wasser. Es hob sich dann vorn an und drückte uns in die weichen roten Ledersitze eines Lada.

Allerdings war die gesamte Technik darin mehr als primitiv zusammenge-schustert. Im Winter habe ich mit viel Aufwand das Boot elektrisch und an-triebstechnisch erneuert und in der Garage den Unterboden abgeschliffen und mit Antifouling Farbe gestrichen.

Das Rasen über den See war zwar auch mit uns vier möglich, aber später konnten wir uns trotzdem noch verbessern. Dann war der Schmerz über den verkauften Lada vergessen.

Bootsführerschein

Zunächst hatte ich noch gar keinen Bootsführerschein, weil die praktische Prüfung fehlte. Die Theorie war erledigt, nun musste ich das nachholen und auch das Boot abnehmen lassen. Die Abnahme erfolgte am Zierker See. Ganz früh fuhr ich los, vom Drewensee über den Hafelkanal zum Woblitz-see bei Wesenberg. Plötzlich kam Sturm auf. Er wurde auf der Woblitz so richtig kräftig. Da das Boot bei ruhiger Fahrt vorn von den Wellen überspült wurde, blieb mir nur übrig, Gas zu geben. Aber wenn sich das Boot vorn anhob, dann raste ich schon. Da die Wellen immer höher wurden, schlug ich förmlich auf die Wellenkämme. Ich dachte, der Plastikkörper bricht mittig auseinander. Wirklich, ich hatte richtig Todesangst so allein auf dem großen See.

Mit einem Technologen hatte ich lange Zeit engen Kontakt. Er blieb für mich bis heute immer etwas zwielichtig und wir wurden keine richtigen Freunde. Er war trotz seines Handicaps – ich glaube, wegen einer Kinder-lähmung – ein fleißiger Mann mit guten Ideen. In einem Seitenarm der Woblitz im Floßgraben hatte er ein Bootshaus inmitten einer großen Anlage gebaut.

Dorthin wollte ich nach rechts in ruhiges Gewässer abbiegen. Es gelang mir einfach nicht in diese Einfahrt zu kommen. Der Sturm und die Wellen hat-ten das Boot fest im Griff.

Also musste ich geradeaus weiter fahren in Richtung Zierker See durch den Kammerkanal. Im Kanal war es ruhig, aber auf dem großen Zierker See hatte ich wieder zu kämpfen. Allerdings wurde ich jetzt mutiger. Mit Vollgas raste ich meinem Ziel entgegen. Egal, was passiert, dachte ich, zur Not schwimme ich bis zum Hafen.

Die Abnahme ging schnell und ich fuhr mit Rückenwind zurück.

Neubau Bootshaus

Man wollte mich ja auf dem Wochenendgrundstück des Staatsreservelagers nicht haben. Die Genossen wollten unter sich bleiben. Daher hoffte ich auf einen Ausweichstandort, egal was kommt.

Inzwischen war mir meine Bootschuppennachbarin bekannt.

Es war eine Genossin, eine nette kleine Dame. Wir vereinbarten, dass ich einen Antrag bei der Binnenfischerei Prenzlau stelle. Sie hatte Kontakte und versprach kräftige Mithilfe durch ihre Familie, wenn wir ein Doppelbootshaus genehmigt bekommen.

Heute denkt man über viele Zusammenhänge der damaligen Zeit intensiver nach. Damals wurde alles ohne nachzudenken hingenommen. Man war ja schließlich machtlos und konnte nur – so gut es eben ging – sein eingesperrtes Leben bei allem Mangel irgendwie meistern. Das gelang mir ja schließlich auch ganz gut.

In diesem Zusammenhang wundere ich mich heute, warum die pummelige Frau eigentlich den alten, halben Bootschuppen ohne Boot gekauft hatte. Gehörte sie oder ihre Kinder zum Staatsreservelager? Das unterirdische Lager war so geheim, wie fast alles in dieser Zeit.

Ein Elektriker der Verdrahtungswerkstatt meines früheren Elektrobetriebes hatte übrigens einen wesentlichen Anteil daran, dass ich das Bootshaus überhaupt bauen konnte. Er wusste wohl von meinen Aktivitäten und sprach mich an. Er wollte sich eigentlich eine Finnhütte bauen, hatte aber keine Genehmigung bekommen. Nun lag bei ihm schon lange Holz, das er über Beziehungen bekommen hatte. Ich kaufte ihm alles gern ab. Gleich neben unserer Bungalowanlage hatte damals die LPG ein Steingebäude mit Dachboden. Dort durfte ich alles zwischenlagern. Da lag es nun lange bis zum erhofften Baubeginn.

Warum habe ich eigentlich alle Unterlagen vom Bootshausbau noch heute vorliegen? Warum habe ich das mitgeschleppt bei meiner Ausreise aus der DDR? Darüber habe ich mich schon oft geärgert. Alle möglichen Verkaufsunterlagen sind noch heute in meinem Besitz.

Hätte ich nur nicht meine vielen Rechnungen der Nachfeierabendarbeit nach dem Gesetzblatt und der DDR-Honorarordnung vernichtet. Ob das maßgebend für die Rentenanwartschaftspunkte gewesen wäre? Wäre dann meine knickrige DDR-Rente höher berechnet worden? Aber das ist mir nun schon lange egal. Die Freiheit war wichtiger und es geht mir gut!

Nun sehe ich den umfangreichen Schriftverkehr vom Juni 1982 mit dem Rat der Stadt Wesenberg, der Binnenfischerei Prenzlau, dem Wasserstraßenamt Zehdenick, dem Rat des Kreises Abteilung UWE und dem Materiallager Wesenberg. Natürlich auch die vielen Quittungen, Rechnungen und eine Ablehnung von VEB Baustoffversorgung Neubrandenburg, aufgrund von Planauflagen wegen nicht vorhandener Kapazitäten für das laufende Planjahr.

Mein Antrag war erfolgreich, im Februar 1984 bekam ich die Wasserrechtliche Zustimmung durch das Wasserstraßenamt Zedenick und im Mai erfolgte vom Rat der Stadt Wesenberg die Zustimmung zum Bau des Bootshauses in Ahrensberg.

Bereits im Januar 1984 begann alles natürlich mit den notwendigen Baumstämmen. Mein Arbeitskollege kannte jemanden, der bei der Holzverarbeitung arbeitete. Er wohnte ganz in meiner Nähe. Das war nun mein Glück. So einfach Baumstämme vom zentralen Holzlager kaufen, das war nicht möglich.

Den riesigen Holzumschlagplatz mitten im Wald kannte ich. Die Flutlicht Beleuchtungsanlage auf Stahlgittermasten war einmal mein Projekt. Daran knüpfen sich viele Erinnerungen. So lernte ich nicht nur die kompetenten Ingenieure, sondern auch die planungstechnischen Bedingungen für Flutlichtanlagen einer Firma in Halle kennen. Dort konnte ich dann auch die Planung meiner Flutlichtanlage berechnen lassen. Schließlich lief so etwas damals noch über den Großrechner R300.

Bis heute habe ich meine Rückfahrt mit der Deutschen Reichsbahn aus Halle nicht vergessen. Ob ich das nach so langer Zeit noch verständlich für Menschen, die die sogenannte DDR nicht kannten, rüberbringen kann?

Heute arbeite ich nun bereits drei Jahrzehnte selbständig und als freier Mensch in meinem Beruf. Ich betreibe ein Ingenieurbüro und bin freiberuflich tätig. Es fällt mir nicht schwer, mich zurückzuerinnern, aber ob ich meine damaligen Gefühle zum Ausdruck bringen kann, das weiß ich nicht.

Ich saß überwiegend allein im Abteil und mich quälten Minderwertigkeitsgefühle. Das beschreibt es richtig, aber nicht verständlich.

Nun fuhr ich im Zug zurück in mein enges Umfeld. Jeder Tag verlief wie vorgeschrieben verlogen und gleich. Das Zuhause, die Familie mit zwei Kindern, war der Ort, an dem man frei war.

Aber die Hälfte des Tages war gefüllt mit Diskussionen zwischen Kollegen über Widersprüche des Erlebten und der offiziell erlaubten Meinung. Dabei war niemals klar, wer eigentlich vor einem stand. Das war mir erstaunlicherweise auch fast immer egal.

Nicht unbedingt immer, denn in der Öffentlichkeit führte das Kopfumdrehen – also das Umsehen, ob jemand mithört – doch zu einer gewissen Beruhigung. Ich wünsche allen DDR-Menschen, die in dieser Zeit lebten, dass dieses Kopftraining im Alter nicht den Verschleiß oder die degenerativen Veränderung der Halswirbelsäule unterstützt hat.

Meine Überzeugung war und ist auch noch heute, dass der eingesperrte Ostdeutsche ein überzeugterer Deutscher war als der in Freiheit lebende

Westdeutsche selbst. Dank Westfernsehen und Rundfunk hatte man wirklich alle Informationen aus Deutschland und der Welt, wenn man es wollte.

Umweltsünden oder Missstände aus dem eigenen Land erfuhr man nur von den Westmedien. Radio- und Fernsehwellen lassen sich eben nicht aufhalten.

Diskutiert wurde täglich über Fernsehberichte aus dem eigenen Land, die man aber nur aus dem Westfernsehen und Rundfunk erfuhr. Dies wurde dann von den Medien des eigenen Landes z.B. im „Schwarzen Kanal" mit Karl-Eduard von Schnitzler verlogen widersprochen oder es wurde verdreht dargestellt. Mit Lügen durchtränkt bekam es der unmündige Bürger zum Fraß vorgeworfen. Keiner glaubte daran, aber das ging der Führung, die sich so sicher fühlte, „am Arsch vorbei".

So in etwa durchblitzten meine Gedanken durch die Synapsen und ich fühlte mich so eingeengt und unbeweglich. Immer wieder versuchte ich mich zu beruhigen, indem ich meine Gedanken auf alles Schöne lenkte.

Mit eigener Leistung hatte ich doch schon so viel für mich und meine Familie geschaffen. Natürlich war es der Bungalow an den ich dachte. Dann war es der eingeschalte kleine nierenförmige Teich, deren Schalung ich mit Beton ausgegossen hatte. Ich dachte an den herrlich warmen Sommertag, als unsere Bungalow Nachbarin sich mit der Heidi im engen Teich abkühlten. Das war nicht so leicht, denn mittig hatte ich ja das senkrechte Wasserrohr mit oberer Edelstahlplatte montiert, welches aus Ersatzteilen für Waschmaschinen gefertigt wurde. Darauf saß der große Wasser kotzende Frosch.

Nicht nur dieses Hindernis brachte mich zum Schmunzeln, sondern ich dachte an die unterschiedlich üppigen Proportionen der zwei Damen, wie sie da im Teich ihre Bierchen tranken.

Diese Gedanken halfen aber auch nicht. Es war eben die nicht zu ändernde, verflixte Situation, mit der man eben weiterleben musste, die einen klein und hilflos machte. Da half kein Geld und eben nichts, wenn einem das Streben auf persönliche Freiheit als wahres Ziel verwehrt bleiben musste. So kam es zu diesem unverschuldeten Minderwertigkeitsgefühl.

So dachte ich nach, wie ich wohl den oberen Rand meines nierenförmigen Beckens abdecken konnte, denn die zwei senkrechten Betonschichten waren ja untereinander wasserundurchlässig mit Dachpappe abgedichtet.

Genauso wie schon in Gedanken ausgedacht, baute ich mir später zwei oder drei Metallformen. Die keilförmigen abgerundeten Betonsteine wollte ich farbig gestalten. Die unterschiedlich breiten Betonsteine sollten für vorhandene Bögen und im Wechsel für gerade Abdeckungen zu verwenden sein.

So näherte sich irgendwann mein Wohnort. Zu Hause wollte ich von meinen Gedanken sprechen, aber es gelang mir nicht. Aber vielleicht konnte ich es nun nach fünfzig Jahren doch noch verständlich darstellen.

Nun aber weiter zu meinem Bauvorhaben Bootshausbau.

Beim Bootshausbau hatte ich keine manuelle Unterstützung von meiner Partnerin, deren Familie ja eigentlich mithelfen wollte. Allerdings wurden die Kosten am Ende der Arbeiten redlich geteilt.

Es begann mit den technischen und zeichnerischen Unterlagen. Das war ja nun mein Beruf, also kein Problem.

Der Lageplan und der Balkenverlegeplan vom 18. November 1983 für den Doppelschuppen zeigt, dass Bäume für neunundzwanzig Pfähle bis sechs Meter Länge für den Doppelschuppen notwendig waren. Dazu kamen noch neun Pfähle für den dringend notwendigen Steg und die Plattform vor den zwei Eingängen.

So fuhren nun mein Bekannter von der Holzverarbeitung und ich hinaus, um die vom Staatlichen Forstwirtschaftsbetrieb genehmigten Kieferpfähle aus dem Wald zu holen.

Dank GOOGLE sehe ich heute, es war das heutige Forstamt der Kreisstadt, Revierförsterei Pelzkuhl bei Wustrow. Es war am 4. Februar 1984, als mein Bekannter mit dem LKT 80 Stammholzschlepper zeigte, was er konnte.

Wir zogen die Bäume bis zum Standort in der Nähe vom Fischer. Bis Mai dauerte es schließlich mit dem Ablagern, auf Länge schneiden und anspitzen. Das Entrinden hatte ich in dieser Zeit mit einem Spaten erledigt

Ich hatte ja gesehen wie die starken Jungs die Pfähle im Winter von Hand in den Seeboden rammen. Sollte es da keine andere Lösung geben?

So einfach nach einer Firma zu suchen, wie es heute ist, war es damals nicht. Es war ein Zufall, dass ich im Telefonat mit dem Wasserstraßenamt Zehdenick erfuhr, dass man solche Arbeiten im Sommer ausführen kann. Das war ein Segen. Hatten fleißige Menschen auch in diesem Job die Möglichkeit,

Nachfeierabend ein wenig Geld zusätzlich zu verdienen? Darüber hatte ich damals nicht nachgedacht. Ich war nur froh.

Ende Mai fuhr ich nach Ahrensberg und staunte nicht schlecht. Ich konnte zwar ganz gut pfeifen, aber nicht das Gezwitscher der Vögel perfekt nachahmen.

Auf dem ansteigenden Waldboden vor unserem geplanten Bootshaus standen alte, gesunde Buchen und Eichen. Zwischen den Bäumen entdeckte ich einen freundlichen Mann, dessen Vogelgezwitscher im Wald erwidert wurde. Es war der Leiter von der Nachfeierabendbrigade, sagte man früher. Wir unterhielten uns, machten einen Termin aus und er sagte mir, dass nur die Situation bis zum Ufer ein Problem ist, weil er nicht so dicht ranfahren kann.

Am dritten Juni kam ein Floß mit fünf Männern angefahren. Es war die Brigade aus Canow mit ihrem Chef.

Auf dem Floß stand ein alter Dieselmotor, der über Winden an Seilen ein großes Gewicht an einem Mast anhob.

Die Pfähle wurden nach und nach mechanisch senkrecht nach oben an den Mast hochgezogen und nach Plan ins Wasser abgesenkt.

Das schwere Gewicht wurde ausgeklinkt, raste nach unten und schlug auf den Pfahl. Der Dieselmotor mit der Winde zog das Gewicht über Seile wieder und immer wieder nach oben und klinkte das Gewicht zum Einschlagen der Pfähle aus.

Zum Einsetzen der kurzen Pfähle für den langen Steg machten wir den 24. Juli 1984 aus. Diese Pfähle für Steg und Plattform spülte er mit einer Pumpe ein. Nun konnte die eigentliche Arbeit also schon im Sommer beginnen.

Reichlich Holz hatte ich schon auf dem Dachboden des LPG Gebäudes an der Hafelbrücke liegen. Nun nutzte ich jede freie Stunde für die vielen Arbeiten.

Glücklicherweise gab es noch eine alte, private Schlosserei. Schon Ende 1983 hatte ich bei der Firma Heinrich Dähn den Bau von zwei Hebevorrichtungen in Auftrag gegeben. Damit wollte ich dann mein Motorboot im Winter aus dem Wasser heben.

Allerdings benötigte die Firma dazu zwei Schneckengewinde 500kp, die ich dann vom VEB Maschinenbauhandel in Magdeburg beistellte. Die Maschinenschlosserei, am Bahnhof in Alt-Strelitz baute mir nicht nur diese Vorrichtung zum Hochkurbeln meines Bootes, sondern fertigte auch den Rahmen für ein mittig zu kippendem Tor sowie alle Konsolen, Flach und Rundstahlteile, die ich brauchte.

Rechts neben unseren Platz gab es schon drei separat stehende Bootshäuser. Nur eine Familie war eigentlich immer dort. Der Besitzer stellte sich als

Techniker vor. Damit konnte ich damals nichts anfangen, weil ich diese Ausbildung in der DDR nicht kannte.

Egal, das erste Bootshaus hatte also Stromanschluss, wohl vom Fischer ganz in der Nähe. Das hatte ich schon lange gesehen. Er war einverstanden, dass ich mich da anschließe. Entweder mit einer Verlängerung oder sogar mit einem eigenen Kabel im Erdboden. Aber er war sich ganz sicher, dass mir die Verlegung im steinharten und wurzeldurchwachsenen Waldboden auf der langen Strecke nicht gelingen kann. Da kannte er mich aber schlecht. Mein Sohn Andreas half natürlich immer nach Kräften mit.

Leider erhielt ich erst am 24. August 1984 vom Rat der Stadt die Bestätigung zum Bau der Stromversorgung. Mit gleicher Post gab es 50 Mark Ordnungsstrafe, weil ich das fast unmögliche Vorhaben schon Monate vorher erledigt hatte.

Nun gab es Strom und ich beendete den Bau meiner Eigenbau-Kreissäge mit Elektrik für 380V Dreh- und 220V Wechselstrom in der Garage. In der Verwandtschaft kaufte ich noch eine Abrichtwelle ab, die im Braunkohlenwerk Brieske unter der Hand produziert und verkauft wurde. Oder war es ein Produkt der Konsumgüterproduktion, die es irgendwann in fast allen VEB gab, um den allgegenwärtigen Mangel zu mindern?

Auf alle Fälle hatte ich nun nicht nur die Handkreissäge, mit der ich bisher alle Holzarbeiten erledigte, sondern nun auch noch die superstabile Tischkreissäge mit einem Tisch aus einer Abfall-Aluplatte vom Bungalownachbarn. Darunter war die Abrichte mit Keilriemen für Holzarbeiten eingebaut.

Mein Sohn war schon vierzehn Jahre alt. Bald wurde es Herbst. Daran erinnere ich mich so gern, wie wir immer gleich nach dem Frühstück zum Bootshausaufbau fuhren. Im Auto stand unser Elektro-Heizlüfter, der uns die Pausen angenehm machte.

Der Winter kam recht früh und mit viel Kälte, die wir dringend brauchten. Manchmal konnten wir uns draußen sogar am Lagerfeuer erwärmen. Abends ging es nach Hause. Da wurde für uns nacheinander der Mittags-, dann der Kaffeetisch und –nach dem Fernsehgucken – das Abendbrot serviert. Jedes Wochenende war mein Sohn Andreas mit an Bord. Schade, Tochter Katrin hatte kein Interesse, ich hätte sie so gern auch mitgenommen. Mit fast achtzehn Jahren lag ihr Fokus auf anderen Dingen.

Mitte Januar 1985 mußte ich den alten Bootsschuppen aufgeben. Im gegenseitigen Einvernehmen erfolgte die Schlüsselrückgabe vom Tor des Geländes. Für den Schuppen erhielt ich achtundzwanzig Kanthölzer, die ich noch dringend brauchte.

Da Bootshäuser über dem Wasser stehen, sind sie im Winter nicht gegen Einbruch geschützt. Mein Verwandter kaufte im Braunkohlenwerk Großräschen fünfzehn Quadratmeter ausrangiertes Förderband zum Schrottpreis. Wir holten es ab, als die Rolle per Kran in unseren Eigenbau Hänger reingelegt wurde, da senkten sich die Blattfedern bis zum Anschlag. Die zweihundertfünfzig Kilometer unserer Rückfahrt vergesse ich nicht.

Auch der Winter 1984/85 war zum Glück wieder kalt. Ich vergesse nicht, wie Andreas und ich versuchten, das breite Band auf dem Eis umzubiegen und an den Balken anzuschrauben.

Ich sehe bis heute, wie der kleine Mann sich mit inzwischen fünfzehn Jahren abquälte. Es war ja kein dünnes Gummiband, sondern eben ein Förderband – bestimmt über zehn Millimeter dick.

Dann baute ich Innen noch eine zweite Ebene zum Schlafen ein und darüber ein großes Eigenbau Dachfenster. Auf das leicht schräge Flachdach wollte ich ein großes Holzgitterrost für Luftmatratzen aufsetzen. Dazu kam es nicht mehr, denn schon drei Jahre später genoss ich ein neues Leben in Freiheit.

Im Wald hatte ich noch einen Holzschuppen gebaut. An der Seite befestigte ich die stabile Plane als PKW-Dach. Die ließ ein früherer Arbeitskollegen passgenau herstellen. Sie bestand aus unverwüstlichem beschichtetem Chemiegewebe.

Vom VEB Chemiehandel konnte ich über einen Bekannten im Mai 1985 ein ganzes Fass Ricolit DT 420 erwerben das es auch heute noch im Internet in

Halle zu kaufen gibt. Zumindest das DDR-Produkt war ein unverwüstliches Holzschutzmittel, welches das Bootshaus und den Holzschuppen sicher lebenslang fäulnisfrei erhalten wird.

Unser Bootshaus haben wir dann eigentlich nur zwei Sommer lang an jedem schönen Wochenende genutzt. Zunächst war es der schnelle rote Flitzer mit eingebautem Wartburgmotor, mit dem wir die herrliche Seenlandschaft erkundeten.

Im März 1987 konnte ich dieses Boot gegen ein Sportboot Wellenbinder sechs mal zwei Meter mit Plastikkörper tauschen.

Es war und ist sicher noch ein schickes Boot mit dem Aufbau aus Mahagoni Sperrholz. Damals fuhren wir mit dem 30PS Moskwa Heckmotor.

Wer Mecklenburg kennenlernen will, muss dies vom Wasser aus tun. Das haben wir auch reichlich getan.

Heute staune ich wirklich, was ich da so in kurzer Zeit alles geleistet habe.

Unsere Berührung mit Computern

Als ich 1969 im VEB Elektro in Mecklenburg begann, da war der Betrieb gerade aus umliegenden PGH gegründet und der Betriebsleiter kam vom VEM Starkstromanlagenbau in Cottbus – und er hatte große Pläne. Ein Hochhaus sollte als Betriebssitz gebaut werden, so wie es bereits in der Bezirkshauptstadt stand. Sogar der Standort war schon geplant.

Der Aufbau des Sozialismus sollte auch mit Hilfe der Datenverarbeitungsanlage R300 zum Preis von drei Millionen DDR-Mark vorangetrieben werden. Aber die ausgelagerten Aufgaben produzierten einige Zeit nur Unmengen Leporellopapier.

Aber wir blieben in unseren Baracken, bis nach Jahren Platz in einer alten Kaserne für Teile des Betriebes frei wurde.

Damals hatte ich ein Zusatzstudium „Elektronische Datenverarbeitung" abgeschlossen. Eigentlich nur, um noch etwas Neues zu lernen, aber auch weil man erzählte, das in einem ansässigen Datenverarbeitungsbetrieb mehr Geld zu verdienen war.

Die alltagstaugliche Berührung mit Computern gab es erst etwa ab 1981/82. Im Betrieb wurde eine spezielle Gruppe gebildet, zum jungen Chef hatte ich guten Kontakt. Er borgte mir oft eine ältere Computerzeitschrift „Chip", die er offiziell im VEB bekam.

Als unser amtierender Technischer Direktor stolz seinen staunenden Schreibkräften zeigte, wie man Geschriebenes einfach korrigieren und löschen konnte, da war der Sieg des Sozialismus schon wieder ein Stück näher gerückt. Man konnte zwar auf der Tastatur die Zahlen und Buchstaben lesen. Alle Befehle waren aber auf Englisch. Es war die Zeit als auch alle West Software noch nicht auf Deutsch umgestellt war. Daher konnte auch die vom Westen geklaute Software der sogenannten DDR nur englisch.

Wie schon gesagt, durch meinen Zusatzverdienst hatten wir irgendwann ausreichend Geld. Ecke Rosentaler Straße in Berlin war ein An- und Verkauf. Dort gab es für Privatleute aber auch für VEB Betriebe für Ostgeld Westcomputer und natürlich 5,25 Zoll Disketten.

Berliner mit Verwandtschaft in Westberlin konnten dort reich werden, denn die Preise waren verrückt hoch.

Mein Bestreben war, für mich – aber besonders auch für meine Kinder – die neue Technik anzuschaffen, damit alle damit vertraut werden können.

Als erstes hatten wir einen Atari mit Datasette Bandlaufwerk gekauft. Den konnten wir am S/W Fernseher anschließen. Ich besuchte Kurse für Englisch und BASIC und schrieb mir damals ein Programm zum Englischlernen. Nur das Finden auf der Datasette mit Hilfe des Zählwerkes war nicht einfach.

Dann waren wir stolze Besitzer eines Commodore C128D, ein 8-Bit-Mikrocomputer mit 5,25 Zoll Disketten Laufwerk. Dazu mussten wir einen russischen S/W Junost Kofferfernseher umbauen lassen, da es keine PC-Monitore gab.

Als letzten kauften wir uns in Berlin den Schneider PC, der schon ein 3,5 Zoll Disketten Laufwerk hatte. Nun musste es natürlich noch ein Nadeldrucker für Leporello Papier sein.

Meine Familie hatte – beginnend mit dem Commodore – viel Spaß mit den ersten, einfachen Spielen, die kostenlos gehandelt wurden. Aber immer mehr wurden ab den C128D unsere Computer Arbeitswerkzeuge.

Es war wohl die Zeit unseres Ausreiseantrages. Gewiss war ich schon ganz schön gestresst. Ganz allein organisierte und kämpfte ich für meine Familie. Jeden Abend saß ich am PC im Kinderzimmer. Meine Familie lachte im Wohnzimmer vor dem Fernseher. Da platzte mir einmal der Kragen. Hatte wirklich niemand verstanden, warum und für wen ich die Geräte gekauft hatte?

Heute lache ich darüber. Mein Sohn hat gleich im Westen als CAD-Zeichner und Programmierer in einem der größten Ingenieurbüros von Baden-Württemberg gearbeitet. Als er irgendwann die Firma verließ, um eigenständig zu arbeiten, hatte der Firmeninhaber jahrelang um ihn gekämpft. Das will doch was heißen.

Heute kann ich ihm nicht mehr „das Wasser reichen" und er hilft oft und gern, das ist einfach fantastisch! Schön, dass er eine Arbeit mit enger Bindung und Verantwortung für die heute übliche Netzwerk- und Computertechnik einschließlich Programmierung und weltweiter Vernetzung gefunden hat.

Reise in den Westen

Als ich dreizehn war, fuhr mein Bruder mit mir schon einmal zu unserer Tante und Onkel nach Wiesbaden. Wie stolz war ich über ein Foto, welches mich auf dem Loreleyfelsen mit Blick auf Vater Rhein zeigt. Das gleiche Motiv gab es nämlich in unserem damaligen Erdkundebuch.

Nun – nach dreißig Jahren – beantragte ich eine Besuchsreise zum achtzigsten Geburtstag meiner Tante. Das klappte bei mir und auch bei meinen Geschwistern. Unsere Mutti durfte ihre Schwester nicht besuchen. Aber das war üblich, die Geisel waren eben alle weiteren Familienangehörigen zu Hause.

Um Geld zu sparen, lief ich nach der Ankunft am Hauptbahnhof Wiesbaden nach Biebrich zur Josef-Brix-Straße zu Fuß.

In Erinnerung bleiben die Autofahrten durch den Taunus und die herrlichen Kirschplantagen. Außerdem die Gespräche mit höflichen, freundlichen, liebenswerten aber auch teilweise kuriosen Persönlichkeiten, die wir kennenlernten. Damen, deren Männer schon lange gegangen waren, die unterhaltsam von fremden Ländern erzählten.

Aber man merkte, in welcher Sorglosigkeit man doch im Westen lebt. Wir armen Ostdeutschen Verwandten staunten nicht schlecht, wie am Tisch über Westprobleme diskutiert wurde. Es ging allen Ernstes um das Sonderangebot vom Karstadt in Wiesbaden. Heute würde ich das nicht mehr merken.

Wir trugen tagtäglich die Last des Unrechts und der Unterdrückung mit uns herum. Eingesperrt und oft ängstlich, man drehte sich in der Öffentlichkeit sicherheitshalber um, wenn man laut Kritisches besprach. Mit den tagtäglichen Lügen lebte man eben und schaffte sich privat kleine Freiräume.

Mitfühlen und Verstehen konnte das früher und auch noch heute kein Bundesbürger, der nur in seiner heilen Welt lebte. Das ist ja auch gut so, mit der Altlast muss man als sogenannter DDR-Bürger eben selbst klarkommen und die Vergangenheit nicht verdrängen. Dabei bin ich mir leider auch sicher, dass nach dreißig Jahren DDR-Geschichte viele Ostdeutsche heute gern in einer Nostalgiewelt leben. Diese armen Menschen werden weder meine Eindrücke verstehen noch akzeptieren, was ich da so schreibe.

Bei der Feier im Hotel hatte ich dann mit meiner Praktika leider eine ganze Weile ohne Film fotografiert, was mir die Friedel sehr übelnahm. Aber alles war gut und jeder bekam zu allem Überfluss auch noch 700 DM geschenkt. Natürlich ging es damit zum ProMarkt, wo ich dann die Tränen bei diesem Angebot mit den niedrigen Preisen nicht verdrängen konnte.

Tante Friedel hätte uns gern noch dabehalten, aber Sigrid hatte ihr Ziel in Bremen genau wie ich. Mit meinem Jugendfreund Reini verabredeten wir uns in Hannover und nach einem Mittagessen beim Griechen trennten sich unsere Wege.

Sigrid fuhr zu ihren Verwandten, und Reini hatte sich für meinen Besuch freigenommen. Er war an der Uni in Bremen tätig. Er zeigte mir die ganze Umgebung, wir fuhren bis nach Groningen, besuchten einen Wildpark und holten uns 1986 noch bei Metro Froschschenkel und Whisky. Der Abend war dann nicht so erbauend. Whisky in Cola war schon ok, aber Reini erklärte irgendwann stolz die wirtschaftliche Überlegenheit der Bundesrepublik gegenüber der DDR-Wirtschaft. Und das mit der Erklärung: „Wie blöd man doch in der DDR ist, das sieht man doch wenn man den Trabant mit dem Volkswagen vergleicht.“

Naja, Reini war noch nie eine besondere Leuchte. Er arbeitete und lebte mehr für seine Freizeit am FKK-Strand, hatte natürlich ein schnelles Motorrad und einen BMW-Sportwagen.

Er war verheiratet, erzählte er mir. Sein Sohn hatte sich mit dem Motorrad mit achtzehn Jahren totgefahren.

Er zeigte mir auch sein Wochenendhaus am See, wo er im Gebüsch am Weg eine Frau gevögelt hat und dabei von seiner Frau erwischt wurde. Das war Reini – und damit war seine Ehe Geschichte.

Mit seiner Liebe im Gebüsch hatte er natürlich nach wie vor ein gutes Verhältnis. Darum sollte ich sie auch kennenlernen. Die Frau war geschieden, lebte in einem innen und außen total weißen Haus. Innen war der Rauputz arg gefährlich scharfkantig. Das 1986 die Hauspreise total im Keller waren, das kann man sich heute nicht mehr vorstellen.

Natürlich ermunterte er mich, doch mal mit seinem japanischen Motorrad zu fahren. Eigentlich wollte ich es nicht, aber Reini überredete mich und warnte, dass man einen Geschwindigkeitsrausch bekommen kann. Das probierte ich dann auch aus und irgendwie hatte er Recht.

Am vierten Tag gab es ein dringendes Telefonat mit der UNI.

Na, nun wusste ich Bescheid. Sein Kollege gab Entwarnung, er konnte ruhig weiter wegbleiben.

Ein Abend endete mit einer gegenseitigen widersprüchlichen Erkenntnis. Reini meinte gutgelaunt, dass wir ja beide gegenseitig daran arbeiten, unseren Staat kaputtzumachen. Meine Antwort war, dass er das wohl nicht schaffen wird, ganz im Gegenteil zu mir. Wir wetteten und nun ist Reini lange gestorben und ich habe gewonnen.

Er hatte einen beachtlichen Bekanntenkreis und fragte mich, ob ich bei einem Umzug mitmachen würde. Natürlich tat ich das. Schon die Begrüßung war für mich überraschend, als Reini vor seinen Freunden damit angab, dass er mir schon einen großen Koffer für die vielen Geschenke gegeben hat. Damit hatte er nicht mal gelogen, aber alles, was ich gekauft hatte, war von meiner Tante. Ich sagte nichts, so konnte sich Reini als großmütiger Gönner fühlen.

Keine Überraschung war es für mich, dass ich mich irgendwann völlig durchgeschwitzt hinsetzte. Mein Jugendfreund hatte den Umzug mit viel Kommunikation gut überstanden. Er hatte sich wirklich kein bisschen geändert. Seine Aufgaben bei der UNI hat er mir nicht genau erklärt. Wir waren natürlich auch am Uni FKK-Strand. Das war Reinis Welt inmitten der Studentinnen.

Und dann zeigte er mir die Stelle, wo er als Grenzer geflüchtet war.

Dass er zur Grenze eingezogen wurde, wusste ich gar nicht. Heute kann man im Internet lesen, wie viele trotz Stasi-Überwachung und Dienst zu zweit, als Posten und Postenführer an der „grünen Grenze" zur Bundesrepublik erfolgreich geflüchtet sind – oder erschossen wurden.

Nun war ich total überrascht, wie die Grenze im Westen aussah. Sie war eine schmale Asphaltstraße. Daneben verlief ein niedriger Graben und etwa vierzig Meter entfernt sah man den Grenzzaun, der in großen Abständen durch Wachtürme unterbrochen war.

Plötzlich sah ich hinter dem Graben jemanden im trockenen hohen Gras. „Reini halt mal an", sagte ich. Ich stieg aus und aus dem Gras erhob sich ein Grenzsoldat. Da ich auch mal bei der NVA war, erkannte ich einen DDR-Soldaten. Ich war mir der Gefahr nicht bewusst, ich schrie ihn gutgelaunt an: „Wieso liegst du da rum, auf Wache darf man sich nicht hinlegen Genosse!" Er riss seine Kalaschnikow hoch und schrie etwas. Reini riss mich ins Auto, ich sah noch, wie der Grenzer unsere Autonummer notierte.

Auf der Rückfahrt erfuhr ich dann, wie er als Grenzer nach drüben geflüchtet war. Als Elektriker hatte Reini sich einen ruhigen Posten ergattern können. Er war zuständig die Gefechtsbereitschaft zu garantieren, indem er zum Beispiel die Akkus aller Funkgeräte laden musste.

Er erzählte mir auch, wie es mit seinem zweiten Mann war, der nicht abhauen wollte und dass er den richtigen Zeitpunkt selbst festgelegt hatte.

Es ging ja ein Bild um die Welt, als kurz nach Beginn des Mauerbaus am 15. August 1961 ein Grenzer in Berlin über den Stacheldraht in den Westen sprang.

Das Wichtigste für Reini war, dass man im Westen von seiner Flucht vorher erfährt. Er hoffte auf ein Pressefoto, um in die Schlagzeilen zu kommen. So funkte er am Abend vor der geplanten Flucht in der Frequenz vom Westen, er teilte seine Flucht mit.

Ich kann mir das bei Reini zwar genauso vorstellen, nur hat das dann die Funküberwachung vom Osten nicht mitgekriegt?

Egal, Reini haut also extra mit der Kalaschnikow ab, und im Westen ist kein Mensch zu sehen.

Falls seine Erzählung gestimmt hat, dann wirft das auch ein Bild auf Grenzer im Westen, die ohnehin nur jede Stunde einmal im Jeep auf der Asphaltstraße eine Runde drehten. Meine Heidi hatte einen Verwandten an der Westgrenze, der von seinem Gammel-Job erzählte. Ihm ist sicher im Dienst das dritte Ei gewachsen!

So bekam ich dann vom Reini einen sehr großen und sehr alten Koffer. Da passte all das rein, was ich schon aus Wiesbaden mitgebracht hatte. Das waren hauptsächlich elektronische Sachen und ein JVC Kassettenrecorder. Reini schenkte mir dann noch eine kleine, aber feine Bernstein-Elektronik

Werkzeugtasche, die ich leider heute im Internet nicht mehr finde. Außerdem gab er mir sehr viele Messingschrauben von drei bis sechs Millimeter mit. Natürlich hatte ich für meine Kinder Geschenke und Südfrüchte dabei.

Reini verabschiedete mich mit der Feststellung: „Na, nun kannst du ja drüben bleiben, nun hast du ja alles." Diese blöde Bemerkung hatte mich sehr geärgert und zeigte gleichzeitig, dass er seine Freiheit nicht mehr zu schätzen wusste.

Die Fahrt verlief reibungslos. In Berlin Friedrichstraße konnte ich dann erkennen, welche Strapazen die Tante Friedel auf sich nahm, um uns zu besuchen. Es gab keinen Aufzug, keine Trolleys, keine Hilfe durch Bahnangestellte.

Ich stand vor der unendlich hohen und steilen Treppe und stellte mir die gebrechliche Friedel vor, wie sie da wohl hochgekommen ist. Für mich war es kein Problem meinen Koffer hoch zu schleppen.

Oben hatte sich schon eine Schlange gebildet. Ich sah von weitem, wie Polizisten die Koffer der Reisenden durchwühlten. Zunächst ging es zu einem Häuschen zur Passkontrolle. Zum Häuschen führten Absperrungen in fünfzig Zentimeter Breite. Um zum Kontrollfenster zu kommen, ging es mit dem Gepäck durch den schmalen Gang, daher konnte man sein Gepäck nicht seitlich tragen, sondern musste es quasi vor seinen Knien nach vorn schubsen. Das war wieder so eine Schikane für Westbesucher.

Nun rechnete ich fest mit der Kofferkontrolle. Mir kam es so vor, als hätte man mich schon erwartet. Aber das bildete ich mir gewiss nur ein, oder? Ich sollte mich beeilen, man wollte nichts von mir.

Ich kannte die riesige Stahltür, vor der ich jetzt stand. Allerdings von der anderen Seite, wenn wir Tante Friedel im Bahnhof Friedrichstraße abholten.

Ich öffnete die Tür, nun waren es nur noch wenige Meter, meine Kinder rannten mir entgegen und riefen: „Vati hast du was vom Westen mitgebracht?"

Das kann ich nicht vergessen, die Tränen musste ich mir verkneifen. Es schoss mir durch den Kopf, es kann nicht sein, dass meine Kinder ihr ganzes

Leben – so wie ich – in diesem Staat eingesperrt sein müssen. Ich musste etwas tun.

Reini hatte mir ja sehr viel Messingschrauben aller Größen mitgegeben. Von allem etwas habe ich dann den Elektrikern der Verdrahtungswerkstatt des Elektrobetriebes geschenkt. Sowas gab es in der DDR einfach nicht. Zu den fleißigen und ehrlichen Arbeitern hatte ich, wie schon gesagt, immer den allerbesten Kontakt.

Ausreiseantrag

Lange haben wir überlegt. Andreas hatte Glück, er konnte eine Elektriker-lehre beginnen. Katrin hatte in unserem Wohnort keine Lehrstelle bekom-men. Sie wohnte und arbeitete bereits als KFZ-Schlosserin am Band im PKW-Trabant-Werk in Zwickau.

Bekanntlich hatte die sogenannte DDR mit der Bekanntmachung über die Ratifikation im Gesetzblatt die „KSZE Akte" von Helsinki anerkannt. Nun konnte jeder im Artikel 12 Pkt. 2 nachlesen: „Es steht jedem frei, jedes Land, auch sein eigenes, zu verlassen."

Wir waren uns alle vier einig, wir stellen jetzt einen Ausreiseantrag. Katrin kündigte, zog wieder nach Hause, erlernte einen neuen Beruf und arbeitete in der „Goldenen Kugel" am Markt.

Den Erstantrag reichten wir mit der Einwilligungserklärung von Andreas am 8. Juli 1987 gemeinsam ein. Wir stellten bis 5. Oktober 1988 einzeln je-weils vier Wiederholungsanträge.

Dabei waren wir nicht die ersten. Überall forderten Menschen ihr Recht ein. Heute lese ich, dass es seit Gründung des Staates im Oktober 1949 bis zur Grenzöffnung am 09. November 1989 dreieinhalb bis vier Millionen Men-schen gewesen sein sollen, die in die Freiheit zogen. Sie waren das Gros der DDR-Emigranten, aber bis heute bekommen sie wenig Aufmerksamkeit.

Am 14. Oktober 1988 schalteten wir Rechtsanwalt Schnur ein. Er war dann für uns eine wirkliche Stütze bis September 1989. Um einen Termin wahrzunehmen, fuhren wir sogar von unserem Urlaubsdomizil viele hundert Kilometer nach Rostock. Da standen Antragsteller auf einer langen Treppe, die zum Büro vom Rechtsanwalt Schnur hinaufführte. Wir warteten lange, bis wir dran kamen, denn oben standen alle noch im langen Flur vor seinem Büro. Trotzdem war das kurze Gespräch für uns eine Hilfe. Zumindest bildeten wir uns das ein. Lange habe ich ihn noch verteidigt, weil ich dachte, er musste der Stasi eben Meldung machen, sonst hätte er seinen Beruf nicht ausüben dürfen.

In Wirklichkeit war er ein schändlicher Verräter!

Das kann man nun in dem im Jahr 2015 erschienenen Buch von Alexander Kobylinski „Der verratene Verräter, Wolfgang Schnur: Bürgerrechtsanwalt und Spitzenspitzel" nachlesen.

Auf Seite 348 steht: „Am 7. Oktober 1989 bekommt Schnur seinen letzten Orden von der DDR, die ‚Verdienstmedaille der NVA in Gold', die Urkunde ist gezeichnet: ‚Mielke, Armeegeneral'. In der Begründung heißt es: ‚Der IMB (Inoffizieller Mitarbeiter der Abwehr mit Feindverbindung oder zur unmittelbaren Bearbeitung im Verdacht der Feindtätigkeit stehender Personen) leistet seit Jahren eine sehr gute operative Arbeit, die geprägt ist von einer an die Grenze der physischen Leistungsfähigkeit gehenden Einsatzbereitschaft.'

Im Nachwort des Buches steht: „Wolfgang Schnur alias ‚Torsten' alias ‚Dr. Ralf Schirmer' hat sich mindestens 593-mal mit Führungsoffizieren des MFS getroffen. Praktisch zu jeder Tag- und Nachtzeit. Dabei hat er jeweils zwischen einem und zehn Einzelberichte auf Tonband gesprochen."

Es gab vom Rat des Kreises zwei Ablehnungen unserer Anträge. Am 11. September 1989 stellte Rechtsanwalt Schnur den Antrag auf gerichtliche Nachprüfung, worauf wir für den 30. November 1989 einen Termin beim Kreisgericht zugesandt bekommen haben. Aber da war zu unserem Glück bereits die Berliner Mauer gefallen.

Wie bei meiner Kündigung, als ich von einem VEB zum anderen wechseln wollte, liest sich auch die bisherige Schilderung, als wär unser Ausreiseantrag quasi die Beantragung für ein Visum gewesen.

Nein, man hat versucht, mich kaputt zu machen. Wenn wir vier regelmäßig zum Rat der Stadt Abteilung Innere Angelegenheiten beordert wurden, dann zog der Abteilungsleiter Genosse Nicolei sein Tonbandgerät heraus und bearbeitete uns gemeinsam mit dem leitenden Mitarbeiter Genossen Spitzkopf zum Verzicht auf unseren Ausreiseantrag. Aber es ist den Genossen nicht gelungen. Wie ein Löwe habe ich für meine Familie gekämpft und mich dabei, ohne dass ich es merkte, bis an meine Grenzen belastet.

Die Zeit bis zum Verlassen der sogenannten DDR

Bei meiner zweiten Garage hatte ich irgendwann einen Ausreisantragsteller aus unserem Wohnort kennengelernt. Er arbeitete als Ingenieur in einem Landwirtschaftsbetrieb. Mit seiner Familie wartete er auch auf seine Ausreise. Wir lernten uns kennen. Uns verband lange Zeit das gleiche Ziel mit einer lockeren Bekanntschaft zwischen uns Männern. Er gab mir ein kleines Heft, worin ich für uns vier wichtige Dinge fand, was bei einer Ausreise zu beachten ist. Somit wurde er quasi für uns zu einem Ausreisehelfer. Er bekam tatsächlich mit seiner studierten Frau und den zwei Mädchen die Ausreise genehmigt, was mich echt freute, aber auch verwunderte. Gleichzeitig war es ein Hoffnungsschimmer für unseren Ausreiseantrag, denn mein Bekannter war mir eher als Angeber, aber nicht als Staatsfeind bekannt geworden. Da gab es sicher Parallelen. Auch ich hätte meine Familie nie gefährdet. Auch ich war kein aktiver Staatsgegner. Wenn diese Familie ohne Gefängnis und damit ohne Verkauf durch den Menschenhändlerstaat DDR die Ausreise erhält, dann kann auch meine Familie hoffen.

Als mein Bekannter dann das Hab und Gut im Dezember 1987 in Kisten verpackt am Bahnhof aufgab, da habe ich kräftig mitgeholfen.

Für mich war nun klar: Aus unseren Holz Wandverkleidungen müssen Kisten gebaut werden. Es wurden dreizehn Stück mit unterschiedlicher Höhe, weil Heidi ihre vielen Bücher unbedingt mitnehmen wollte. Dafür gab es niedrige Kisten, die mit Büchern gerade noch anzuheben waren.

Den Blechdeckel und den Kistenboden konnte ich leicht im VEB bauen lassen. Alle Kisten wurden mit nagelneuen Sachen gefüllt. Natürlich gab es dreizehn detaillierte Inhaltsangaben, die für Ausreisende obligatorisch waren.

Mein Jugendfreund hatte mir ja 1986 bei meinem Besuch ausreichend Super-Klebeband und Beschriftungsstifte von seiner Bremer Uni mitgegeben. Die waren super zur Kennzeichnung der Holzkisten.

Anders als es in früheren Jahren im Westfernsehen berichtet wurde, gab es bei uns vier 1987 keinerlei Repressalien oder Berufsverbote.

Im Gegenteil, im VEB gehörte ich plötzlich zur Abteilung Forschung und Entwicklung. Zu Kollegen der Abteilung hatte ich wenig Kontakt. Meine Aufgabe war es, die gelieferte Software des Kombinat Hauptbetriebes auf den PC zu installieren und – soweit möglich – die Bedienung den Fachingenieuren zu erläutern. Logischerweise konnte ich bei fachlichen Fragen nicht helfen.

Trotzdem war es lustig die moderne Technik der ersten DDR-Bürocomputer kennenzulernen. Das Betriebssystem war ja vom Westen geklaute und wenig geänderte CP/M; CP/A Software. Der laute und starke DIN A3 Drucker stand auf dem typischen quadratischen Tisch mit Sprelacart Platte. Er geriet beim Drucken verdächtig in Schwingungen.

Im Computerraum war ich überwiegend allein und wagte mich an die Maschinensprache der Software. So habe ich dann den HLS Ingenieuren beim Einschalten auf dem Monitor mitgeteilt, dass sie beim Arbeiten nicht einschlafen dürfen. Komisch, das hat man anscheinend als Hinweis akzeptiert und sich nicht gewundert.

Angedacht war die Zusammenarbeit mit dem Kombinats-Leitbetrieb in Leipzig mittels Datenübertragung über ein Modem. Der Verbindungsaufbau war natürlich die Sache einer vertrauenswürdigen Dame. Sie musste die Anwahl manuell mit einem Telefon durchführen. Nach Antwort der Gegenstelle in Leipzig sollte man auf Modem umstellen, das gleiche musste die gerufene Seite erledigen oder deren Modem sollte den Anruf selbst entgegennehmen. So war der Plan. Lag es an den ungenügenden Übertragungseigenschaften der Telefonleitungen oder an zusätzlichen sicherheitstechnischen Einrichtungen im Telefonnetz? Es gab viele Versuche. Es hatte wirklich nie geklappt.

Alles was ich so schreibe, liest sich sicher so leicht. Das war es aber nicht. Diese tägliche Ungewissheit fraß an meinem Selbstbewusstsein. Ständig überlegte ich, was ich noch für meine Familie tun könnte. Nur darum kreisten unaufhörlich all meine Gedanken. Als Reini von einem geplanten Urlaub in Ungarn schrieb, da war das sofort ein Hoffnungsschimmer für mich. Wir freuten uns alle und reichten einen Antrag auf Ausreise nach Ungarn ein. Dank meiner Stasi-Akten kann ich heute nicht nur Briefe, sondern auch meinen Antrag finden. Wir beantragten also vom 6. Oktober bis 9. Oktober 1988 eine viertägige Urlaubsreise nach Ungarn, nur um neue Hoffnung zu tanken und um einmal kurz mit meinem Jugendfreund sprechen zu können. Das Ganze war eine große Enttäuschung. Eigentlich hätte ich es wissen müssen, was für eine Pflaume der Reini geworden ist. Hatte ich ihn doch schon 1986 neu kennengelernt.

Er war natürlich nicht privat in Ungarn. Es war eine Fahrt seines Vereins „Fröhliche Freizeit" aus Bremen. Er hatte viel Spaß mit seinen Freunden. Das einzige Gemeinsame war ein Badeausflug mit einer geschenkten Badehose.

Die genauen Daten einer weiteren, richtigen Urlaubsreise nach Ungarn entnehme ich auch den Stasi Akten. Die Reise vom 13. August bis 20. August 1989 wurde abgelehnt. Heute weiß ich nun warum. Damals hatten wir wirklich keine Flucht geplant.

Mit meinem Ausreiseantrag machte es keinen Sinn mehr, große Bauvorhaben anzufangen. Trotzdem habe ich dann für Andreas noch Schaltungen für unseren Kompressor und die Kreissäge mit Abrichte entworfen, um sie über zwei Zuleitungen an verschiedene Netze betreiben zu können.

Das hat dann Andreas bei VEB Pharma umgesetzt. Er fuhr im Sommer immer mit dem selbst aufgebauten Motorrad von unserem Bungalow zum Schichtdienst. Nach Ausreiseantragstellung staunte man nicht schlecht, wie der junge Mann im nagelneuen Trabant mit blauem Dach zum Schichtdienst kam.

Unser Bungalow war im Sommer schon immer ein Treffpunkt für mit uns eng verbundene Verwandte.

Aber gerade jetzt, als wir den Ausreiseantrag gestellt hatten, da meldeten sich eines Tages meine Cousine mit Familie zum Besuch an. Ich war echt überrascht, wir hatten seit zwanzig Jahren nichts voneinander gehört.

Der evangelische Lutherstift in Frankfurt Oder war ihre Wirkungsstätte. Da meine Tante Lieschen immer eng verbunden mit dem Ortspfarrer war, lag es aus meiner Sicht nahe, dass auch die Kinder in der Kirche arbeiteten.

Wir kannten uns aber nur als Kinder. Als Jugendlicher fuhr ich mit zu Geburtstagen und manchmal waren wir sogar zu Schlachtfesten eingeladen. Meine Tante hatte einen Bauernhof. Als Kind habe ich mit meinen Cousinen und mit deren Cousins jede Menge Unsinn angestellt. Abends lauschte ich den klugen Gesprächen der Erwachsenen.

Meine Cousine und auch ihr Mann überraschten uns, wie sie mit ihren Kindern umgingen. Es war eine uns unbekannte Erziehungsmethode, die ich heute nicht mehr beschreiben kann. Dann ging es zum Bootshaus. Der Wunsch nach Wasserski kam völlig überraschend für mich. Unser 30PS Moskwa Heckmotor hatte noch nie diese Aufgabe. Ich versuchte es zum ersten Mal in meinem Leben. Der Motor schaffte es tatsächlich, mich nach oben zu ziehen, aber schon neigten sich die Bretter und ich verschwand im See. Meine Verwandten waren jünger und sportlicher.

Ein paar Monate später kam dann sogar noch ein Cousin meiner Cousinen zu Besuch in unsere Wohnung. Ihn kannte ich nur aus Kindertagen. Zu ihm gab es über dreißig Jahre nie Kontakt. Er erzählte, er sei bei der DDR-Volksmarine. Bei mir schallten alle Alarmglocken auch ohne heutige Informationen Dank Internet.

Trotzdem kann ich mir nur vorstellen, dass der Lothar einfacher Soldat auf dem Schiff war und nur nicht abhauen konnte oder wollte. Wir lauschten früher gemeinsam den interessanten politischen Gesprächen mit dem Lehrer Meier bei Geburtstagsfeiern meiner Tante.

Die politische Einstellung der Eltern müssen abgefärbt haben, glaube ich auch noch heute.

Im „Geschichtsforum" im Internet steht heute zur DDR-Volksmarine: „Neben der SED spielte auch das MfS eine wichtige Rolle innerhalb der Marineabteilungen. Mitte der 80er Jahre führte die MfS-Abteilung in der Volksmarine schätzungsweise 1.300 bis 1.400 IMs. Danach hatte ein hauptamtlicher MfS Mitarbeiter in einer Flottille zwanzig bis fünfundzwanzig IMs zu führen. In Abhängigkeit des Personalbedarfes auf einem Schiff und seiner Zweckbestimmung gab es auf jedem Fahrzeug etwa ein bis vier IMs, die neben ihrer Dienstfunktion an Bord im Auftrag des MfS konspirativ agierten. Aufpasser waren weder dem Kommandanten noch den Bordoffizieren bekannt. Schwerpunkte in der Tätigkeit der MfS innerhalb der Volksmarine bildete der Kampf gegen die Fahnenflucht und ungesetzliche Grenzübertritte auf See oder an Land."

Wir hatten echt geglaubt, ab den 30. November 1989 bekommen wir mit Hilfe unseres Rechtsanwalt Wolfgang Schnur die Ausreise. Schon frühzeitig hatte ich begonnen, all das, was wir uns geschaffen hatten, zu verschenken oder zu verkaufen.

Die Belege für nachfolgende Verkäufe liegen mir bis heute noch vor:

Januar 1988, Verkauf Atari Datasette nach Berlin.

Dezember 1988, Verkauf Commodore C128D, Drucker nach Güstrow.

März 1989, Verkauf Bungalow mit Zelt, Faltboot nach Mirow.

März 1989, Verkauf Sportboot im Ort.

Mai 1989, Verkauf Bootshaus nach Wesenberg.

Juli 1989, Verkauf Kompressor Eigenbau im Ort.

Juli 1989, Verkauf blauer Trabant Baujahr 1989 im Ort.

August 1989, Verkauf Garage Weinert Straße im Ort.

August 1989, Verkauf von über zehn Geräten an einen Bekannten.

Sept. 1989, Schneider PC, Monitor, Floppy nach Altentreptow.

Kurz vor Ausreise Verkauf PKW-Wartburg 353W nach Auerose.

Im Sommer 1989, da redete die Welt nur noch von Flüchtlingen in der Prager Botschaft und Genschers überschriene Worte auf dem Balkon und über
deren Ausreise im Zug durch die sogenannte. DDR.

Mein langjähriger Bekannter vom Kreiskrankenhaus kam zu einem unerwarteten Besuch zu uns in die Wohnung. Wir kannten uns durch Gespräche
mit dem Technischen Direktor. Oft saßen wir zusammen und besprachen
Neuinstallationen und Sanierungen, für die ich beauftragt war. Er war
Elektro-Meister im Krankenhaus.

Ich verstand die Welt nicht mehr. Er fragte mich, ob ich mitkomme. Er will
in Ungarn über die Donau nach Österreich schwimmen. Er kennt Leute und
es wäre ganz sicher. Na, meine Antwort war ja eindeutig. Ich verstehe seinen Besuch bis heute nicht. Übrigens hat er auch nicht schwimmend, sondern erst nach Maueröffnung im PKW sein Land verlassen. Wir hatten ihn
später im Westerwald besucht. Schon bald ist er wieder zurückgefahren.

Eigentlich weiß ich nicht, warum ich wirklich so sicher war, dass unsere
Ausreise am 30. November 1989 beim Kreisgericht genehmigt werden wird.
Aber ich glaubte fest daran.

Eine freundliche, ältere Dame war die Sekretärin beim Technischen Direktor meines zweiten VEB Betriebes. Es war wohl so, dass sie in Rente gehen und nach Westdeutschland übersiedeln wollte. Ich hatte extra Geld umgetauscht. Die DM übergab ich ihr für ihren Anfang und mit der Bitte um Rückgabe, wenn ich die Ausreise erhalten habe.

Dann kam der August und viele liefen im Zuge des „Paneuropäischen Picknicks" Richtung ungarischen Grenze nach Österreich, die dann tatsächlich Anfang September geöffnet wurde.

Obwohl im Jahr 1989 bis Juni über 120.000 Menschen einen Antrag auf Ausreise stellten, redete die Welt nicht mehr über sie. Es gab nur noch die medienwirksame Welle der Handvoll Bürger, welche die Schlagzeilen beherrschten und letztlich halfen, die Mauer zum Einsturz zu bringen.

Ende Sommer 1989 luden wir Verwandte ein und übergaben unseren PKW-Hänger. Unsere Hellerau Möbel im Wohn- und Schlafzimmer hatten den Adressaten und sollten abgeholt werden, sobald wir ausreisen. Den Farbfernseher, den großen Tiefkühlschrank, unser recht gutes Radio und den JVC Recorder hatten wir schon an Verwandte verschenkt.

Mauerfall und Ausreise

Als Angela Merkel am 9. November 1989 mit ihrer Freundin in einer Sauna saß und wir ungläubig auf den Fernseher starrten, da glaubten wir unseren Ohren und Augen nicht.

Günter Schabowski beantwortete um 18:53 Uhr in einer internationalen Pressekonferenz die Nachfrage des italienischen Journalisten Riccardo Ehrmann, ob es ein Fehler war, den neuen Reisegesetzentwurf vorzustellen

Schabowski sagte fast wörtlich: „Nein, ich glaube nicht. Wir wissen um das Bedürfnis der Bevölkerung, <u>zu reisen oder die DDR zu verlassen.</u>"

Auf Nachfrage, wann es in Kraft trete sagte Schabowski: „Nach meiner Kenntnis ist das sofort, unverzüglich."

Jeder interessierte Ostler hörte Westradio und man sah und hörte Schabowski im Westfernsehen. Wenig später sammelten sich die Massen an der Grenze am Übergang Bornholmer Straße, die Grenzer hatten und bekamen keine Verhaltens-Anweisungen. Es fiel kein Schuss, die Grenzer öffneten tatsächlich irgendwann den Schlagbaum.

Wir konnten es einfach nicht glauben. Ich wollte gleich losfahren, aber es war ja schon Nacht. So fuhren wir erst später – wie so oft – nach Berlin. In den Jahren zuvor ging unsere Fahrt immer Richtung „Unter den Linden" zum Brandenburger Tor, das ja weiträumig abgesperrt war.

Kurzes anhalten, Blick zum zugemauerten Bauwerk, vergebliches suchen der „goldenen Else" weit, weit weg am Ende der Straße des 17. Juni und schon hupte es wie verrückt und wir mussten linksrum auf die Gegenfahrbahn zurück zur Friedrichstraße.

Diesmal fuhren meine Kinder das erste Mal nach Westberlin genauso wie unendlich viele mit ihren Trabis.

Es gab nur glückliche und freundliche Menschen, überall wurde herzhaft gelacht. Wir holten unser Begrüßungsgeld in einer Bank. Zu Fuß ging es in die Stadt.

Aber da kam die erste Enttäuschung, es war für mich jedenfalls unmöglich anzusehen. Auf einem bunten LKW von Kaisers Kaffee standen zwei brüllende Männer und warfen Vakuum verpackten Kaisers Kaffee in die umherstehende Menge. Die blöden Ossis prügelten sich fast um die Tüten.

Nun war der Termin zur gerichtlichen Nachprüfung unseres Ausreiseantrages am 30. November 1989 gottseidank Geschichte.

Jetzt hieß es nur noch, die zeitaufwändigen Formalitäten zu erledigen. Notwendig waren Schuldenfreiheitsbescheinigungen der Staatlichen Versicherung, vom Energiekombinat, vom Post- und Fernmeldeamt und die Kontoabrechnung der Sparkasse. Zwingend war auch die Rückgabe der Wehrdokumente beim Wehrkreiskommando.

Unsere Verwandten kamen in der Woche nach dem Fall der Mauer zur Verabschiedung und um die Möbel abzuholen.

Im Kinderzimmer war schon lange eine Leine gespannt, um die notwendigen Textilien auf Bügeln aufhängen zu können.

Wir hatten unsere dreizehn Kisten nur mit neu gekauften Artikeln und Textilien gepackt. Die noch original verpackte Hellerau Schrankwand lag schon lange im Keller. Dazu kamen noch eine kleine Waschmaschine und zwei Fahrräder. Meinen Unterlagen entnehme ich, dass wir doch viel Geld für den Neuanfang ausgegeben hatten. Einiges davon wäre nicht nötig gewesen, aber woher sollten wir das wissen.

Mein Ausreiseziel war ein Bundesland, das keine Grenze zur sogenannten DDR hatte. So blieb als optimales Ziel meine Tante in Wiesbaden.

Schon lange vor dem Fall der Mauer hatten wir von einem öffentlichen Münzfernsprecher in Ostberlin gehört, von dem man nach Westdeutschland anrufen kann. Das haben wir mit großem Aufwand auch versucht. Den genauen Ort, aber nicht die Situation, habe ich vergessen. In einem dunklen, schmalen Gang war der Münzfernsprecher in einer Ecke und es stank extrem nach Urin.

Eigentlich glaubte ich, meine Tante Friedel würde sich freuen, wenn wir Wiesbaden oder gar sie als unser Ziel nennen würden. „Nein, das geht nicht." Auch meine Frage, ob unsere dreizehn Kisten zu einem Haus ihrer Bekannten geschickt werden könnten, ergab eine wirklich unfreundliche Absage.

Aber da half uns mein früherer Ausreisehelfer, der bereits im Westen erfolgreich Fuß gefasst hatte. Er sagte spontan zu. Damit hatte sich unser Reiseziel Hessen nach Baden-Württemberg verändert.

Mit dem Verschicken der Kisten wurde es jetzt eng. Mein Bekannter Elektro-Meister bot mir an, dass er alles mit einem Bekannten per Bahn verschicken würde. Ein bisschen mulmig war mir schon. Eigentlich glaubte zumindest ich nicht daran, dass die Grenze offenbleiben wird. Wir wollten so schnell wie möglich die sogenannte DDR verlassen.

Unser restliches Geld musste ja auf das Ausländerkonto A oder B bei der Staatsbank eingezahlt werden. Das war wichtig, denn mein Heftchen von meinem Ausreisehelfer hatte mir ja die Möglichkeiten der späteren Nutzung verraten.

Obwohl die Mauer gefallen war, hatte ich Angst, dass die Einzahlung vielleicht nicht klappt. Denn ich wusste, dass man bisher Menschen die Ausreise in einem so kleinen Zeitfenster gestattete, das denen keine Zeit blieb, die Öffnungszeiten der Staatsbank zu nutzen.

Hinter dem Sperrholzausschnitt in der Rückwand unserer Möbel lagerte schon lange das Geld der Verkäufe. Ich brauchte also nicht zur Sparkasse. In der Staatsbank eröffnete ich ein Ausländerkonto. Als Arbeitsloser konnte ich später tatsächlich zweimal eine kleine Summe abheben.

Am Fahrkartenschalter der Deutschen Reichsbahn kaufte ich am 16. November 1989 unsere vier Fahrscheine für die Hinfahrt von Berlin Stadtbahn nach Frankfurt am Main via Magdeburg-Helmstedt-Hannover für je 210 Mark.

Vom Rechtsanwalt Wolfgang Schnur war noch eine Rechnung in Höhe von 621,91 Mark zu begleichen. Aus Dankbarkeit habe ich gleich noch eine zweite Überweisung am 16. November 1989 in Höhe von 500 Mark per Post Einlieferungsschein vorliegen.

In der Kaufhalle deckten wir uns mit Reiseproviant und Sekt ein.

In meinem Kalender lese ich am 17. November 1989: Taxi 7:30 Uhr, 150 Mark, vorher Rat des Kreises, Schlüssel abgeben.

Da saß er nun vor mir der Genosse Spitzkopf, ganz allein ohne seinen Chef Abteilungsleiter Genosse Nicolei. Ohne Tonband und anscheinend noch immer ohne Anweisungen.

Er übergab mir die vier Entlassungsurkunden aus der Staatsbürgerschaft der Deutschen Demokratischen Republik.

Ich übergab ihn unseren Wohnungsschlüssel.

Ich glaube, er hatte bei der Verabschiedung sogar gelächelt. Aber das taten zu der Zeit alle Staatsdiener, sogar die Grenzpolizisten taten so, als hätten sie die Freiheit erkämpft.

Mit der Taxe fuhren wir nach Berlin zum Zug mit dem Endziel „Zentrales Aufnahmelager" Gießen. Im Zentralen Auflagelager waren aber nicht nur freundliche Menschen, die in die Freiheit wollten, sondern die Langohren der Staatssicherheit begleiteten uns weiter über Rastatt bis nach Tuttlingen.

Nachwort zum Leben im Osten

Komische Erfahrungen mit dem Sozialismus

Es ist ja nicht zu leugnen, dass sich der erste Arbeiter- und Bauern Staat eine Verfassung und Gesetzte gab. Nur die unabhängige Justiz fehlte, daher konnte man sich nicht auf Gesetze berufen. Die Unzufriedenheit der Masse der Bevölkerung war allgegenwärtig. Daher reagierte die Staatsmacht je nach der Größe der Unzufriedenheit flexibel. War sie zu groß, wurden drastische Exempel statuiert. Es gab dann willkürliche Haftstrafen oder FDJ-Trupps rissen die allgegenwärtigen Westantennen von den Dächern. Gab es Jahre der scheinbaren Ruhe im Volk, da konnte man sich über den Staat lustig machen, die „Leipziger Pfeffermühle" durfte in Theatern den Staat auf die Schippe nehmen und so weiter.

Das habe ich in meiner Zeit in der sogenannten DDR ausgiebig erlebt. Es war wie gottgegeben, keiner muckte mehr auf. Jeder versuchte, irgendwie schadlos zu bleiben. Udo singt und spricht immer davon, dass „jeder sein Ding machen soll." Aber vom Ding machen in der sogenannten DDR hatte er wirklich keine Ahnung.

So war es halt in der DDR-Diktatur. Das Wenige, was heute bekannt ist, das ahnte man auch früher, nur es wusste keiner so genau. Dies betraf Menschen in der eigenen Umgebung, wo man eben nur Vermutungen hatte. Zu denen konnte man nicht gutgläubig und offen sein. Was man da sagte, war überwiegend dem Umstand geschuldet und entsprach zielgerichtet dem, was gerade gehört werden wollte.

Unsere Familien mit den Verwandten schloss ich da niemals mit ein. Heute denke ich so bei mir, wie lange dauert es denn noch, bis man sich auch da sicher sein kann? Man darf irgendwann nicht mehr darüber nachdenken.

Ich kann von mir sagen, dass ich immer offen meine Meinung im Kreise der Familie, aber auch in der Firma gesagt habe.

Zumindest ich und sicher auch alle ehrlichen Menschen spürten immer das Damoklesschwert, welches am seidenen Faden über einem hing. Aber die Behauptung von Vielen, in der sogenannten DDR hätte man niemals offen seine Meinung sagen können, stimmt so nicht. Oft forderte ich die mir im Umfeld bekannten Pappenheimer auf, doch das soeben kritisch diskutierte weiterzugeben. Das taten sie sicher ohnehin.

Bürger erkannten die alltäglichen Lügen in den Zeitungen, die immer nur von Planübererfüllungen, dem Klassenfeind, der eigenen Friedenspolitik und dem aufrechten, zufriedenen und glücklichen DDR Bürger berichteten. Darin stimmte lediglich öfter der Wetterbericht.

Ich stellte mir immer vor, dass in jeder Hierarchiestufe nach oben immer alles schön gelogen wird, um nicht anzuecken, und um der eigenen Vorteile willen. War damit die eigene, kritiklose Verherrlichung zu erklären?

Handelte die Staatsmacht des ersten Arbeiter- und Bauernstaates aus volkswirtschaftlicher Sicht oft unökonomisch? Ich meine, handelte man den Werktätigen gegenüber manchmal recht großzügig aus Angst vor Unzufriedenheit?

Man sollte davon heute – also lange nach dem Ende der sogenannten DDR – eigentlich nichts erzählen. Einmal um sich nicht selbst schlecht zu machen, wenn man es den schlauen und allwissenden Bürgern aus dem glücklichen Westen berichtet. Aber auch, weil man in der sogenannten DDR gelebt haben muss, um dies verständnisvoll nachempfinden zu können.

Meine Erfahrungen mit dem Arbeitsleben in der DDR sind vielleicht nicht allgemeingültig. Aber in zwei VEBs konnte ich das so erleben.

In den Büros und in den Werkstätten wurde nicht nur effektiv gearbeitet. Jeder versuchte irgendwie zwischendurch oder zumindest am Freitag privates zu erledigen. So sagte man aus Spaß und zur Begründung, wenn man ertappt wurde: „Freitag nach eins macht jeder seins."

Das wurde irgendwie auch geduldet.

Da wurden Westantennen, Rasensprenger, Stehleuchten, Eigenbau-Kompressoren und -Kreissägen gebaut, ja sogar komplette Abrichten mit Keilriemenantrieb waren unter der Hand zu haben. Viel angefertigte Dinge verließen so den VEB für Eigenbedarf. Waren es Schlossereien, Schmieden oder Blechwerkstätten, überall konnte man sich das selbst herstellen oder herstellen lassen, was es eben nicht zu kaufen gab.

Es gab oft Zeiten mit kritischer Versorgung. Dann sorgte die Mundpropaganda dafür, dass ein Familienmitglied auch während der Arbeitszeit mal verschwinden musste, um einzukaufen.

Wenn jemand eine Garage, Bungalow, Bootshaus oder gar ein Haus baute, da war es normal, dass man darauf Rücksicht nahm. Für diese Zeit wurde nicht so genau hingesehen bei der Auslastung der Arbeitszeit.

Anders war das auch nicht möglich. Es gab keine Firma, die einem privat etwas gebaut hätte. Mal ganz davon abgesehen, dass man ja so wenig verdiente, man hätte eine Firma gar nicht bezahlen können.

Die Erinnerung daran, wie ich meine neue Bergbau-Winter-Wattejacke bekam, das ist auch so typisch wie bereits in früher Jugend Tauschgeschäfte geübt wurden.

Ich brauchte unbedingt eine neue – also saubere – Wattejacke. Komisch, es gab in dem Jahr nichts, was irgendwie zweckmäßig und schön war für kalte Tage. Darum liefen im Winter in unserer Bergbaugegend Jugendliche mit den blauen Arbeits- Wattejacken herum. Die musste ich auch haben, ich fand das toll.

Mein Jugendfreund kannte einen Jungen, der irgendwo in einer Materialausgabe gearbeitet hat. Also fragte ich, was er denn für eine neue Wattejacke mit Weste haben will. Die Schütze und Relais, die er brauchte, waren kein Problem für mich.

Unter „Meine Garage" hatte ich ja bereits berichtet, unter welchen Bedingungen man an Baustoffe kam, um etwas bauen zu können.

Der Mangel regte meine Fantasie an. Ständig hatte ich Pläne, um etwas zu bauen. Es war eigentlich fast immer so, dass mein Materiallager an Zement, Holz und Steinen reichlich gefüllt war. Im Winter besorgte ich mir alles, was im Sommer zu verbauen war. Das war nun gerade beim Zement ein Problem. Den gab es komischerweise hauptsächlich im Winter. Da sich der Zement in den Papiersäcken nicht lagern ließ, hatte ich in der Garage immer eine Blechtonne stehen. Da schüttete ich den Zement hinein. Oben kam Asche drauf und schon konnte der Zement überwintern.

Die erste Garage wurde dann später für 5.000 Mark deshalb verkauft, um für etwa 5.500 Mark unseren ersten Farbfernseher zu kaufen.

Damit die Bürger nicht die Klassenfeindsender sehen können, gab es fast bis 1980 nur Fernseher mit dem in Frankreich entwickelten SECAM-System. Die standen überall herum und wurden sicher nur gekauft, wenn man sich auch einen Decoder für PAL bauen lassen oder besorgen konnte.

Da es dann um 1980 herum auch Fernseher mit PAL/SECAM gab, kaufte ich den wahnsinnig teuren Apparat hauptsächlich für meine Kinder. Wir waren uns einig, wenn wir schon nicht nach den Westen reisen dürfen, dann wollten wir wenigstens unser West-Fernsehbild in Farbe sehen.

Der Mangel war allgegenwärtig. Zu Zeiten als die Grenze nach Polen offen war, da kamen viele Polen als Warenhändler. Das Ergebnis war dann tatsächlich bis tief in die sogenannte DDR hinein zu spüren. Die Regale in den Kaufhallen waren zeitweise leergefegt. Zu meiner Zeit in Mecklenburg, da konnten die Kaufhallenangestellten nur noch in fünfzig Zentimeter Abständen Flaschen mit dem „Blauen Würger" – ein Wodka mit blauem Etikett – in den Regalen präsentieren.

Man hatte sich eingerichtet, sagte man

In der sogenannten DDR war vieles möglich, aber das Wesentliche – nämlich die Freiheit zu Reisen – die gab es nicht.

Man konnte nur kurze Zeit nach Polen fahren. Allerdings immer mit einem komischen Gefühl, wenn man das Auto irgendwo an der Straße parkte.

Nur die Fahrt in die Tschechoslowakei war immer möglich. In den Prager Kaufpassagen schnuppern wir, wie es vielleicht im anderen Teil Deutschlands riechen musste. Ansonsten blieben die eigenen Gebirge und Seen, natürlich die wunderbare Ostsee mit ständigem Blick auf entfernte Überwachungsboote am Horizont, die man irgendwann nicht mehr sah.

Aber es gab auch seltsam gesegnete Zeitgenossen.

So gab es in meiner Umgebung fleißige Menschen, die sich vom normalen Bürger abheben konnten. Meine Informationen damals waren genau wie heute sehr spärlich, wenn es um Wissen über meine Umgebung ging.

Ein Garagennachbar hämmerte, schweißte und lackierte nicht nur abends an neu angelieferten Schrott-West-PKWs herum und machte dabei tadellose Arbeit. Er besaß nach dem Gerede Videorecorder und eigentlich all das, was es im Osten nicht gab.

Ein anderer hatte wohl auch einen privaten Job und machte sein Geld mit Sattlerarbeiten.

Es gab sogar eine offizielle, private KFZ-Reparaturwerkstatt, die neben dem großen Kraftfahrzeug Instandsetzungsbetrieb (KIB) existierte.

Lange überlegte ich, was auch ich privat machen könnte. Da es ja Mangel an allem gab, fand ich in Fachbüchern die genauen Beschreibungen der Arbeitsabläufe und der verschiedenen Möglichkeiten der Galvanisierung. Das gehörte meiner Meinung nach auch zum alltäglichen Mangel.

Ich fand Informationen zu Maschinen, die es gab. Mir war natürlich klar, dass es da erhebliche Umweltauflagen und Probleme mit der Energieversorgung geben wird, wenn ich mich auf diesem Gebiet selbständig machen würde. Trotzdem, ich reichte entweder schon einen Antrag ein oder erkundigte mich zunächst nur. Beim Rat des Kreises fand ich eine zutreffende Abteilung. Als Antwort bekam ich nur Hohn und Spott von einem Genossen, verbunden mit einer Beleidigung. So hatte ich es eben gelassen.

Eigentlich war mir ja immer klar, dass es die bekannten Einzelfälle von Menschen meiner Umgebung nicht zufällig gab.

Die wurden nur anscheinend mit „besonderem Glück" gesegnet.

Davon bin ich überzeugt!

Alle damaligen DDR-Bürger kannten die Staatssicherheit und deren Gefängnisse. Falls es einer wirklich nicht wusste, dann konnte er das neue fensterlose Gebäude links im Wald neben der F96 Richtung Neubrandenburg sehen. Man vermutete deren unbekannte Helfer in allen Lebensbereichen.

Das Westfernsehen erhellte das Geschehen, wenn Flüchtlinge oder Freigekaufte zu Wort kamen. Aber von inoffiziellen Gehilfen der Stasi hatte man nur Vermutungen. Eigentlich bis heute liegt da vieles im Dunkeln, auch trotz der gesetzlich verbrieften Möglichkeit, in seine Stasiakten einzusehen.

Das alles ist ja heute völlig egal, aber der Leser bekommt vielleicht auch durch diese Zeilen mal einen Eindruck, wie es früher einmal war und kann sich gegebenenfalls hineinfühlen, wie man unter diesen Bedingungen lebte.

Meine Meinung, ein Nachruf!

Es gab 1989 ein Sammelsurium von Dingen, welche die DDR einfach wegwischten. Aus meiner Sicht waren die nachfolgenden fünf Punkte maßgebend.

1. Michael Gorbatschow mit Glasnost und Perestroika

Transparenz und Umstrukturierung – Meine Meinung ist, Gorbatschow wollte das, was auch die Bürgerrechtsbewegungen vor und nach Fall der Mauer wollten: einen anderen demokratischen Sozialismus. Welch ein Unsinn!

Gorbatschow hat nur aus Versehen damit etwas erreicht, was er eigentlich gar nicht wollte. Man kann in einer Diktatur nicht gleichzeitig demokratische Strukturen einführen. Das führt zum Zusammenbruch der Diktatur.

Das gelingt nur zeitlich begrenzt, solange man das Volk hinter sich bringt.

Hitler schaffte es unter anderem Dank der Blödheit der Siegermächte in den Versailler Verträgen und indem er sein Volk in den Glauben versetzte, man gehöre zur Herrenrasse und man sei ein Herrenvolk.

Die Genossen Chinesen schaffen es bisher Dank der kapitalistischen Habgier der Weltkonzerne. Trotz unglaublicher Verträge, die alles Knowhow verrieten, macht man bis heute aus einem früheren wirtschaftlichen Zwerg nun hoffentlich keine gefährliche Weltmacht. Immer nach der Lenin Maxime: „Die Kapitalisten werden uns noch den Strick verkaufen, mit dem wir sie aufknüpfen."

Das früher bettelarme chinesische Volk steht heute noch hinter der Diktatur, nachdem das chinesische Militär im Zentrum Pekings gewaltsam die Proteste der Studenten im Juni 1989 blutig niederschlug.

2. Die vielen Menschen, die in allen Städten demonstrierten

Anfangs in Leipzig, dann in Dresden, dann in Berlin und letztlich in allen Städten, sogar in den Dörfern gingen normale Menschen, eskortiert von den unbekannten Stasi Spitzeln, mit der Kerze in der Hand durch die Straßen zu den evangelischen Kirchen.

Wir waren dabei! Es ging mit der Kerze in der Hand vorbei an der verschlossenen katholischen zur evangelischen Kirche am Markt. In der Seitenstraße stand ein Polizei Wartburg. In der Kirche war in allen Ebenen alles überfüllt. Die Bürger standen bis draußen und hörten den Bürgerrechtlern über Lautsprecher zu.

Nie vergesse ich dieses bewegende Erlebnis! Stolz kann ich heute davon erzählen!

3. Die Reisenden nach Prag und Ungarn

Sie konnten aus der Prager Botschaft nach Westen mit dem Zug fahren oder über die offene ungarische Grenze nach Österreich laufen.

Es war eine Handvoll Bürger, deren medienwirksames Handeln die Schlagzeilen beherrschte und politische Entscheidungen vorantrieb.

4. Die vielen Menschen mit Ausreiseantrag

Sie forderten ihre Freiheit. Es waren genau die Menschen, die da gehen wollten, die nicht revoltierten, sondern es waren die fleißigen Menschen, die den Staat mit ihrer überwiegend fleißigen Arbeit am Leben hielten und ihn mit ihrem Weggehen ausbluten ließen.

5. Die enttäuschten und unzufriedenen Staatsdiener

Die werden heute nicht mehr erwähnt. Aber genau die Genossen glaubten nicht mehr an ihre Führung. Das war letztlich der Todesstoß für den ersten Arbeiter- und Bauernstaat, der sich von hoffnungsvollen Anfängen – Dank der Machtgier der SED mit ihrem Ministerium für Staatssicherheit – zum Unrechtsstaat entwickelte.

Nach Jahren habe ich mal wieder meine Stasi-Akten angesehen.

Die Stasi hat alles fein recherchiert und festgehalten. Natürlich gab es einige Kollegen, die fleißig berichteten. Ich finde private Briefe, sogar welche, die ich nie erhalten habe. Was für ein Staat war das nur! Jetzt könnte ich noch Seiten füllen, aber es belastet mich noch heute, daher belasse ich es hiermit.

Traurig ist nur, dass kein Spitzel den Arsch in der Hose hat, sich zu entschuldigen oder wenigstens sein schändliches aber zumindest fragliches Handeln zu begründen.

Teil 2 – Mein Leben im Westen

Unterstützung unserer Ausreise

Mein Ausreisehelfer hatte die vielen Briefe, die ich vor unserer Ausreise an ihn geschrieben hatte, aufgehoben und mir 1990 überreicht. Er konnte mit seiner Familie am 18 Dezember 1987 nach vier Jahren Wartezeit ausreisen.

Schon ab Anfang 1988 nahm er Kontakt mit der Rechtsanwältin Barbara von der Schulenburg in Berlin auf, um uns mit ihrer Hilfe zu unterstützen. Diesen Schriftverkehr führte er ohne unser Wissen bis September 1989.

Dafür danke ich ihn hiermit ganz herzlich. Spekulationen was wäre, wenn und so weiter sind gottseidank nicht notwendig geworden.

Meine Recherchen zur Anwältin schreibe ich mal kurz auf.

Rechtsanwältin Barbara von der Schulenburg war Beauftragte der Bundesregierung für die Familienzusammenführung zwischen DDR und BRD.

Natürlich waren die Rechtsanwaltskanzleien im Osten wie zum Beispiel Wolfgang Vogel und die vielen Rechtsanwaltskanzleien im Westen eben Barbara von der Schulenburg auch Mitverdiener und Freikaufgewinnler. Denn von 1962 bis 1989 wurden für circa 90.000 DM pro Person fast 34.000 Gefangene von der Bundesrepublik freigekauft. Barbara von der Schulenburg lebte vom 27. Dezember 1944 bis zum 20. September 2012 und verstarb in Berlin.

Hoffnung

Wir hatten es geschafft! Mit unseren Koffern ging es erste Klasse schnurstracks nach Westen, in ein neues Leben.

Die Zugabteile waren voller überwiegend junger Menschen. Zunächst war es noch ruhig, bis wir die Grenze überfuhren. Jetzt knallten unsere Sektkorken und wir vier waren voller Hoffnung. Mit sechsundvierzig Jahren hatte ich alles für ein Leben meiner Familie in Freiheit aufgegeben.

So hatte ich es mir 1986 geschworen. Damals kam ich von meiner einzigen Westreise – von der Geburtstagsfeier meiner Tante –zurück.

Es spielte keine Rolle, dass inzwischen die Berliner Mauer von den Ostdeutschen eingerissen wurde. Für mich war es ganz klar, dass sich hoffentlich die politischen Verhältnisse in der sogenannten DDR ändern würden, aber ebenso klar war mir auch, dass sich die vielen aktiven Mitgestalter des DDR typischen Unterdrückungssystems nicht in einer Generation ändern werden.

Diese Menschen hatten trotz ihres schändlichen Verhaltens in der Demokratie nichts zu befürchten, wenn ihr Tun nicht justiziabel war. Klar war mir aber auch schon 1989, dass dieser hässliche Stachel in unserer Generation im Osten Deutschlands verwurzelt bleiben wird. Daher hatten wir mit unserem Endziel Baden-Württemberg einen möglichst großen Abstand gewählt.

Jeder Mensch hat nur wenige Lebensjahre zur Verfügung. Unsere Entscheidung war genau richtig. Jetzt galt es, das nachzuholen, was uns der sogenannte DDR-Staat vierzig Jahre lang gestohlen hatte.

Egal, wie lange es dauert bis wir Fuß fassen werden, wir werden es schaffen! Ein Leben mit eigenem Arrangement, mit eigenen Anstrengungen zur Überwindung aller Probleme und Gefahren, aber vor allem in eigener Selbstbestimmung und damit in Freiheit.

Das galt nun für mich mit sechsundvierzig und für Heidi mit bald einundvierzig Jahren. Aber unsere Kinder hatten nun mit dreiundzwanzig und neunzehn Jahren ihr gesamtes neues Leben noch vor sich.

Schwerer Beginn

Unsere erste Station war das Zentrale Aufnahmelager in Gießen. Wir bekamen ein Zimmer mit dem Hinweis, wir sollten auf unsere Sachen aufpassen. Tatsächlich gab es bald lautes Geschrei, weil offensichtlich ein Dieb im Lager Koffer klauen wollte.

Das Aufnahmelager platzte aus allen Nähten. Den ganzen Sommer 1989 über musste die Bundesrepublik die vielen aufnehmen, die bereits aus Prag und aus Ungarn kamen. Nun aber war die innerdeutsche Grenze offen. Erst jetzt kam die eigentliche Herausforderung für die Bundesrepublik mit der Unterbringung der vielen Menschen.

Unsere notwendigen bürokratischen Dinge waren zügig erledigt. Da wir als gewünschtes Bundesland Baden-Württemberg nannten, waren wir unter Anrechnung auf die Landesquote aufgenommen. So lese ich das in meinen Unterlagen. Wir bekamen eine kleine Überbrückungshilfe und den Hinweis, dass es bald weitergeht.

Ganz überraschend kam uns unser Ausreisehelfer mit Frau im Lager besuchen. In meiner Erinnerung bleibt, dass sie total glücklich waren und uns irgendwie auch damit ansteckten.

Am fünften Tag hatte man in Gießen offensichtlich auch unsere Verteilung organisiert. Am Freitag, den 22. November 1989, bestiegen wir einen Zug. Es sollte zunächst nach Rastatt gehen. Unser Ziel war eine unpersönliche Unterkunft in einer großen Turnhalle. Mit provisorischen Paravents versuchte man, den vielen unterschiedlichen Einzelpersonen und Gruppen eine gewisse Eigenständigkeit und Individualität zu geben.

Wir schämten uns für einige primitive Idioten, die uns umgaben. Das waren junge Burschen die herumliefen und Lärm machten. Als Familie waren wir in der Minderheit und hofften, dass es möglichst bald weitergehen möge.

Aber es dauerte sieben Tage, bis wir endlich am 29. November 1989 um 14 Uhr einen Bus besteigen konnten. Niemand kannte das Ziel. Mir kam es so vor, dass das selbst der Busfahrer zunächst noch nicht kannte. Es wurde irgendwann gesagt, dass wir nach Tuttlingen fahren. Eine Karte der USA gab es tatsächlich zu kaufen aber eine von der Bundesrepublik Deutschland nicht. Gehütet hatte ich die 1986 gekaufte schwarz-weiße Streckenkarte der

Bundesbahn. Woher sollte ich wissen, wo ich suchen muss? Tuttlingen fand ich einfach nicht. Keiner im Bus hatte jemals etwas vom Ort Tuttlingen gehört.

Wir sahen draußen, wie sich die Landschaft veränderte. Es wurde bergig und irgendwann auch dunkel. Heute lese ich neben einem Bild auf einem Zeitungsausschnitt unter dem Titel „100 DDR-Bürger in der Karlschul-Halle", dass die kleine Halle als Notunterkunft für uns Neubürger erst einen Tag vor unserer Ankunft hergerichtet werden konnte.

Die für uns geplante Jugendherberge war noch voll belegt. Es wurden hundert Betten für uns aus der Trossinger Fritz-Kiehn-Halle nach Tuttlingen gebracht. Wir kamen gegen 18 Uhr an und der Empfang durch viele Helfer des DRK – besonders durch Frau Helga Schad – war einfach unglaublich herzlich.

Zum ersten Mal aß ich eine Brezel, an die ich mich heute langsam gewöhnt habe, wenn sie innen dick mit Butter bestrichen ist.

Man hatte Mengen nagelneu aussehende Textilien in einem Raum ausgebreitet. Als Notunterkunft war es um Klassen besser als in Rastatt.

Bald suchte man einen jungen Mann mit Schnauzer, der auf dem Bild in der Zeitung zu sehen war. Auch er hatte seine Anmeldebestätigung der Stadt Tuttlingen bekommen, war dann aber wieder verschwunden. Hatte da jemand den Stasi Auftrag, uns zu begleiten? Uns war das völlig wurscht.

Am Folgetag kam der Bürgermeister. Wir als Familie wurden bald für eine Umquartierung ausgewählt.

Herr Herwig Klingenstein leitete die Zimmervergabe im Naturfreundehaus e. V. „Donauversickerung". Dort bekamen wir zunächst ein großes Zimmer.

Die Atmosphäre im Haus war für mich sehr ungewohnt. Die üblichen Gemeinschaftsräume, die anteiligen Fächer in Kühlschränken, geplante Nutzung von Küchengerätschaften, das alles war problematisch.

Es gab für mich nur ein Ziel: die schnellstmögliche Bewerbung als Projektant. Mit dem wenigen Geld kauften wir eine Schreibmaschine, Papier, Locher, Kugelschreiber, Schnellhefter, eben alles, was man so für eine Bewerbung benötigt.

Vergessen kann ich nicht, wie ich ständig Preise verglich, um unser Geld optimal zu nutzen und wie teuer mir alles vorkam. Das Papier wurde zur Werbung in Massen verschenkt. Aber jeder Block Schreibpapier war so teuer.

Dann brauchten wir ein Konto. In der Stadt ging es für uns zunächst um Vergleiche der Kontoführungsgebühren der Banken. So wurden wir bis heute Kunden der Volksbank. Nun hatten wir alle Konto-Nummern, aber es fehlte noch die Anschrift für Bewerbungen.

Außer Ort 10 – na wenn diese Adresse und das Triumph-Adler-Schriftbild der Bewerbung kein Aushängeschild ist? Die Ablehnungen meiner Bewerbungen als sechsundvierzigjähriger Mann erfolgten von den Behörden und Firmen stets mit warmen Worten. So höflich und so rücksichtsvoll, dass mir fast die Tränen kamen.

Vor unserer Ausreise hatte ich einer Sekretärin Geld übergeben, als sie als Rentnerin nach Westdeutschland übersiedelte. Sie hatte mir ihre Telefonnummer genannt. Nun sagte sie spontan zu und überwies mir das geliehene Geld. Jetzt gab es endlich mal eine lohnende Aufgabe. Wir wollten uns ein gebrauchtes Auto kaufen. Eigentlich hatte jedes Autohaus immer reichlich Gebrauchtfahrzeuge und eine gut bestückte Bastlerecke mit fahrbereiten, gebrauchten PKWs aller Fabrikate.

Aber die großen Plätze wurden von Tag zu Tag leerer. Dass die Ostdeutschen bis in diese südwestliche Ecke der Bundesrepublik alles leerkaufen, hätte ich nicht gedacht.

Wir erlebten als Außenstehende etwas vom bekannten kurzen Wirtschaftsaufschwung der Bundesrepublik, an dem die vielen Gebrauchtwagen und Neuwagenkäufe auch ihren Anteil hatten.

Es sollte eigentlich ein Opel sein, aber bei Renault blieben wir hängen. Für die verliehenen 3.000 DM kaufte ich meinen ersten PKW im Westen – einen alten, rotbraunen Renault R5.

Natürlich gab es öfter telefonischen Kontakt mit meinem Ausreisehelfer. Unsere dreizehn Kisten lagerten bei ihm in Bad Schönborn. Mit dem Renault R5 holten wir uns neue Klamotten zum Anziehen.

Als erste Alternative zur Unterkunft im Naturfreundehaus gab es von der Stadt das Angebot einer Dachgeschosswohnung. Wegen der vielen Neubürger wurden damals alle Hausbesitzer aufgerufen, ungenutzten Wohnraum zur Verfügung zu stellen. Wir fuhren hoffnungsvoll hin. Die Räumlichkeiten waren riesig, aber ohne Zimmerabtrennungen und beheizt mit einem kleinen Ölofen. Die Wohnung war kalt und roch nach Öl. Deshalb lehnten wir dankend ab und verlebten den ganzen Dezember mit unseren täglichen Aktivitäten im Naturfreundehaus in Tuttlingen.

Das Jahr ging zu Ende, an die Weihnachtsfeier habe ich keine Erinnerung mehr. Aber Silvester kann ich nicht vergessen. Katrin hatte schnell Kontakt gefunden und begeisterte die Jungs mit ihrer Aufgeschlossenheit. Meine Familie rannte auseinander, dabei hatte ich mein Leben lang genau um Mitternacht meine Familie um mich gehabt. Andreas war hier, aber Heidi im Haus nicht zu finden. Von da an bröckelte es weiter mit meiner Ehe, so wie es schon früher begonnen hatte.

Meine Familie war als komplette Einheit anscheinend positiv aufgefallen. Wir bekamen vom Landrat ganz überraschend eine Einladung für einen Besuch an einem Weihnachtsfeiertag.

Daran denke ich gern zurück. Sein Haus war – genau wie unser Empfang – perfekt. Wir nahmen auf der weißen Leder-Eckcouch Platz. Die Kinder vom Landrat wurden gerufen. Auf Grund der Fragen hatte ich das Gefühl, als ob wir seinen Kindern ein geschichtsträchtiges Bild der DDR vermitteln sollten. Es war dann fast überwiegend ein Monolog meinerseits.

Trotzdem finde ich es bis heute auch menschlich beachtlich, dass ein Landrat seine Zeit am Weihnachtsfeiertag uns opferte. Aber es ging sogar weiter. Er setzte sich für mich ein.

So bewarb ich mich bei der weltweit agierenden Firma Leukhardt in Tuttlingen. Eigentlich hätte ich in einer Schaltanlagen GmbH Chancen haben müssen. Hatte ich da etwa in meiner Unbekümmertheit von den tollen Erfahrungen der Projektierung und der Verdrahtungswerkstatt berichtet?

Lange tat mir der Landrat leid. Wer weiß ob die Meinung der Firma über den Bewerber identisch mit der des Landrats war.

Erste Schritte

Das neue Jahr begann. Vor dem Naturfreundehaus sahen wir viele Bungalows. Eines Tages wurde uns ein Haus zur Nutzung vorgeschlagen Der Eigentümer Herr Herwig Klingenstein zeigte uns die Räumlichkeiten. Es war ein massiv gebauter Bungalow mit einer offenen, oberen Etage und mit Fußbodenheizung. Es war Winter und wir kamen sicher gerade recht. So denke ich heute. Aber damals waren wir erst einmal ordentlich untergebracht.

Für mich war es bald die Hölle. Jeden Morgen gingen die Männer der umliegenden Wohnhäuser zur Arbeit. An Arbeitslosigkeit muss man sich erst einmal gewöhnen oder damit aufgewachsen sein. Unverschuldet ist es dann sicher keine Belastung.

Selten ging ich auf die Terrasse, um nicht als fauler Gammler zu gelten. Da verkroch ich mich lieber hinter meiner Schreibmaschine und schrieb Bewerbungen.

Andreas als begehrte Elektriker Fachkraft hatte schon im Dezember bei der ansässigen Firma Jung einen Arbeitsvertrag bekommen und lernte neue Arbeitsbedingungen und Menschen kennen.

Katrin konnte sofort bei der Henke-Sass, Wolf GmbH als Fachkraft anfangen. Es ist bis heute eins der kleineren mittelständischen Medizintechnikunternehmen in Tuttlingen.

Dass Heidi nicht zur Arbeit ging, war zumindest in der Zeit noch die Normalität im katholischen Tuttlingen-Möhringen. Die Männer verdienten genug und die Frauen pflegten das Haus und erzogen die Kinder zu Hause.

Parallel zu Bewerbungen beantragte ich am 6. Dezember 1989 die Nachdiplomierung. Schon am 15. Januar 1990 wurde mir dann die Urkunde als Dipl.-Ing. (FH) überreicht.

Mein Fachingenieur Maschinelles Rechnen und EDV von 1972 in der Ingenieur-Schule wurde nicht anerkannt.

Nun, der Hinweis der Urkunde auf das einheitliche sozialistische Bildungssystem, war wohl doch zu starker Tobak für die Herrschaften in Stuttgart.

Im Januar wurde vom Arbeitsamt ein Bewerbungstraining von Donner+Partner angeboten. Da lernte ich selbstbewusste, fröhliche, arbeitslose und relativ junge Frauen und Männer kennen.

Nur einer kam noch aus der sogenannten DDR. Als es um Fragen nach seinem Studium ging, sagte er: „Ich bin Bauingenieur und habe Tunnelbau studiert. Ich würde gern bei Bilfinger und Berger anfangen, um Tunnel zu projektieren. Habe zwar Tunnelbau studiert, aber in der DDR gab es keine Tunnel."

So schrieb ich in Tuttlingen dreiunddreißig Bewerbungen. Die meisten Anzeigen hatte ich in Zeitungen gefunden. Einige fischte ich mir selbst beim Arbeitsamt heraus. Aber es waren auch welche, die ich vom Arbeitsamt und von deren Fachvermittlung mit Nachweis zu erledigen hatte.

Zu meiner weiten Bewerbungsfahrt nach Paderborn hatte ich meine Familie überreden müssen. Wir betrachteten das als Urlaubsreise. Nixdorf war gerade von Siemens übernommen worden. Mit meinem nicht anerkannten EDV-Studium konnte ich nicht punkten. Die Absage meiner Bewerbung kam spät.

Als Arbeitsloser konnte ich bei der Volksbank zweimal einen Antrag zur Abhebung einer kleinen Summe von meinem Geld auf dem Ausländerkonto bei der DDR-Staatsbank stellen.

Als ich nach München zum Bewerbungsgespräch fuhr, waren noch die Orkan Schäden von „Wiebke" unübersehbar. An Hängen lagen die dicken Fichten kreuz und quer wie Streichhölzer beim Mikado Spiel.

Die Bewerbung war erfolgreich, allerdings mit dem Hinweis, dass ich in S-Bahn Nähe wohnen muss und dass keine Unterstützung bei der Wohnungssuche möglich ist.

Fast gleichzeitig hatte ich ein Bewerbungsgespräch bei einem Ingenieur-Büro in Weil am Rhein im Dreiländereck Deutschland-Schweiz-Frankreich.

Auch diese Bewerbung war erfolgreich. Da die Mietpreise in München extrem hoch waren, hatte ich schon in Weil am Rhein zusagen wollen.

Da kam überraschend ein Anruf aus Bad Schönborn von meinem früheren Ausreisehelfer. Er fragte uns, ob wir uns für eine Wohnung interessieren würden. Was für eine Frage. Wir kannten die großzügigen SÜBA Wohnungen in der Pestalozzistraße.

Ein Termin bei der SÜBA in Mannheim war erfolgreich. Ich sagte alle Bewerbungszusagen wegen Umzugs ab.

Die Wohnung wurde frei, weil sich ein Herr an einem Lampenhaken aufgehängt hatte. War das der Grund für unser Glück? Wir wussten zunächst davon nichts. Auch wenn man uns das gesagt hätte, wir wären trotzdem eingezogen.

Ich erinnere mich, wie Andreas seine Schwester Katrin fragte, ob sie nicht nach Bad Schönborn mitkommen möchte. Unsere Katrin hatte in Tuttlingen aber sicher schon engere Kontakte und lehnte ab.

Wir hatten nicht viel, es passte alles in unseren R5. In der Wohnung stand eine riesige lindgrüne Eckcouch mit Sessel und Glastisch. Das hatte uns die lebensfrohe Gattin des Erhängten stehen lassen. Es war sehr hilfreich für uns. Eine kurze Zeit waren wir in einem Freundeskreis einbezogen, aus dem die großzügige Frau mit ihrem offenen Herzen Hilfskräfte für ihre Reinigungsfirma akquirierte.

Zumindest für mich waren die gegenseitigen Partys gewöhnungsbedürftig. Aber Berichte darüber haben für mich keinen Erinnerungswert.

Unsere SÜBA Wohnung besaß ein Karlsruher Eigentümer. Es war also eine vermietete Eigentumswohnung im Erdgeschoss mit Balkon. Das Wohnzimmer war riesig, alles war großzügig und hell. Jeder Hausbewohner hatte einen Platz in der Tiefgarage.

Nun begann erneut mein Bewerbungsmarathon mit insgesamt über fünfzig Bewerbungen bis zum Mai 1990.

Beginn im Angestelltenverhältnis

So wie ich es zuvor im Teil 1 beschrieben hatte, wird es mit dem Niederschreiben meiner Erinnerungen zu Ereignissen und Geschichten im Westen auch kompliziert. Ich muss mir eigene Fesseln anlegen. Ich hoffe nur, dass der Gesamteindruck aus dieser Zeit trotzdem erhalten bleibt. Es sollen keine Details meiner Arbeit geschildert werden. Nur einige Geschichten werden festgehalten, die hoffentlich für ein Gesamtbild geeignet sind. Verzichtet wird auf korrekte Firmenbezeichnungen und sowie auf alle Namensnennungen.

Anfang Juni 1990 unterschrieb ich den Angestelltenvertrag mit sechs Monate Probezeit bei einem Ingenieurbüro in Baden.

Da die physikalischen Gesetzmäßigkeiten weltweit gleich sind, hatte ich keine Probleme mit der Arbeit an sich.

Meine beruflichen Aufgaben hatten sich nicht wesentlich verändert. Es waren nur neue Bezeichnungen und Inhalte der Vorschriften, Verordnungen, Arbeitsblätter und Gesetze, die es zu beachten galt.

Einen der zwei Büroinhaber lernte ich als klugen Menschen kennen, der es verstand, sein Ingenieurbüro voranzubringen. Er verriet mir lächelnd, wie man sich natürlich um Architekten bemühen muss.

Sein Companion war ein völlig anderer Charakter. Mein Gott, wie hat er mich aufs Glatteis geführt. So machte man es eben mit Ostdeutschen kurz nach der Wende. Es war, als wir im Sommer mit seinem Volvo das westliche Sibirien überquerten – so sprechen hier einige über den wenig besiedelten kalten Odenwald. Als wir ankamen, bildete sich unter seinem Auto am Boden eine Pfütze. Es war Kondenswasser der Klimaanlage. Er musste mich erst beruhigen, weil ich dachte, es wäre ein Defekt am Motor.

Bereits am 30. September 1990 kündigte ich gemeinsam mit einem jungen Mitarbeiter. Der kannte das Büro und erzählte von einem früheren Mitarbeiter der jetzt im Dienste des Büros für Aufträge sorgt. Ich wollte es nicht glauben, aber nun verstand ich eigene Erlebnisse.

Die Frau des einen Büroinhabers gab mir zu verstehen, dass ich ohnehin zu wenig geleistet hätte. Bestimmt wurde bemerkt, dass ich ständig am Kopierer stand, um wichtige technische Unterlagen zu kopieren, die ich allerdings zu Hause durcharbeitete. Die Dienstfahrten mit meinem alten Renault nach Frankfurt wurden sicher auch kritisch beäugt.

Am 1. Juli 1990 war der offizielle Geldumtausch Mark in DM für die Bürger im Osten – ganz überraschend und rein politisch – geregelt.

Unser Geld lag noch auf dem Ausländerkonto der DDR-Staatsbank. Mit unserem PKW holten Andreas und ich das Geld im Umtausch 1:3. Es war die erste Fahrt in ein uns bekanntes Land mit uns inzwischen fremden Menschen. Meine Gefühle kann ich mit Worten nicht wiedergeben. Im Westen bemerkten wir die Höflichkeit sogar auf der Straße.

Auf den teilweise schon tadellosen östlichen Autobahnen gab es das nicht, hier wurde gerast und gedrängelt. War das die Freude über die Freiheit? Aber später hatte ich den Eindruck, als hätte sich bereits ein Schleier über das Land gelegt der die plötzliche Freiheit mit Jammern und Wehklagen überdeckte.

Wir legten unsere wenigen DM in Bundesanleihen mit sagenhaftem Zinssatz von zehn Prozent an.

Am 1. Oktober 1990 begann meine Arbeit bei einer Firma die Ingenieurbüro nur im Namen trug, Es war ein Elektro-Installationsbetrieb, den der Sohn inzwischen zu einer renommierten Montagefirma aufgebaut hatte. Seine Büroleute saßen in einem abgeteilten Glaskasten seiner Lagerhalle. Zu meiner Zeit erweiterte er gerade wieder und plante gebäudetechnisch in die Zukunft.

Kaum hatte ich meine Arbeit aufgenommen, da bekam ich den Auftrag, schnellstmöglich ein Angebot zur UNI zu bringen. Navigationssoftware gab es noch nicht. Zum Glück fand ich mein Ziel in der Stadtkarte.

Ich erhielt den Schlüssel für meinen schönen, braunen, alten Benz, den ich als Firmenfahrzeug bekam. Er stand frischgeputzt in einer übergroßen, weiß gefliesten Garagenhalle. Es sollte ja schnell gehen, aber es dauerte, bis ich die eigentümliche Mercedes Benz Bremsenlösung durchschaute. Ich konnte nur noch unerlaubt vor der Treppe parken, um im Laufschritt noch die Abgabezeit des Angebotes einzuhalten.

Als ich früher einen Termin beim Fachvermittlungsdienst hatte, da verriet mir ein Herr unter der Hand, dass mein Firmenchef einen Nachfolger sucht. War das eine gezielte Falschinformation? Wollte mein späterer Chef so Höchstleistungen garantieren? Ein guter Trick. Mein Chef fragte doch tatsächlich Wochen später nach. „Was hat man denn in der Fachvermittlung gesagt?" Ich stellte mich taub, das hatte ich längst durchschaut. Bald wurde erweitert und verkauft.

Nun verdiente ich wesentlich mehr, als im vorherigen Ingenieurbüro. Natürlich wusste ich längst, wie der Hase läuft. „Einkommen der Ingenieure in Deutschland 1989" war ein Heftchen des VDI. Die Westfirmen stießen sich gesund an den vielen Ingenieuren, die vom Osten kamen.

Mein Antrag auf Nebentätigkeit im April 1991 lehnte mein Chef ab. Ende September 1991 bat ich ihn, ob er mich kündigen würde. Das tat er dann auch und seine Beurteilung strotzte von den mir inzwischen bekannten blumigen Worten. Nur so hatte ich das Geld vom Arbeitsamt, um meine Planung in die Selbständigkeit zu organisieren.

Ein paar Jahre später rief er doch tatsächlich an und sprach von einer Gegenleistung. Die Daten, die er nannte, arbeitete ich in ein Angebot ein und er bekam seinen Auftrag.

Ehescheidung

Mit meinem Verdienst konnten wir uns schnell unsere Wohnung einrichten. Leider sollten es zwingend schwarze Möbel sein.

Alle kamen, auch die Schwiegermutter mit Mann. Sie waren das erste Mal im Westen und waren davon angetan, wie höflich hier alle Menschen sind. Leider kriselte unsere Ehe wie bereits geschrieben weiter. Meine Überzeugung war schon immer, eine Ehe kann nur Bestand haben, wenn man bedingungslos ehrlich und vor allem treu ist. Nur dann entsteht Vertrauen zueinander und jeder hat seine Freiräume. Da sich die Partner natürlich verändern und weiterentwickeln, ist das ein ständiger Prozess.

Mein ganzer Stolz, unsere Ehe und damit auch meine Familie wurde nach vierundzwanzig Jahren vom Amtsgericht Bruchsal am 22. Dezember 1992 geschieden.

Mein Sprung ins kalte Wasser

Was hatte mich eigentlich geritten, das zu wagen!

Schon seit dem Bewerbungstraining in Tuttlingen kannte ich die Meinung vieler arbeitsloser studierter Bundesbürger. Von denen wollte sich keiner selbständig machen, kein Risiko, einen sicheren Job, gut bezahlt mit viel Urlaub – das war der übliche Wunsch.

Aber nun sollte ich mich – mit dreißig Jahren Berufserfahrung und als selbstbewusster Mensch – einer dem Firmeninhaber dienenden Struktur unterwerfen? Immer in Hoffnung auf Anerkennung, indem man nach und nach Teile seiner Selbstachtung aufgibt?

Auch die aus taktischen Gründen praktizierte Verlogenheit in Firmen kann ich bis heute nicht gutheißen oder gar bejubeln.

In meiner ostdeutschen Unbekümmertheit und der nun nicht mehr angebrachten Offenheit hätte ich vielleicht – zum eigenen Vorteil – anders handeln sollen. Woher sollte ich wissen, dass es keine strikte Trennung der Ingenieurbüros, Behörden und Montagefirmen gibt. Man hat amüsiert zugehört, wenn ich offen Probleme ansprach, die jeder kannte, aber keiner sagte. Wie sollte ich als Unbedarfter, Außenstehender es auch erkennen. Woher sollte ich wissen, dass man in der Praxis den Liberalismus der freien Marktwirtschaft, in der jeder frei entscheiden und handeln kann, auch ad absurdum führen kann. Aber das Gute ist eben, dies machen einzelne Menschen. Man muss sie nicht mögen. Es liegt nicht am System.

Irgendwann hatte ich gehört, dass die Marktwirtschaft in der Bundesrepublik in den Gemeinden ausgehebelt wird, dass sie dort kaum existiert. Das durfte ich dann auch erfahren.

Blick auf die heutige Projektierung

Wie leicht haben es heute Planer oder Projektanten im Vergleich zu Ihren Berufskollegen früher im Osten.

Mal abgesehen von Gesetzen, Verordnungen, Vorschriften und Richtlinien die man zu beachten hat, muss man irgendwann eine technische Lösung erarbeiten.

Hier beginnt der Unterschied der Arbeit früher und heute.

Früher in der sog. DDR gab es zwar die ZAK Kataloge, nur nicht immer das was drinstand. Daher musste improvisiert werden, um dem technischen Sachstand zu entsprechen. Dafür bedurfte es oft spezielle Mitarbeiter. Die versuchten den Überblick zu verschaffen zwischen TGL, Projektierungsvorschriften, Arbeitsblättern, Hinweisen und Fachzeitschriften. So konnte man über die Rechtmäßigkeit von Lösungen entscheiden. Aber vor allem war der damalige arbeitsteilige Aufwand riesig bis zum fertigen Projekt.

Heute bekommt man alle benötigten Informationen und das gewünschte Informationsmaterial von Herstellern bis hin zu speziellen Planungshinweisen. Alles was man zeitnah ausschreibt, ist lieferbar!

Früher hatte man angerufen, später sendete man ein Fax, dann ein E-Mail und heute steht fast alles online im Internet, was man für die Projektierung benötigt.

Alles, was man sich ausdenkt, ist mit Betriebsmitteln vieler Hersteller realisierbar. Jede Firma bereitet gemäß ihres Herstellerprogrammes die aktuellsten Gesetze, Vorschriften und Richtlinien sowie eigenen Planungshinweise als Hilfe für den Projektanten auf. Man hat Außendienstmitarbeiter, die den Kontakt zu den Ingenieurbüros halten, wenn man es möchte.

Die verschiedenen Hersteller arbeiten meist nach einheitlichen Vorgaben und überbieten sich mit ihrem Sortiment. Zum Beispiel ist der Aufbau der Verteilungen heute für den Projektanten ein Kinderspiel.

Zu Beginn der Arbeit meines Büros war noch das A0 Brett notwendig. Aber auch da gab es schon Beschriftungsautomaten und viele Tricks zur Arbeitserleichterung. Besonders waren natürlich Vervielfältigungsgeräte kein Tabu mehr wie früher in der sogenannten DDR.

Es geht weiter mit der leichten Beschaffung von Gesetzen, Vorschriften und Richtlinien. Wie beschrieben gibt es von den Herstellern allen Beratungsbedarf und unglaublich gute Unterstützung, wenn man es mag, oder wenn es Probleme mit geliefertem Material gibt.

Trotzdem gab es auch für mich einige Hürden.

Natürlich weiß ich nicht, wie es anderen Ingenieuren in ähnlicher Situation ging. Dauernd versuchte ich, mich bei Schreibweisen und Begriffen den hiesigen Verhaltensweisen anzupassen. Das fing mit dem Projektieren an. Es gab nur Planer und Planungsbüros. Die Verteilungen waren Verteiler und deren Pläne Verteilerpläne. Es fehlten Begriffe wie Übersichtsschalpläne und Stromlaufpläne oder gar Kabellisten. Die Installationspläne blieben Grundrisse des Architekten.

Irgendwann merkte ich dann doch, dass man sich heute und hier nicht mehr so stark an einheitliche Begriffe und Bezeichnungen hält. Obwohl ich mich dagegen sträube, jeder bezeichnet oft das gleiche unterschiedlich, Hauptsache es wird von allen verstanden. Das ist dann allerdings in Verträgen unmöglich. Trotzdem ist es gang und gäbe.

Verallgemeinerung einiger Erfahrungen

Wenn jemand denkt, in einem kleinen, mittelständigen Ingenieurbüro oder einer kleinen Montagefirma herrscht eitel Sonnenschein, der irrt. Die Arbeitswelt verbessert sich erst mit der Größe der Firma. In den kleinen Büros haben die Chefs natürlich längst die ihnen dienende Struktur aufgebaut.

Besonders hart ist es, wenn keine Einarbeitung möglich ist, sondern sofort Erfolge verlangt werden. Das wäre auch nicht schlimm bei einem gesunden Betriebsklima. Aber richtig schafft man das nur, wenn sich alle Mitarbeiter acht Stunden lang anschweigen. Da hilft es, die Mitarbeiter so zu platzieren, damit sie gut beobachtet werden können. Gut ist es auch, wenn mitarbeitende Firmeninhaber sich, je nach Bedarf, auf die Seite der Mitarbeiter schlagen. Wer soll die Welt bei dieser Show dann noch verstehen? Oder wenn der Firmenchef sich ständig mit einem besonders willfährigen, verschlossenen Charakter in einem für alle sonstigen Mitarbeiter verbotenem Raum aufhält. Wenn man ständig das Gefühl hat, ausspioniert zu werden. Wenn man sogar in der Arbeitszeit bis nach Hause verfolgt wird, weil man Unrechtmäßigkeiten vermutet.

Wenn der Chef seine Monteure am frühen Morgen anschreit, vom Hof jagt, und wenig später sein zweites Gesicht zeigt, das auch nicht ehrlich ist – da macht das Arbeiten Freude. Menschen sind doch entweder direkt oder verschlagen. Wenn man in Telefonaten oder von Mitarbeitern Dinge über seinen Chef erfährt, was bleibt einem da, außer darüber zu schweigen? Schlimm wird es nur, wenn man merkt, dass ein Firmeninhaber eigentlich vom Fachgebiet seiner Firma keine Ahnung haben muss und er sich Kraft seiner Wassersuppe dann auch noch durchsetzt. Er muss nur Beziehungen entweder dank seines Werdeganges haben oder aufbauen – oder gute Leute einstellen, die für ihn die Aufträge mitbringen.

Das geht aber weiter. Man kennt sich und hilft sich. Da gibt es keine strikte Trennung zwischen Planung und Ausführung. Wenn dann ein guter Mann sich gar beim öffentlichen Auftraggeber noch für seine alte Firma nützlich machen kann, dann sollte dies auch finanziell gewürdigt werden.

Man muss sich als guter Vereinskamerad oder als allzeit willfähriger Handlanger des Architekten oder des Bauamtes noch nicht einmal um die Aufträge bemühen. Die kommen dann automatisch, weil man ja so gute Arbeit leistet. Da werden Ausschreibungen zur Angebotsabgabe bereitgestellt oder zur Planung natürlich nur an die Besten vergeben.

Irgendwann kommt bei Behörden dann einmal eine Order von ganz oben, weil es irgendwo zu doll übertrieben wurde, oder man zu unvorsichtig geworden ist.

Das ist dann die Stunde der bisher leer ausgegangenen Freiberufler. Jetzt bekommen sie auch mal paar Krumen ab. Vor allem nur deshalb, um eine unabhängige Vergabe der Aufträge vorzugaukeln. Dann sollte es möglichst etwas sein, was bisher noch keiner der stets bedienten Büros geplant hat. Da kam die Zeit um 1990 gerade recht, als es noch keine deutschen Standards für strukturierte Verkabelung gab und die EIA/TIA Norm der USA kaum jemand kannte. Das war dann einer meiner Strohalme. Man hat nicht gezögert mir zu sagen, jetzt wird man die Streu vom Weizen trennen.

In dieser Zeit gab es auch neue Vorschriften und Materialien, um Kabelanlagen mit Funktionserhalt nach DIN 4102 richtig zu planen. Auch da wurde mein Büro pfündig. Zum Glück hatte ich gerade den notwendigen TÜV Lehrgang erfolgreich beendet, also gab es auch mit dieser Aufgabe keine Probleme.

Keine Reaktion erfolgte, als ich einen Installationsplan als Farbplot vorlegte. Es war zu einer Zeit, als in einem Bauamt noch kein Mitarbeiter Ahnung von Plottern oder gar von Tintenstrahldruckern hatte.

Oder als ich eine EDV-Verkabelung nur bekam, weil ich die wahnsinnig aufwendige CAD-Gebäudeaufnahme kostenlos angefertigt habe. Das hat man mir dann auch noch ausdrücklich ins Gesicht gesagt.

Beim Folgeauftrag, als die vorhandenen CAD-Pläne zur weiteren Planung dienten, hat mich das Amt nicht einmal gefragt geschweige berücksichtigt. Als ich dem Architekten die CAD-Pläne bereitwillig übergab, hat er sich sehr gewundert.

Beim einem UNI Bauamt kam ich mir gleich zu Beginn meiner Kontakte so vor, als hätten dort ehemalige DDR-Spitzel ihre Heimat gefunden. Ich glaubte, ich traue meinen Augen nicht: Ein Sohn und Ingenieur eines Regimetreuen Parteigenossen meines VEB Betriebes arbeitete im Amt.

Fast in jedem Jahr besuchte ich die Finanzverwaltung. Eigentlich war ich in der Abteilung falsch, weil dort das Augenmerk mehr auf Bundesaufträge lag. Was hatte dort so eine kleine Einzelfirma zu suchen? Aber der Chef war ein netter Herr, der mir einmal sogar die neue Richtlinie für Datennetze gab. Auf Grund meiner Erlebnisse fragte ich ihn einmal, ob es sein kann, dass bei Behörden Stasi Spitzel arbeiten, da ja deren Tätigkeit in der Bundesrepublik nicht überprüft wurde. Von denen hätte ich ungern einen Auftrag, sagte ich. Seine Antwort war ernüchternd. Er erzählte mir von einem Verwandten und von einem unglaublich sympathischen Mitarbeiter der Staatssicherheit. Vor denen braucht man sich nicht zu fürchten, meinte er.

Trotz all dieser seltsamen Erfahrungen hatte ich damit niemals Probleme.

Der Unterschied zu sogenannten DDR-Erfahrungen ist eindeutig. In der sozialistischen Planwirtschaft konnte man sich nicht über staatlich befohlene und verordnete Fehler und Unzulänglichkeiten beklagen, oder besser man konnte nichts dagegen tun.

Wenn es in der freien Marktwirtschaft mit dem vorhandenen Liberalismus Fehler und Unzulänglichkeiten gibt, dann verursachen dies einzelne Menschen. Dagegen kann man etwas tun, es liegt nicht am System.

Mein Beginn

Durch meine Arbeit für und in zwei Arbeitsstellen hatte ich einige kleine Ingenieurbüros kennengelernt. Man hatte nicht unbedingt große Bürohäuser. Tatkräftige Menschen arbeiteten sich unter vollem eigenem Risiko nach oben oder stürzten ab, wenn sie glaubten, nicht sparen zu müssen.

Was hatte ich nun zur Verfügung, um ein Ingenieurbüro zu gründen? Eigentlich nichts, aber versuchen konnte ich es. Also wurden in der Mietwohnung der große quadratische Eingang und ein Schlafzimmer mit neuem Mobiliar bestückt. Der Empfang wurde im Eingang geplant. Noch vor dem gemeinsamen Frühstück wurde mein Schlafzimmer zum Ingenieurbüro.

Von Anfang an unterstützte mich mein Sohn bei der Arbeit. Besonders wenn es um Computer- und um CAD-Arbeit ging. Hatten meine früheren Geldausgaben für Computer ein wenig geholfen?

Eigentlich ist diese Beschreibung nicht ausreichend. Es mussten viele Lösungen und Festlegungen für ein dauerhaftes Arbeiten in einem Ingenieurbüro erdacht und erledigt werden. Es fing mit dem LOGO an und hörte bei den unendlich vielen Symbolen zum Arbeiten mit CAD nicht auf.

Ohne Hilfe hätte ich die vielen anspruchsvollen CAD-Probleme – aber vor allem die Arbeit mit AUTOCAD –nicht erledigen können. Zwar lernte ich dazu, daher wurde mein Spickhefter immer umfangreicher.

Besonders die arbeitsintensiven CAD-Arbeiten an Verteilerplänen waren dann mein Ding. Trotzdem, ein Profi wurde ich nie.

Aber die Kurzlebigkeit der Soft-, und Hardware mit den Betriebssystemen verursachten ständig umfangreiche Veränderungen. Andreas war dann immer meine wichtige Hilfe.

Bei der Gründung eines Ingenieurbüros jeder Größe fallen ähnliche Kosten für Büroausstattung, Hard- und Software an. Richtig teuer war die AVA Software IDEALOG und später ARRIBA von RIB Stuttgart und AUTOCAD. Dazu kamen TK-Anlagen,

Plotter, Digitale Kopierer, Schneid- und Faltgeräte, Printer und Scanner.

Notwendig sind Versicherungen, der Eintritt in Verbände sowie Fachgesellschaften. So war ich von Beginn an Mitglied der Ingenieurkammer Baden-Württemberg. Die wurde erst mit der Wende gegründet. Bis heute sind wichtige Büros nicht Mitglieder der Kammer. So können sie die HOAI unterlaufen, um bessere und mehr Aufträge zu bekommen. Seltsamerweise war dies meinen öffentlichen Auftraggebern immer egal.

Mein Büro als Mitglied der Ingenieurkammer Baden-Württemberg war stets wirtschaftlich unabhängig und die Regeln der Kammer waren für mich Gesetz.

Manchmal kam es mir so vor, als ob mein Büro nur wegen der konsequenten Einhaltung der HOAI einen Auftrag bekam. Quasi als Aushängeschild im Portfolio. Aber wie gesagt, das bilde ich mir natürlich nur ein.

Anfangs war es noch die Zeit, als ich tatsächlich bei Behörden auf einzelne Beamte traf, die mich als Ostdeutschen auf meinem Weg in die Selbständigkeit unterstützten. Das war aber eine große Ausnahme. Genau das Gegenteil überwog.

Heute weiß ich nicht, ob es ein Fehler war, mich ganz überwiegend nur bei öffentlichen Auftraggebern zu bewerben. Es war wohl meine Angst, mal umsonst arbeiten zu müssen. Erst viel später erkannte ich, dass mir zwar das Honorar stets bezahlt wurde, aber der Aufwand durch kostenlose Mehrfacharbeit war immer sehr hoch. Ein renommierter Ingenieur sagte mir dazu, er würde Aufträge von Behörden nur annehmen, wenn er sonst keine Arbeit aus der freien Wirtschaft bekommt.

Einen ersten Miniauftrag bekam ich in meinem Wohnort im Polizeirevier.

Die Gemeinde hatte gerade das Rathaus saniert und erweitert. Als ich beim Bauamt akquirierte sagte man mir, ich hätte eher kommen sollen. Das machte mir Mut.

Es gab in meinem Wohnort tatsächlich kein Ingenieurbüro meines Fachgebietes. Trotzdem hatten unsere Kliniken und Heime natürlich ihre festen Partner. Da gab es keine Chancen für mich.

Unser inzwischen verstorbener, langjähriger Bürgermeister war der Einzige, der meinen Beginn als Ingenieurbüro mit zwei Aufträgen unterstützte. Der erste Auftrag muss gegen den Willen des Haus- und Hofarchitekten des Ortsbauamtes erteilt worden sein. Das spürte ich bis zur Übergabe.

So etwas, dass man den Willen des gekrönten Architekten einmal nicht akzeptiert, passierte mir Jahre später nur noch einmal, bei einem Projektierungsauftrag über ein Hochbauamt für die US-Streitkräfte.

Es dauerte dann einige Zeit, aber unser Bürgermeister gab mir noch eine weitere Chance. Beim zweiten Auftrag arbeitete ich mit einem Architekten aus dem Raum Stuttgart zusammen.

Der darauffolgende Bürgermeister war bei der Übergabe dabei, einen weiteren Auftrag habe ich jedoch nicht mehr erhalten. Seine ursprüngliche Zusage an mein Büro für einen dritten Projektierungsauftrag hat er einfach lächelnd widerrufen und damit lief alles wie schon immer praktiziert im Ort.

Es kam ein Brief. Schriftlich teilte dieser Bürgermeister mit, dass aus finanziellen Gründen auf Planung durch ein Ingenieurbüro verzichtet wird.

Zunächst wollte ich die Ingenieurkammer einschalten, denn bei einem öffentlichen Auftrag hätte der neue Bürgermeister sich sicher erklären müssen.

Wie dann die Elektroplanung eines öffentlichen Auftrages erfolgte, weiß ich. Darüber wird keine ausführende Firma böse gewesen sein.

Das war die Praktizierung der Marktwirtschaft in unserer Gemeinde. Aber so habe ich es nachweisbar direkt erlebt. Ich musste die Ausschreibung meines zweiten Auftrages so ändern, dass der günstigste Bieter meiner Ausschreibung gegen einen ortsansässigen ausgetauscht wurde. Der war dann endlich wieder einmal an der Reihe, einen Auftrag zu bekommen.

Man sagte mir, das sei doch kein Problem, es gebe doch nur die Blätter der vorliegenden Ausschreibung. Als ich sagte „Nein das LV wurde nach STLB ausgeschrieben und im GAEB Standard den Bietern online zur Verfügung gestellt", da sagte man nichts mehr dazu. Anscheinend war das im Ort so nicht üblich.

Der Ortsbauamtsleiter war ohnehin der Meinung, dass meine VOB Ausschreibung nur zu hohen Preisen führte.

Man sprach über ihn und sagte, dass er der größte Steuerzahler der Gemeinde wäre. Es ist ja auch ein verführerisches Amt, wenn man vor allen anderen von der Umwandlung Ackerland in Bauland weiß. Irgendwann wurde der politische Druck zu groß.

Allerdings muss ich vor diesen Herren wirklich meinen Hut ziehen. Es gibt in meiner Umgebung keinen Menschen, der sichtbar privat so fleißig ist. Ein wirkliches Vorbild für den schwäb'schen Häuslebauer. Noch im hohen Alter wird für die Familie gemischt und gemauert, hoffentlich hält er das noch lange durch!

So bewarb ich mich zu Beginn also in einen Ortsbauamt, aber später dann auch bei Universitäts- und Hochbauämtern der umliegenden Städte.

In meiner Wirtschaftsregion war und ist reichlich Arbeit zu finden. Als Einzelfirma waren mein Potential und meine Zeit natürlich beschränkt, um noch mehr zu akquirieren, als ich ohnehin schon tat.

Eine richtige Hilfe hatte ich dann über meine Verwandtschaft erhalten. Es war ein Lutherstift in Frankfurt an der Oder. Es wurden gerade Elektroinstallationsarbeiten begonnen und der Technische Leiter wollte sicher gehen. Ich sollte untersuchen, ob 1990 die nun neuen Vorschriften eingehalten werden.

Früher projektierte ich nach geltenden TGL Vorschriften in Mecklenburger Krankenhäusern. Die gesamte Elektro-Installation, einschließlich aller OP-Bereiche wurde erneuert. Nun galten nach 1990 die technisch gleichen DIN VDE 0107 09/1989 und alle VDE Vorschriften. Dazu kam der Brandschutz nach DIN 4102, Funktionserhalt und Eigensicherheit.

Daher war dieser Auftrag fachlich kein Problem für mich.

Er wurde sehr umfangreich. Alle NS Schaltanlagen mit Kuppelschalter, Diesel-Ersatzstromaggregat sowie die gesamte Infrastruktur, die AV-, SV-, und ZSV-Netze wurden neu aufgebaut. Es ging um drei Häuser mit Neonatologie mit Kreissälen, Operation, ITS Plätze mit Intensiv-Versorgungseinheiten sowie Bettenbereiche mit Lichtruf- und Brandmeldeanlagen.

Die Vergabe erfolgte an Siemens Berlin, die Bauüberwachung eines ansässigen Subunternehmers war 1993 nicht einfach und wegen innerdeutscher Flüge teuer.

Gern hätte ich später von einem Universitätsbauamt meiner Region mit den unzähligen Krankenhauseinrichtungen ein ähnliches Projekt erhalten.

Beginn als Ingenieurbüro

Ein Universitätsbauamt in meiner Nähe war für mich eine zunächst wichtige, weil ja bereits bekannte, Anlaufstelle. Aber erst nach vier Jahren bekam ich einen ersten und in den kommenden achtzehn Jahren weitere vier Projektierungsaufträge. Damit hätte ich nicht überleben können.

Was ich übernehmen durfte, war die Neuinstallation von Etagen, wenn ausgeschriebene Professuren vergeben wurden, EDV Verkabelungen oder Brandschutzmaßnahmen. Anspruchsvolle Aufgaben in Kliniken oder Krankenhäusern waren nicht dabei.

Natürlich akquirierte ich auch Aufträge umliegender Hochbauämter, wo ich seltsame Erfahrungen mit Beamten machen konnte. Ein Architekt hatte ein Bauamt fest im Griff.

Diesen Architekten konnte man wegen seiner Sachkenntnis eigentlich nur bewundern. Er verstand es – dank seines Fachwissens, aber auch dank seiner Überzeugungskraft – sich zu verkaufen. Er beeindruckte später auch leitende Zivilangestellte der US-Streitkräfte dermaßen, dass man nur ihn „zum Zuge kommen" ließ.

Zunächst hatte ich sogar mit ihm für einen Kindergarten arbeiten dürfen. Leider war die Zusammenarbeit später schwierig bis unmöglich. Das er mit seinen verschiedenen Gesichtern irgendwie einem meiner früheren Arbeitgeber ähnelte, wäre nicht tragisch gewesen. Leider gehörte zu seinen Vasallen ein Ingenieurbüro aus früheren Zeiten. Dem hatte ich doch tatsächlich einen Auftrag gegen den Willen des Star-Architekten weggenommen. Das ließ man mir auf verschiedenen Abhängigkeitsebenen spüren. Einmal war es sogar ein Vertreter einer wichtigen Brandschutzfirma, der sich im Baustellengespräch einschaltete, weil sich der Star-Architekt so beleidigend verhielt.

Was ich so alles erlebt habe, das kann man einfach nicht aufschreiben. Ganz überwiegend erfüllte mich jeder Auftrag bis zur Bauüberwachung mit Genugtuung und ein wenig mit Stolz.

Kann sich jemand vorstellen, dass man im PKW seine Freude mit lautem Jubelschreien zum Ausdruck bringen kann? Das ist eine Tatsache und es ist einfach befreiend und schön.

Nun war die Zeit angebrochen, als mich meine Arbeit vollständig forderte. Besonders im Sommer, wenn Beamte in Urlaub gingen, das war dann die Zeit, wo man Freiberufler gern beauftragte.

Die Kostenschätzung machte das Amt und in diesen Rahmen sollte man sich mit der Kostenberechnung, Ausschreibung und Ausführungsplanung bewegen.

Wie soll man nun in einem Leistungsverzeichnis mit eigenen Preisen die Kosten einhalten? Die Bieter bilden die eigenen Preise oft mit taktischem Hintergrund. Es war trotzdem fast immer wie ein Wunder, dass einer der Bieter doch im Kostenrahmen blieb.

Beauftragt wurde immer das billigste Angebot, auch wenn es unterhalb der geplanten Kosten blieb. So waren teure Nachträge vorprogrammiert. Das ist ja nun weithin bekannt und erkannt – nur es ändert eben keiner.

Dazu kommt noch eine Erfahrung, die auch mein Büro machte. Von verbeamteten oder freien Architekten wird nach bestem Wissen und Gewissen geplant. Leider erst nach der Vergabe gibt es echte Gespräche mit dem späteren Betreiber oder Nutzer. Dann beginnt die Umplanung, die mein Büro kostenlos machen durfte.

Das ist dann ganz im Sinne der ausführenden Firma aber nicht im Interesse des Steuerzahlers. Denn deren Nachträge haben keine Konkurrenz zu befürchten. So kannte ich das im Kleinen und so kennt man das im Großen.

Erfahrungen

Mein Ziel war natürlich der Aufbau eines größeren Büros.

Als im Westen bewusst gestrandeter armer Ostdeutscher, hatte ich mir von der Treuhand eine Broschüre mit unzähligen Ostdeutschen Firmen schicken lassen. Was hätte man in der Zeit alles mit Geld und ohne Betrug bewegen können.

Durch meine Arbeit in Frankfurt Oder hatte ich schon den Kontakt in andere Regionen und überlegte, ob ich nicht in Ostdeutschland ein Büro gründen sollte.

So hatte ich 1993 in Frankfurt Oder eine Anzeige geschaltet und erhielt viele Bewerbungen, die leider zu keinem Erfolg führten.

War es die Broschüre der Treuhand? Ich weiß nicht mehr wie es dazu kam, dass ich auch in der Region Jena Räumlichkeiten für ein Büro suchte. Das Ergebnis waren wieder viele Bewerbungen, die es zu bearbeiten galt.

Ich fand tatsächlich einen Vermieter, der mir einen großen Büroraum in Kahla anbot. Ich fuhr sofort mit den nötigsten Büroutensilien dorthin. Der Raum war geeignet, alles lief wie am Schnürchen. Büromöbel von Metro, kleine Siemens Telefonanlage für Teilnehmer, Büroinfos an Hersteller und Order der wichtigsten Herstellerkataloge sowie Bewerbungsgespräche mit Partner-Interessenten.

Überrascht wurde ich von Herstellern. Das neue Büro in Kahla bekam umfangreichere Planungshilfen, als ich sie hatte.

Es verstrich die Zeit. Nur mit einem der Bewerber aus Weimar gab es dann fast eine vertragliche Einigung. Voraussetzung zur Gründung eines Ingenieurbüros ist doch wohl ein Auftrag. Aber mein anvisierter Partner rührte sich nicht. So holte ich mir einen Termin beim Staatsbauamt Gera mit Sitz in Jena.

Nun kam, was kommen musste. Im Staatsbauamt traf ich auf einen freundlichen und angenehmen Leiter aus der Region, der so kurz nach der Wende sicher auch neu war. Ich erzählte ihm, dass ich für mein Ingenieurbüro mit gleichberechtigtem Partner um einen Projektierungsauftrag bitte. Leider sagte ich ihm, dass dies nicht umsonst sein soll und bewegte mein Kuvert auf dem Tisch. Ich sollte ihm zeigen was ich meine, weil er damit bisher nicht konfrontiert wurde. Es war mir wirklich peinlich, wie ich ihm die 100 DM rüberschob, er sich den Inhalt anschaute und mir bewegungslos das Geld zurückgab.

Nun dachte ich, er verabschiedet mich für immer. Aber es kam anders. Er bot meinem Büro in Kahla tatsächlich den Auftrag zur Projektierung eines

Mehrzweckgebäudes im Klinikum der Friedrich-Schiller-Universität Jena an, aber ich müsste mit meinem Partner erscheinen, sagte er.

Also erschienen wir zu zweit. Als der Leiter meinen Partner sah, kam es mir so vor, als ob er ihn kannte. Er wurde ihm gegenüber sehr abweisend. Das weckte auch mein Misstrauen. Hatte ich da einen Genossen der alten Seilschaft ins Boot geholt?

Es gab Gespräche und Verträge mit einem anderen Herrn, dem ich sogar teure Software zur Verfügung stellte. Auch das erwies sich als Fehlschlag. Letztlich erledigte mein Büro die Projektierung und Bauüberwachung.

Es war eine etwas anspruchsvolle, medizinisch genutzte Einrichtung unter anderem mit Raumschirmung, Netzersatz und Brandmeldetechnik. Erschwerend waren die zahlreichen, weiten Autofahrten, aber auch die Bauüberwachung mit zwei Nachunternehmern der Region.

Heute kann ich es gar nicht mehr verstehen, wie ich diese zwei Jahre mit Pendeln zwischen Ost und West und Arbeiten in drei Städten meiner Region überstanden habe.

Übrigens, im Osten wurden die Stapel der Altprojekte irgendwann im VEB im Heizhaus verbrannt. Damit hatte man niemals etwas zu tun. Heute schon. Die meisten Stapel Papier werden gemäß gesetzlicher Vorgaben vernichtet.

Was passieren kann, wenn man dabei großzügig ist, erfuhr ich, als ich einmal die Kisten mit Papierplänen und Geschriebenem an den Straßenrand gestellt hatte. Damals konnte man bei uns an fixen Terminen einfach alles nach draußen zur Abholung durch Entsorgungsunternehmen hinwerfen, stapeln oder hinstellen. Es wurde systematisch nach irgendwelchen Regelungen abgeholt. Papier war erst später dran. Draußen stürmte es. Am folgenden Tag waren die meisten meiner Papierpläne weg. Nur ein paar Zeichnungen konnte ich noch zerfetzt finden. Da war ich recht sorglos, natürlich waren all meine Daten sichtbar.

Es gibt nur wenige Menschen bei uns, die Analphabeten waren. Daher hatte ich fast ein wenig Angst, dass Beschwerden kommen würden.

An Werbung hatte ich eigentlich nicht gedacht.

Und wirklich: Nach ein paar Tagen klingelte eine Frau. Mit Nachdruck sagte ich ihr, ich brauche im Ort keine Werbung, weil ich meine Aufträge nicht über Plakate sondern nur durch eigene Akquisition besonders in umliegenden Städten bekomme. Sie hatte mich tatsächlich so lange bequatscht, dass ich aus Zeitgründen einfach aufgab. An fünf Stellen unseres Ortes wollte sie – natürlich gegen Geld – meine Plakate als Werbung anbringen.

Das war dann einer meiner wirtschaftlichen Misserfolge.

Nirgends fand ich mein Plakat. Nur an einem völlig vergammelten Scheunentor war eins angebracht. Gleich daneben prangte das Schild für den genehmigten Hausabriss. Die Frau habe ich nie wiedergesehen.

Schon bei meinen früheren Angestelltenverhältnissen kam ich in Berührung mit Werbegeschenken von Herstellern, die vor Feiertagen sogar Mitarbeitern zugutekamen.

Von Bekannten erfuhr ich, welche Ausmaße Werbegeschenke im Interesse eigener Vorteile schon lange vor der Wende hatten. In den Medien gab es Berichte von Übertreibungen und Bestrafungen. Aber es gab noch nicht die späteren Vorschriften für öffentlichen Auftraggeber.

Bei meinen anfänglichen Bewerbungsgesprächen wusste ich keinen Rat, wie ich mich verhalten soll. Das hat sich bis heute nicht geändert, darum ließ ich es dann ganz.

Ich schleppte mich früher mit Sekt für eine Tombola am Jahresende ab. Später durfte ich teurere Utensilien verschenken. Dann waren es Wein- oder Schnapsgeschenke, Einladungen im Steakhaus, ich konnte mit allem kaum punkten. Eine Sache war direkt peinlich. Mit einem Geschenkkorb marschierte ich in eine wichtige Bundesbehörde hinein und kam damit auch wieder heraus.

Eigentlich bin ich froh, dass ich nur spekulieren kann, wenn ich vermute, auch Beamte lassen sich ab einer bestimmten Summe bestechen. Meine Auftraggeber gehörten nicht zu dieser Spezies.

Dass man mein unbekanntes, neues Ingenieurbüro als Einzelfirma und noch dazu mit einem Inhaber aus der ehemaligen sogenannten DDR nicht mit offenen Armen in das funktionierende System mit bekannten und guten Büros aufnahm, das ist doch selbstverständlich. Warum soll ein Bauamtsleiter denn ein Risiko mit Büros eingehen, deren Qualität und Verlässlichkeit man nicht kennt. Man hat mir natürlich auch direkt gesagt, man kann ein Büro mit einem Ingenieur wegen terminlicher Gründe nicht wie Büros mit mehreren Mitarbeitern berücksichtigen. Das ist aber kein Argument. Wenn im größeren Büro ein Ingenieur eine Aufgabe übernimmt, dann bleibt immer nur er der Bearbeiter, schon aus Kostengründen.

Trotzdem habe ich das akzeptiert.

Wie bei all meinen Berichten spiegeln dies natürlich nur meine eigene Meinung und Erfahrung wieder. Aber diese Beispiele aus meinem persönlichen Mikrokosmos sollen helfen, sich ein eigenes Bild der Verhältnisse zu schaffen.

Kurzbesuche

Die Arbeit wuchs mir über den Kopf. Inzwischen hatte ich längst ein großes Büro über einen Supermarkt angemietet. Der Eigentümer hatte dort mehrere große Räume gebaut. Mit meinem Sohn konnten wir zwei unabhängige Arbeitsplätze einrichten. Eine großzügige Konferenzecke und die vielen Aktenschränke hatten bequem Platz.

Andreas arbeitete zu der Zeit selbständig für einen sehr wichtigen Ingenieur seiner früheren Ingenieurgesellschaft. Dieser Ingenieur hatte sich vom früheren Arbeitgeber abgenabelt, weil er seine mitgebrachten Investoren in Eigenverantwortung bedienen wollte und konnte.

Wegen mehrerer Aufträge, die oft parallel liefen, forderte mich die Bauüberwachung. Täglich fuhr ich mehrmals mit meinem Opel Omega zwischen Städten hin und her. Meine Bürozeit begann am Abend, wenn andere Feierabend hatten.

Es heißt ja nicht umsonst „wie arbeitet ein Selbständiger?" Er arbeitet selbst und ständig!

 Frühling, Sommer, Herbst und Winter flogen ein paar Jahre an mir vorüber. Ich sah, wie der Schnee taute und wunderte mich, weil die Felder plötzlich abgeerntet waren.

An einem Wochenende war es nun langsam Zeit, meine Mutti zu uns zu holen. Nun merkte ich, wie gut meine Entscheidung war. Backen, Kochen und Waschen, die gesamte Hausarbeit erledigte sie ein paar Wochen lang. Auch für meinen Sohn war es sicher schön, von der Oma verwöhnt zu werden. Als ich Mutti dann sagte, ich hätte dich schon viel eher holen sollen, da freute sie sich, aber es war nur die Wahrheit.

Mein Bruder kam zu der Zeit auch kurz vorbei. Er hat mit eigenen Erfahrungsberichten Mut zugesprochen. Es sollte wohl ein Kompliment sein. Du hast ja so toll abgenommen, sagte er. Helmut freute sich. Recht hatte er. Mein Lieblingsanzug passte wieder, aber mir ging es schlecht nach der Scheidung. Nur die Arbeit hielt mich aufrecht.

Meine Beziehungen

Bis heute staune ich über Andreas. Während seine Schwester in Tuttlingen sofort Freunde und dann ihren Ehemann fand, hatte er kein erkennbares Interesse an Beziehungen. Aber natürlich ist das nur meine Vermutung. Wir – also Vater und Sohn –haben uns noch nie darüber unterhalten. So soll es auch bleiben.

Trotzdem registriere ich öfter mit Freude die Blicke von hübschen Frauen in unsere Richtung, wenn wir beide im Auto unterwegs sind. Sie gelten meinem hübschen Sohn und nicht dem grauen Esel an seiner Seite. Aber Andreas überspielt das geschickt in meiner Anwesenheit.

Ganz anders ging es mir. Nach meiner Scheidung habe ich mich in die Arbeit gestürzt. Aber es dauerte nicht lange, da habe ich dann die damaligen Möglichkeiten der Beziehungsanbahnung reichlich genutzt. Meine Anzeigen waren immer erfolgreich, aber die Ergebnisse habe ich insgesamt nur als seltsame Lebenserfahrungen eingestuft. Verschweigen möchte ich nicht, dass mich mein Verhalten genau wie das der Frauen, zu einer traurigen eigenen Erfahrung verhalf. Es ist unglaublich, was man als ungeübter Laie einem wildfremden Menschen in den ersten Minuten des Kennenlernens alles preisgibt, nur weil man sich nach Nähe sehnt. Aber das dürfte heute in sozialen Netzwerken unter anderer Prämisse kaum anders sein.

Es waren Treffs mit irgendwie bedauernswerten, kranken Wesen, die bisher in meiner Lebenswelt nicht vorkamen.

Einmal war ich in die Fänge eines privaten Geschäftemacher-Pärchens geraten, aus denen ich mich erst befreien musste.

Oder es war eine nette Frau, die mich zu ihrem Haus fuhr, wo uns aus Fenstern hübsche Mädchen entgegenwinkten. Die Frau warb mit ihren jährlichen Einnahmen. Meine Empörung und letztendlich meine Einlassung zur Steuerehrlichkeit führten zum abrupten Abbruch unseres Kennenlernens. Heute weiß ich gar nicht mehr, weshalb wir ausgerechnet auf Steuern zu sprechen kamen.

Da schaltete ich in Hoffnung auf professionelle Hilfe und aus Zeitnot eine teure Partnervermittlung ein. Als ich dachte, meine Kosten wären mit dem Kennenlernen der wenigen Angebote abgearbeitet, kam noch ein letztes Angebot aus Mannheim. Die junge, runde Frau wollte oder konnte nicht aus ihrem kleinen Sport Mazda aussteigen. All diese Angebote waren erst recht ein Schuss in den Ofen.

Nur ein Treff nach einer meiner Anzeigen erfolgte mit einer normalen, klugen und hübschen Frau. Trotz ihrer Klugheit würde man im allgemeinen Sprachgebrauch allerdings bei ihr von einem extrem unmoralischen Exemplar sprechen.

Vor jedem Treff war ich sehr nervös. Der einzige, der daher von meinen Aktivitäten profitierte, war die ansässige Autowerkstatt.

Einmal war es das vergessene Anziehen meiner Handbremse im Autohaus oder kleine Auffahrunfälle, aber auch normales Versagen meines Opel-Omega.

Es ging so weit, dass mich meine online KFZ-Versicherung irgendwann kündigte. Da gehört schon was dazu. Nun war ich lange Zeit gezwungen, das Angebot eines privaten KFZ-Versicherungsbüros anzunehmen. Das war teuer!

Fischwasser im Ort

Es gibt hier sehr viele Badeanstalten und Campingplätze mit Badeseen. Auch unser immer noch wachsender Badesee „Fischwasser" entstand aus einer Kiesgrube. Dort konnte man 1990 noch kostenlos und sogar FKK baden, wenn es einem danach war. Inzwischen ist es eine verpachtete Badeanstalt.

An einem heißen und für mich anstrengenden Sommertag bog ich doch einmal zum Fischwasser ab, um mich abzukühlen. Es gab 1994 dort noch keine Wiesen. Der weitläufige Badestrand stieg in Richtung Außenzaun mehrere Meter an. In der Schräge sah ich im heißen Sand verdächtige Vertiefungen. Bald darauf legte sich meine spätere zweite Heidi passgerecht zum Sonnenbaden dort hinein. So lernten wir uns kennen. In mir bekannten Ingenieurbüros arbeitete oft die ganze Familie. Das war zunächst auch meine Absicht. Meine tolle und starke Heidi ist sehr kreativ.

Auch sie war schon einmal verliebt. Zwei Kinder in einem finanziell sicheren Umfeld war einmal ihr Garant fürs Leben. Aber Menschen verändern sich. Untreue, Insolvenz und auch noch eine schlimme lange Krankheit änderten alles.

Ein fragwürdiges, ungerechtes Scheidungsurteil, ein Neubeginn aus dem Koma und die im Vertrauen gegebene Unterschrift, die Bürgschaftsprobleme nach sich zogen. Das waren Tiefschläge, die ich hier nicht vertiefe.

Im Interesse ihrer Kinder untersagte man mir, dass ich mich in fremde Familienangelegenheiten einmische. Aber so ist es eben mit den eigenen Kindern. Diese Erfahrung gehört ja auch zum Leben. Gute Eltern tun alles für ihre Kinder, bis sie erwachsen sind – und wenn nötig und wenn sie es können auch noch später. Aber Kinder haben Vater und Mutter. Man darf nicht erwarten, dass Kinder sich für eine Partei entscheiden. Auch wenn es manchmal schmerzt.

Im Interesse des lebenslangen, guten Verhältnisses mit den eigenen Kindern muss man das akzeptieren.

So fuhren wir also zwischen unseren Wohnungen lange hin und her und halfen uns gegenseitig. Unser Miteinander hält nun schon so lange, weil es zwischen uns Ehrlichkeit, Treue und Vertrauen gibt.

Die Gesellschaft erwartet gesetzmäßige Verhaltensweisen. Die vorgeschriebenen Regelungen besonders beim Nachlass können Besonderheiten nicht abbilden. Daher passen die Gesetze der Gesellschaft nicht immer. Bei uns ist dies leider so.

Unsere Häuser

In Wiesloch ist die Rhein-Neckar Zeitung mit einer Regionalausgabe eine beliebte Tageszeitung.

Eine gutbetuchte Dame suchte 1995 einen gutsituierten Käufer für ihr Elternhaus mit großem Grundstück. Daher erschien ihre Anzeige in einer finanzstarken Region. Heidi entdeckte sie. Wir nahmen Kontakt zur überraschten Frau auf.

Aber sie war vom „hohen Stand", sagte man mir. Sie hatte bereits eine Bauvorlageberechtigung auf dem Grundstück für ein zweites Haus erwirkt. Das war nicht alles. Sie legte uns bereits ein Gefälligkeitsgutachten eines ansässigen Architekten vor. Aber ihre Vorstellungen waren trotz explodierender Preise nach der Wende schon unredlich.

Ich hörte noch von einem Termin mit der Dresdner Bank. Das hat wohl den Ausschlag gegeben. Da hatten Experten sicher ihre Meinung und eigene Berechnungen vorgelegt.

Sie rief eines Tages an und fragte, ob wir noch Interesse hätten. Wie unbedarft wir damals waren. Keine Ahnung hatten wir von Hauspreisen und Sanierungskosten.

In der Manier des tausendjährigen Reiches hatte der alte Bauherr uns etwas Besonderes hinterlassen. Hinterm Haus im etwa fünfzig Meter langen Garten waren seitlich je eine Reihe und mittig als Wegbegrenzung zwei Reihen Betonpfähle vorhanden. An Halterungen wuchs früher bestimmt der eigene Wein in langen Reihen. Da noch ein kleiner Rest existiert, werden es sicher Wildreben wie Amerikaner und Franzosen gewesen sein.

Uns hat man erzählt, im dritten Reich wurden diese Sorten verboten, weil sie „nichtarischen Ursprungs" sind. Man verordnete die Vernichtung der feindlichen Sorten durch Ausgraben. Es sind „amerikanische Hybriden", die noch heute wegen ihrer Resistenz gegen Schädlinge als Unterlage für neue Rebsorten verwendet werden.

So gab es keine Preisverhandlung. Als unsere Dame vom „hohen Stand" sagte, sie müsste nur noch die Pfähle von einer Firma rausholen lassen, da winkte ich in Euphorie und Dummheit ab. „Das machen wir selbst", sagte ich.

Woher sollte ich wissen, was sie als Kind erlebt hatte? Der gesamte Garten wurde einmal etwa vierzig Zentimeter hoch mit gutem Mutterboden aufgefüllt. Das beweisen uns noch heute unsere Regenwürmer.

Jeder Betonpfahl hatte ein gegossenes, tiefes und mächtiges Betonfundament. Letztlich machte uns das Heben mit unserer Technologie und der Konstruktion mit mehreren fünf Tonnen Wagenhebern fast Spaß.

Nur nicht die Entsorgung. Die war preislich zwar nicht relevant – unser Bauhof erlaubte damals die Benutzung seiner eigenen Entsorgungsfläche auf einen Hügel –leider hatte Andreas beim Transport dann sein Reno-Motorgetriebe zerstört.

Waren es einige unserer Betonfundamente, die den Abhang hinunter auf ein Feld kullerten? Die Schranke vor der Auffahrt auf dem Hügel wurde für Bürger jedenfalls bald geschlossen.

Unser Haus wurde ein Zweifamilienhaus.

Die Grundsanierung mit allen Ver- und Entsorgungsleitungen stand an. Es musste eine neue Gasheizung, Außenanstrich und Fundamentsanierung sein. Im Erdgeschoß entstanden zwei Büros, im Obergeschoß und im großzügig ausgebauten Dachgeschoss zwei Wohnungen. Zur Fundamentsanierung hatten wir rings um unser Haus Teile des Hausfundaments freigelegt. Wir standen in diesem Graben und waren kaum zu sehen. Es war Sonntag und es regnete. Wir schalten gerade in zwei Meter Tiefe unsere Betonwand aus, mit der wir das Hausfundament verstärkten und später isolieren wollten. Plötzlich standen zwei Polizisten am Graben über uns und forderten uns auf, die Arbeiten einzustellen. „Es ist Sonntag", sagten sie. Wir konnten nun Dank unserer Ortspolizei doch noch das Wochenende genießen.

Unser Grundstück ist wirklich groß. Im hinteren Teil stand anfangs ein uralter Rest eines Kirschbaumstammes. Die Raubvögel hatten dort ihren Richtplatz. Wir schufen uns immer neue Stellen, um im Sommer zu relaxen.

So wohnten und arbeiteten wir ein paar Jahre. Die Bauvorlage für ein Hinterhaus habe ich natürlich immer aktualisiert damit sie nicht verfällt.

Es gab damals eine Firma Hebel-Hausbau. Noch zu DM-Zeiten bot man ein richtig gutes, kostengünstiges und daher einfaches Fertigbauhaus mit massivem Dach an. Hebel stellte eigene Gasbetonsteine her, die noch feiner strukturiert waren, als es die Ytong Steine sind. Wir beauftragten die Firma schon wegen der sehr guten Wärmeisolierung und wegen des massiven Daches. Ich wundere mich, warum man noch heute überwiegend Ziegelsteine bei Einfamilienhäusern verwendet und dann das Haus außen isoliert. Die nicht so gute Schallisolierung bei Gasbetonsteinen dürfte beim Einfamilienhaus doch kein Argument sein.

Zudem gibt es im „wilden Süden" immer mehr Papageien-Arten, die in Städten bereits eine Plage sind, weil die üblichen Hausisolierungen zum Überwintern aufgehackt werden.

Da wir kein weiteres Haus in unserem Leben bauen werden, haben wir den Hausbau mit einer Webcam dokumentiert.

Hebel-Haus hatte es mit uns nicht leicht. Es wurde ja auch viel Unsinn versucht. Da sich vom Ur-Rhein und Altrhein mit seinen Ausläufern bis in den Kraichgau Kiesbänke ablagerten, haben wir nicht nur Kiesgruben, sondern auch super Baugrund. Ein Nachteil ist bei uns der hohe Grundwasserspiegel. Wir brauchten im Untergeschoss eine weiße Wanne für mein Büro.

Das war teuer!

Im Millenniumjahr war Richtfest, wir zogen ein und verbesserten das schon modifizierte Haus auf der Südseite mit Balkon und vorgelagertem Wintergarten.

Mein Ingenieurbüro

Heute kann ich sehr zufrieden sein. Mein Büro war erfolgreich. Es ist nicht notwendig, noch mehr über den Werdegang zu berichten.

Allerdings einen Auftraggeber muss ich einfach hervorheben.

Es war ein Staatliches Hochbauamt, bei dem ich mich recht spät beworben hatte. Wie immer überreichte ich meine Bewerbungsmappe und versuchte darzustellen, welche umfangreichen Erfahrungen bereits vorliegen. Dann verging die Zeit.

Es war ein Versicherungsschaden der US-Streitkräfte, der mein Büro zu einem Auftrag verhalf. Eine Halle war abgebrannt.

Es war im gleichen Jahr, als wir unser Grundstück kauften.

Wie immer habe ich gründlich gearbeitet und keine Mühen bei der Kostenberechnung gescheut. Die Beleuchtungsberechnung und Teile der Ausschreibung hatte ich gleich ohne Weiterbeauftragung miterledigt. Das war mein Glück.

Es dauerte nun wieder lange. Plötzlich musste ich die Leuchten, die benötigt wurden, ganz schnell separat ausschreiben.

Nun konnte ich dort in der Folgezeit viele sympathische Beamte und Techniker kennenlernen. Dieses kleine Projekt war mein Einstieg. Es stimmte die Chemie zwischen den Beamten, Technikern und mir. Auch hatte ich nie den Eindruck, als wäre dieses Bauamt ein Ort, in dem sich bezahlte Spitzel aus der Vergangenheit getummelt hätten.

Das Hochbauamt arbeitete für die Bundeswehr und für die US-Streitkräfte. Zahlreiche Liegenschaften der US-Streitkräfte sorgten Jahrzehnte lang für Auslastung des Mittelstandes und für Aufträge an Architektur- und Ingenieurbüros.

Mein Büro durfte viele anspruchsvolle Aufträge übernehmen.

Meine Ausschreibungen und Pläne wurden immer mit großem Aufwand erstellt, ohne auf Effektivität zu schauen.

Nicht nur einmal wurde ich vielleicht deshalb von Firmen bei der Ausführung angesprochen, weil in meiner Ausschreibung nicht nur die Pläne, sondern auch die Materialstücklisten die geplante Lösung verrieten.

Das sollte eigentlich normal sein, war es aber nicht. Als Angestellter Ingenieur hatte ich früher Angebote für Ausschreibungen anderer Büros abgegeben. Die technische Lösung erschloss sich mir nicht immer. Es war oft mehr eine Preisabfrage verschiedener Materialien.

Nun hatte ich ein Bauamt gefunden, das half, meine Existenz zu sichern. Die Vergangenheit holte mich aber ein, als ich schon viele Projekte mit verschiedenen Architekten der umliegenden Städte erfolgreich beendet hatte.

Besonders dankbar bin ich den Mitarbeitern, aber vor allem der Fachbereichsleitung, weil man sich sogar einmal für mich eingesetzt hatte. Der schon beschriebene, besondere Star-Architekt wollte dem Amt vorschreiben, mit welchem Ingenieurbüro er bei einem Bauvorhaben arbeiten wird.

Das Ergebnis hat ihn bestimmt überrascht, so etwas war er nicht gewohnt. Dadurch bekam ich dann einmal einen größeren Auftrag.

Anscheinend hatte ich technische Lösungen im Projekt so eindeutig fixiert, dass die thüringische Ausführungsfirma sich ganz verwundert äußerte: „Es gibt ja gar keine Fragen mehr, in den Plänen ist ja alles ersichtlich."

Der Star-Architekt hatte das beflissentlich überhört. Mir war klar, warum diese Aussage kam, ich kannte das sonst beauftragte Büro.

Es ist oft die Praxis, sich unabkömmlich zu machen, indem man eben Dinge offenlässt.

Meinem Büro begleiteten noch lange die Störfeuer der Seilschaften aus verschiedenen Richtungen. Aber auch das habe ich gut überstanden.

URLAUB

Es gab zu Beginn für uns nur Kurzurlaube. Die Arbeit ging einfach vor.

Tragbare Mobiltelefone fürs Auto waren damals aktuell. Die Ingenieurkammer hatte Sonderkonditionen für 5.000 DM ausgemacht. Das wollte ich nicht. Aber bald hatte ich mein D2 ERICSSON Handy mit kurzer Gummiantenne.

Wir waren auf RHODOS und gingen frühzeitig zum Strand wegen der Hitze. Mein Handy klingelte. Der Chef von Andreas – ein Freiberufler – war am Telefon. Er fragte, ob er Andreas sprechen kann. „Er wird gleich im Büro sein und ruft zurück", sagte ich ihm. Dann rief ich Andreas an und informierte ihn. Das alles aus Griechenland. Wundert sich heute noch jemand über diese Zeilen? Bestimmt nicht, heute ist das normal.

Damals hatten nur wenige ein Handy. Man telefonierte per Kupferdraht mit dem Festnetztelefon. Wie oft hatte ich das damals staunenden Bekannten erzählt?

Die Bewunderung an diese Möglichkeit des Telefonierens hatte ich lange gespeichert. Aber bald war sie dann verschwunden.

Ein andermal war es die Zeit, als wir fast heimlich nach Garmisch fuhren. Gerade arbeitete ich mit dem schon beschriebenen besonderen Architekten zusammen. Meine Arbeit war eigentlich erledigt, es gab noch eine eigentlich unwichtige Frage. Mein Telefon war umgeleitet. Hatte er vermutet, dass ich von unterwegs anrufe? Er ließ nicht locker und rief immer wieder an. Bis er noch ein Fax verlangte. Da hatte ich dann endlich Ruhe, denn Andreas war im Büro und konnte es senden. Der letzte Anruf kostete mir allerdings einen Vorderreifen, weil der Bordstein für den notwendigen Halt zu hoch war.

Später hatten wir dann viel und letztlich auch noch die halbe Welt per Schiff bereist. Die vielen Ausflüge werden uns in Erinnerung bleiben. Wir bereisten in 135 Tagen dreißig Länder und zwanzig Inseln mit Halt in fünfundsiebzig Häfen. Dabei waren auch die wichtigen Kanäle, Äquatorüberquerungen, das Kap der Guten Hoffnung, Kap Hoorn, der Suez-Kanal und der Panama-Kanal.

In der Corona-Zeit schauen wir uns nun Deutschland per Wohnmobil an.

Bis Spitzbergen ging es mit einem Kreuzfahrtschiff. Wann wird das wieder möglich sein?

Aber vielleicht fahren wir doch noch einmal mit dem Wohnmobil zum Nordkap.

Eine Medienmeinung

Da ich ein Ausreisegeschädigter bin, werden in meinem Leben die geschilderten Ereignisse in der sogenannten DDR immer präsent bleiben. Daher höre ich immer genau hin, wenn es um diese Zeit geht. Wie viel Unsinn wird da von Leuten geredet und geschrieben.

Herr Prantel als westdeutscher Journalist beschwerte sich zweiundzwanzig Jahre nach dem Mauerfall, am 13. September 2011, in der Süddeutschen Zeitung darüber, dass in der Stasi-Unterlagenbehörde siebenundvierzig frühere Angehörige des Wachregiments der Staatssicherheit aus der Behörde entfernt werden sollten.

Er wunderte sich nicht, dass solche Leute überhaupt dort eingestellt wurden. Er empörte sich, dass Stasi-Überprüfungen bei neuen Behördenmitarbeitern ausgeweitet werden sollen.

Da Herr Prantl nicht nur im sonntäglichen Presseclub, sondern nun mit seinem Beitrag „Alte Akten, neuer Furor" in unser Wohnzimmer kam, hatte ich dazu Stellung bezogen.

Ein E-Mail mit etwa folgendem Inhalt hatte ich Herrn Prantl geschrieben.

„Auch ich habe die wichtigsten Jahre meines Lebens bis 1989 in der – früher sagte man in der Bundesrepublik noch „sogenannten" – DDR gelebt. Dieser Unrechtsstaat hat auch meiner Familie viele Jahre eines freiheitlichen Lebens gestohlen.

Wie froh und glücklich bin ich, dass wir Deutsche nun gemeinsam in Freiheit leben können!

Endlich erfolgt das, was längst überfällig gewesen ist. Überlegen Sie doch mal genau. Können Sie sich vorstellen, was ich seit 1990 empfinde? Von Beginn an hat man in der Behörde Stasi-Mitarbeiter eingestellt.

Können Sie als Bundesbürger nicht verstehen, was ein DDR-Bürger, der Aufklärung wünscht, fühlt, wenn ihm schon an der Pforte ein Wendehals begegnet.

So war es schon im November 1989, als wir die Kontrollstelle nach Westberlin passierten. Die Genossen, die wenige Stunden zuvor Bundesbürger vierzig Jahre lang bei Ein- und Ausreisen schikanierten, grinsten uns als aufrechte Bürger am Schlagbaum ins Gesicht.

Übrigens genau wie die wackeren siebenundvierzig bei der BStU, über die Sie im Beitrag schreiben, ,Leute, die ordentliche Arbeit geleistet haben.' Das haben sie auch bei der Staatssicherheit vierzig Jahre getan.

Es ist richtig und längst überfällig, dass diese fragwürdigen Mitarbeiter versetzt werden. Was finden Sie denn daran so schlimm?

Glauben Sie wirklich, dass sich Stasi-Mitarbeiter in unserer freiheitlichen Demokratie nun selbst kasteit haben? Nein, Herr Prantl viele dieser Menschen waren vierzig Jahre aus Überzeugung aktive Mitgestalter eines Unrechtsstaates und haben in dieser Behörde nichts zu suchen."

Er wollte antworten, tat es aber nicht.

Mein Fazit

Nach dem Zweiten Weltkrieg lebten die Menschen im Osten wie im Westen unter ähnlichen Bedingungen im zerstörten Deutschland. Sie waren überwiegend und gemeinsam Diener des Verbrechers Adolf Hitler.

Was die Menschen auseinanderdriften ließ, das waren die politischen Machtblöcke.

Im Westen Deutschlands bekamen alle Menschen von den Amerikanern eine Demokratie geschenkt.

Anders im Osten. Hier blieb es beim verbrecherischen Stalinismus unterschiedlicher Prägungen in den Vasallenstaaten der Sowjetunion. In Ostdeutschland hatten die Menschen nicht nur keine persönliche Freiheit, sondern sie wurden benutzt, um einer Theorie eines Staatssystems zu entsprechen. Diese Theorie des Sozialismus diente im Endeffekt aber nur zum Machterhalt der Führung dieses Unrechtsstaates.

Nur die persönliche, menschliche Moral und die Sehnsüchte der Deutschen blieben gleich. Alles Weitere wurde im Osten ein Opfer dieser aufgestülpten Staatstheorie. Willfährig fanden sich schnell die Helfer eines vierzigjährigen Unterdrückungssystems.

Das Schwierige einer Beurteilung ist aber die Cleverness des gebildeten Unrechtsstaats im Osten. Deshalb wird bis heute über den Begriff gestritten. Eigentlich hatte ich bereits alles dazu ausgeführt in den vielen Seiten.

Es war schlussendlich einfach so, dass die Menschen im Osten genauso fleißig und glücklich waren, wie die im Westen – glaube ich –, obwohl ihnen die persönliche Freiheit vorenthalten wurde.

Den fleißigen Menschen im Westen wurde ein glückliches Leben in persönlicher Freiheit geschenkt. Das war natürlich eine ganz andere und viel einfacheren Ebene, in der sie sich entfalten konnten.

Der Ostbürger musste sich gezwungenermaßen anpassen, schaffte sich kleine Freiräume, aber er war in seiner eingeengten und begrenzten Welt, wie schon gesagt, ebenso fleißig und glücklich.

Er durfte nicht mehr fordern. Erst wenn er das tat, erkannte er seinen Staat als Unrechtsstaat.

Nun haben eben viele Ostbürger keinen Finger gerührt, als die Wende kam. Darum gibt es Millionen Bürger im Osten, die nach wie vor kein Interesse haben, mit den nostalgischen Verklärungen aufzuhören?

Sie leben heute mit geschenkter Freiheit und glauben oder tun in der Masse nur so, als ob es das Böse und die Unfreiheit früher nicht gab. Schlimmer noch, viele glauben allen Ernstes, dass es in der sogenannten DDR besser war, nur weil man die Arbeitslosigkeit nicht kannte, es neben dem grünen Pfeil die Polikliniken und mehr Kindergärten und Krippen gab. Der Staat brauchte auch die Arbeitskraft der Frauen. Er förderte nicht die Emanzipation der Frau, sondern die Frauen mussten arbeiten, weil so wenig verdient wurde. Nur deshalb mussten auch die Kindergärten und Krippen sein.

Man musste nicht in Gruppen die künstlerische oder sonstige Freiheit fordern, um damit den Unrechtsstaat auf den Plan rufen. Es reichte allein der Wunsch, auszureisen. Diesem Menschenrecht hatte der Staat ja in der KSZE-Akte schon lange zugestimmt. Aber so war er eben dieser Unrechtsstaat.

Aber das Unrecht wird immer besiegt. Meine tiefe Überzeugung ist, dass sich die Wahrheit und die Gerechtigkeit immer durchsetzt. Egal, wie lange es dauert.

Lügen haben kurze Beine, sagt man. Aber da das Leben eines Menschen so kurz ist, können diese Beine in der Realität schon recht lang sein.

Nun stelle ich fest, ich habe wesentlich mehr aus meiner Zeit im Osten Deutschlands geschrieben. Das erklärt sich aber von selbst. Die Angriffsflächen eines Staates, in dem man nicht frei ist, sind eben größer.

Das zeigt sich ja auch besonders deutlich bei politischen Kabarettisten. Künstler als Kritiker des DDR-Staates hatten ein unendliches Feld, das sie beackern konnten, wenn sie es durften.

Nach der Wende fehlten einfach die Themen. Das ist doch gut so! Das zeigte sich für mich an einem Abend im Ostseebad Baabe.

Dort traten tatsächlich im Kurpark circa fünfundzwanzig Jahre nach der Wende einige Mitglieder der Leipziger Pfeffermühle auf. Da musste ich unbedingt hin, denn früher war ihr Auftritt – noch paar Jahre vor der Wende – wie ein Befreiungsschlag für uns.

Das was man dann in Baabe an Kritik im freien Deutschland versuchte rauszukitzeln, war irgendwie bedauernswert.

Nun zum Schluss fehlt einfach noch die Quintessenz der vielen Seiten.

Ich kann einfach nicht verstehen, warum es Westbürger gibt, die auf den Ostdeutschen früher, nach der Wende oder sogar noch heute herabschauen. Genau das Gegenteil wäre richtig und normal!

Aus all meinen Berichten wird der Leser erkennen, dass der Ostdeutsche eher gewürdigt werden müsste.

1. Dank für seine vierzigjährige Leistung trotz aller Widrigkeiten.

2. Dank der von ihm erkämpften Freiheit am 9. November 1989.

3. Dank der Flexibilität bei allem Neuen und Unbekannten.

4. Dank, dass besonders die jungen Menschen Strapazen auf sich nahmen, oft um hunderte Kilometer entfernt von der Heimat zu arbeiten.

5. Der Westen sollte genau auch deshalb dankbar sein, denn ohne die vielen Flüchtlinge vor der Wende und ohne die vielen fleißigen Ostdeutschen nach der Wende in Ost und West gäbe es den Wohlstand Deutschlands nicht.

Die Politiker haben die Einheit Deutschlands in die Tat umgesetzt, den Menschen im Osten gilt großer Dank für ihre friedliche Revolution!

Falls sich jemand durch meine viel zu vielen Seiten durchgeackert hat, wird er hoffentlich das gespürt haben, was ich mit dem Buch beabsichtigt habe.

Es sollte sein:

Eine Situationsbeschreibung einer Familie in der Niederlausitz, südlich von Berlin, vor und nach dem Krieg.

Die Erzählung eines heranwachsenden Jungen in Ostdeutschland.

Der Werdegang im Erwachsenenalter mit allen Freuden und Problemen im Arbeiter- und Bauernstaat.

Ein Tatsachenbericht, wie die Probleme von fleißigen Menschen überwunden wurden.

Ausreise in die Freiheit. Überwindung aller Hindernisse, die im freiheitlichen Deutschland nicht das System, sondern Menschen verursachen.

Ein Beweis, dass jeder in seiner Heimat glücklich sein kann. Das hat nicht unbedingt mit dem politischen System zu tun.

Die Menschen in Ost und West hatten trotz Trennung gemeinsame Erfahrungen im persönlichen Leben mit Leid, Enttäuschung, Liebe und Glück!

Keiner sollte sich über den anderen erheben!